G R A V I T A R E 万有引力

[美]沙希利·浦洛基——著 宋虹 崔瑞——译

浦洛基作品集 I

CHERNOBYL

The History of a Nuclear Catastrophe

切尔诺贝利

一部悲剧史

SPM 南方传媒 | 广东人民出版社

·广州·

图书在版编目（CIP）数据

切尔诺贝利：一部悲剧史 /（美）沙希利·浦洛基著；宋虹，崔瑞译. —2版. —广州：广东人民出版社，2023.10（2024.5重印）
（万有引力书系）
书名原文：Chernobyl: The History of a Nuclear Catastrophe
ISBN 978-7-218-16433-5

Ⅰ.①切… Ⅱ.①沙… ②宋… ③崔… Ⅲ.①反应堆事故—苏联—1986 Ⅳ.①TL364

中国版本图书馆CIP数据核字（2022）第257223号

著作权合同登记号：图字19-2019-007号

QIE'ERNUOBEILI: YI BU BEIJUSHI
切尔诺贝利：一部悲剧史
［美］沙希利·浦洛基　著　宋虹　崔瑞　译

出 版 人：肖风华

丛书策划：施　勇　钱　丰
责任编辑：陈　晔　梁欣彤
特约编辑：皮亚军
营销编辑：龚文豪　张静智　罗凯欣　张　哲
责任校对：古海阳
责任技编：吴彦斌　周星奎
装帧设计：董茹嘉

出版发行：广东人民出版社
地　　址：广州市越秀区大沙头四马路10号（邮政编码：510199）
电　　话：（020）85716809（总编室）
传　　真：（020）83289585
网　　址：http://www.gdpph.com
印　　刷：广州市岭美文化科技有限公司
开　　本：889毫米×1194毫米　1/32
印　　张：13.75　　**字　　数：**290千
版　　次：2023年10月第2版
印　　次：2024年5月第2次印刷
定　　价：88.00元

如发现印装质量问题，影响阅读，请与出版社（020-85716849）**联系调换。**
售书热线：（020）87716172

中文版序：五段旅程

这五本书是一个系列，探索并解释了漫长的 20 世纪的多重变革。它们探讨了强权的衰落和新的国家意识形态的兴起，揭示了不同思想、不同政体间的碰撞，并讨论了第二次世界大战、冷战和核时代给世界带来的挑战。这五本书通过创造叙事，换句话说就是通过讲述故事来实现上述目的。这些故事包含着对现在和未来的启示，具有更广泛的意义。

中国有句谚语："前事不忘，后事之师。"与之最接近的西方谚语是罗马政治家和学者马库斯·图利乌斯·西塞罗（Marcus Tullius Cicero）的名言："历史乃人生之师（Historia est magistra vitae）。"自这句话问世以来，历史的教化作用曾多次被怀疑，在过去几个世纪里，持怀疑态度的人远多于相信的人。但我个人相信，历史作为一门学科，不仅能够满足人们的好奇心，还可以作为借镜，但需要注意的是，我们只有努力将所研究的人、地点、事件和过程置于适当的历史情境中，才能理解过去。

英国小说家 L. P. 哈特利（L. P. Hartley）在 1953 年写道："过去是一个陌生的国度，那里的人做事的方式与众不同。"这句话很有见地，我也把我的每一本书都当作一次前往"陌生国度"的旅行，无论主题是外国的历史还是我自己民族的过去。虽然我的"旅程"的主题或"终点"各不相同，但它们的出发点、行程和目的地都与当下的关注点和感知密不可分。因此，我更愿意把我的研究看作一次往返之旅——我总是试图回到我出发的地方，带回一些身边的人还不知道的有用的东西，帮助读者理解现在，并更有信心地展望未来。

我对个人的思想、情感和行为非常感兴趣，但最重要的是发现和理解形成这些思想、情感和行为的政治、社会、文化环境，以及个人应对环境的方式。在我的书中，那些做决定的人、"塑造"历史的人不一定身居高位，他们可能是，而且往往只是碰巧出现在那个时间、那个地点，反映的是时代的光亮和悲歌。最后，我相信全球史，它将现在与过去联系在一起，无论我们今天信奉什么观点，无论我们现在身处哪个社会。因此，我的许多著作和论文都涉及不同社会政治制度、文化和世界观之间的碰撞。我认为我的任务之一就是揭示其中的多重纽带，而这些纽带把我们彼此，以及我们的前辈联系在了一起。

《愚蠢的核弹：古巴导弹危机新史》聚焦于 1962 年秋天的古巴导弹危机，审视了冷战时期最危险的时刻。在美国公众的记忆中，这场危机极富戏剧性。他们几乎完全聚焦于肯尼迪总统的决策和行动，他不仅是胜利者，还是让世界免于全球灾难的拯救者。而我的著作则将危机历史 "国际化" 。我扩展了叙事框架，纳入了其他的关键参与者，尤其是赫鲁晓夫，还有卡斯特罗。为了了解危机的起因、过程和结果，并吸取教训，我不仅要问自己他们为避免核战争做了哪些"努力" ，还要问自己他们在将世界推向核对抗边缘时犯了哪些错。

我对后一个问题的回答是，肯尼迪和赫鲁晓夫犯下的许多错误不仅是由于缺乏准确的情报，也因为两位领导人无法理解对方的动机和能力。赫鲁晓夫之所以决定在古巴部署苏联导弹，是因为美国在土耳其部署的导弹让苏联人感觉受到了威胁，但肯尼迪并没有意识到这一点，还认为在美国本土附近选择一个新基地来平衡双方才公平。赫鲁晓夫也从未理解过美国的政治体制，在这种体制下，总统的权力受到国会的限制——肯尼迪并不像赫鲁晓夫那样拥有广泛的权力。国会所代表的美国公共舆论认为，古巴在地理、历史和文化上与美国的关系比土耳其与俄罗斯或苏联的关系要密切得多。

我对苏联方面史料的研究，包括在乌克兰档案中发现的克格勃军官的报告，使我能够透过苏联官兵的视角，从下层观察危机的历史。事实证明，这一视角对于全面了解两位领导人对军队的真实掌控力，以及实地指挥官在战争与和平问题上的决策自主性至关重要。苏联指挥官曾违抗莫斯科的明确命令，击落了古巴上空的一架美国 U-2 侦察机，差点使危机演变成一场真的战争。这是因为苏联指挥官误认为他们已经置身战争之中，必须保护自己。事件突发后，肯尼迪和赫鲁晓夫付出了极大的努力，才在局面完全失控之前结束了这场危机。核对抗带来的恐惧为两位领导人提供了一个共同的基础，使他们能够搁置政治和文化上的分歧，让世界免于核灾难。

《切尔诺贝利：一部悲剧史》的主题是一场真实发生的核事故。在这本书中，我集中描写了一些普通人——切尔诺贝利核电站的管理人员和操作人员——的思想、情感、行动和经历，他们是书中的主要人物。其中一些人的行为导致了灾难的发生，而另一些人致力于阻止事故对人类和环境造成更大的破坏。我再次试图理解他们的工作和生活环境对其动机的影响。在此过程中，我将重点放在苏联管理方式的一个关键特征上，即一种自上而下的模式，这种管理方式不鼓励主动性和独立行动，事实上“鼓励”了被动和责任的推卸。

导致灾难发生的另一个原因是苏联核工业的保密文化。考虑到切尔诺贝利核电站使用的石墨慢化沸水反应堆（RBMK）具有双重用途——既可以生产电力，又能生产核弹燃料，即使其操作人员也不知道它的弱点和设计缺陷。迫于高级管理层的压力，操作人员在1986年4月26日反应堆关闭期间匆忙进行测试。他们违反了规章制度，却没有充分认识到其行为的后果，因为他们对反应堆的一些关键特性一无所知。这次测试造成了一场灾难，而政府却试图向本国人民隐瞒这场灾难的全部后果。

“你认为掩盖切尔诺贝利事故只是苏联的故事，而我们的政府没有发生过类似行为吗？”当我在美国、欧洲和澳大利亚巡回演讲时，读者们一再向我提出这样的问题。我不知道答案，于是决定更深入地研究这个问题，而后我写了《原子与灰烬：核灾难的历史》。在这本书中，我讨论了包括切尔诺贝利核事故在内的六次重大核事故的历史。

其他五次事故包括：1954年，美国在“布拉沃城堡”试验中试爆了第一颗氢弹，试验结果超出设计者的预期，污染了太平洋的大部分地区；1957年，位于乌拉尔山脉附近的苏联克什特姆发生核事故，一罐放射性废料的爆炸导致大片地区长期无法居住；与克什特姆核事故相隔仅数周，急于为英国第一颗氢弹生产足够燃料的温茨凯尔核电站同样发生核泄漏，事故绵延影响了英国的大片海岸；1979年，美国三里岛核电站的核事故迫使超过14万人暂时离开家园；2011年，日本福岛第一核电站发生意外，其后果与切尔诺贝利核事故最为接近（我会在福岛核事故的前一章讨论切尔诺贝利核事故）。

我从政府官员、事件的普通参与者以及普通民众的视角来审视这些事故。我相信，《切尔诺贝利》的读者会认识到：所有政府，无论是什么体制，无一例外都不喜欢坏消息，而且大多数政府都考虑或执行了某种掩盖措施。但在苏联的体制之下，掩盖真相更容易实现，克什特姆核事故被隐瞒了下来，在长达 30 年的时间里，苏联社会和整个世界对此一无所知。

但是，正如切尔诺贝利核事故的历史所表明的那样，掩盖行为会带来巨大的代价。当戈尔巴乔夫提出“公开性”政策时，民众要求政府说出 “切尔诺贝利的真相”，这一诉求在莫斯科、立陶宛维尔纽斯（立陶宛有伊格纳利纳核电站）以及乌克兰境内（乌克兰有切尔诺贝利核电站）发酵，进而催化出一系列的政治效应。1990 年 3 月，立陶宛成为第一个宣布脱离苏联独立的共和国；1991 年 8 月，乌克兰也宣布独立。短短几个月之内，苏联消失了，成为了切尔诺贝利核事故的又一个“受害者”，这里面的原因不在于事故灾难本身，而在于掩盖。

《被遗忘的倒霉蛋：苏联战场的美国空军与大同盟的瓦解》是我认为最值得研究和写作的，因为它让我有机会通过二战参与者的日常经历来研究更广泛的政治和文化现象，二战是世界历史上最戏剧性、最悲剧性的事件。该书讲述了在英国、美国和苏联组成反希特勒联盟——大同盟的背景下，美国飞行员在苏联空军基地的经历。

美国人向苏联人提出的计划背后有着地缘政治和军事上的充分

考量：从英国和意大利机场起飞的俗称“空中堡垒”的B-17轰炸机在完成对东欧的德占区的空袭后，降落到苏联境内，利用苏联基地补充燃料和弹药，并在返航时再次轰炸德军目标。这样的飞行安排可以使美国飞机深入德军后方，打击的目标更接近苏联的前线。美苏双方都能从这一安排获益。但苏联当局不愿意让美国人进行这种穿梭轰炸。事实证明，即使在获得批准后，苏联人仍想着尽快赶走其基地（恰好在乌克兰）里的美军人员。

苏联指挥官与基地上的美国飞行员之间的关系每况愈下。战争结束时，双方关系已经到了无法调和的地步。苏联人为什么反对这样一次“互惠互利”的军事行动？我试图通过查阅驻苏美国军官的报告和苏联情报部门关于美军人员的报告来回答这个问题。苏联方面的文献来自乌克兰的克格勃档案，其中的发现让我大吃一惊。我的假设是，斯大林不希望美国人在苏联领土上建立基地，而双方的争吵则主要出于意识形态和文化方面的原因。

事实证明，这一假设部分是对的，尤其是在涉及苏联领导层时。但关键问题实际上是历史问题，即外国势力武装干涉苏俄内战的记忆，以及文化因素。苏联人觉得自己不如美国人，因为美国人有着先进的军备。政治文化的差异比缺乏共同的语言和乡土文化的影响来得更大。在大萧条的艰困中，许多有左翼政治思想的美国军人开始同情苏联，但他们并不理解或接受苏联政治文化中有关个人自由、秘密情搜（他们是从苏联情报机构那里见识到的）等方面的内容。

正如我在书中所展示的那样，美国人见识了苏联情报部门的手法，尤其针对与美国人日常交往的苏联人，这使得美国军人中的许多“苏联迷”走向了苏维埃政权的对立面。一旦大同盟的地缘政治因素不复存在，两个超级大国之间基于政治文化差异积累起来的敌意加速了双方滑向冷战时期的对立。

《失落的王国：追寻俄罗斯民族的历程》一书在很大程度上源自苏联解体后凸显的政治和历史问题带来的思考。俄罗斯的起点和终点在哪里？俄罗斯的历史和领土由什么构成？这些问题因苏联解体和各加盟共和国的独立而浮上台面，随着2014年俄军进入克里米亚及2022年2月俄乌冲突爆发变得尤为紧迫。

苏联在许多方面都是俄罗斯帝国的延续，苏联解体后，俄罗斯面临着比欧洲大多数前帝国国家（如英国和法国）更大的挑战。英法等国的挑战在于不得不与各自的帝国脱钩，俄罗斯则发现自己不仅要处理去帝国化的问题，还要重新思考自己的民族叙事。这一叙事始于基辅罗斯，一个在本书中被称为“失落的王国”的中世纪国家。尽管俄罗斯后来的历史一波三折，但其起源仍被视作始于基辅——自1991年以来独立的邻国的首都。俄罗斯首都莫斯科直到12世纪中叶才见诸史册，比基辅要晚得多。

我在书中探索了俄罗斯对基辅罗斯的历史主张，并介绍了俄罗斯作为基辅的王朝、法律制度、文化和身份认同的继承者，在帝国时期、苏联时期及后苏联时期的自我转变。该书通过俄罗斯历史上重要人物的思想和行动，围绕“帝国”和“民族”这两个概念的关系，再现了俄罗斯思想上和政治上的历史进程。另一个重要主题是俄罗斯和乌克兰这两个新兴国家之间的关系，后者认为（现在仍然认为）自己的历史与基辅的过去联系更为紧密，这不仅体现在王朝或法律方面，也体现在民族方面。这本书讨论了俄乌冲突的历史和思想根源，这场战争已成为第二次世界大战以来欧洲乃至全世界最大规模的军事冲突。历史叙事对社会及其领导者有巨大的影响力，但双方都有责任作批判性的审视，反思过去，而不是试图将其变成自己的未来。这也是我在本书创作过程中汲取的教训之一。

本系列的五本书各有各的故事，各有各的启示。对每个读者来说，它们可能不尽相同——分析方式确有所不同。但我希望，这几本书在让我们面对过去进行恰当提问的同时，也能提供有价值的解释和回答。我祝愿每一位读者都能在过去的“陌生国度”中有一段收获丰富的愉悦旅程，并希望你们能从中找到值得带回家的东西——一个教训、一个警示或一个希望。

沙希利·浦洛基

2023 年 8 月

序　言

我的乌克兰地图上有一处标记为“切尔诺贝利”的地方，这正是我们一行八人此次旅程的目的地。除了我本人，同行的还有来自中国香港的科学与工程学专业的三名学生，他们正在进行一次俄罗斯与东欧之旅。从口音中可以辨别出，余下三位男士和一位女士是英国人，全都二十出头的模样。我随即得知三位男士确属英国人，而那位女士名叫阿曼达，是位清高的爱尔兰人，他们倒是相处得很融洽。

数周前，阿曼达询问自己的英国丈夫斯图尔特，问他在接下来的假期里想做什么，她的丈夫回答说，想去切尔诺贝利。因此，他们在斯图尔特兄弟及一位家族朋友的陪伴下，来到此处。两款网络游戏更是激发此次行程的灵感之源。在一款名为“潜行者：切尔诺贝利的阴影”的射击恐怖生存游戏中，游戏故事就发生在虚构的第二次核爆炸后的切尔诺贝利核禁区。在另一款名为“使命召唤：现代战争”的游戏中，主角乔恩·普莱斯上校前往废城——普里皮亚季，去猎杀俄罗斯激进分子。斯图尔特和他的团队要亲自去废城看一看。

我们年轻的乌克兰导游维塔，先把我们领到了方圆 30 公里的禁区，然后再进入限制更严的 10 公里禁区——这是两个同心圆，一个套着另一个，那座核电站就在半径分别为 30 公里和 10 公里的两个同心圆的中心。我们见到了被称为杜加的苏联雷达[①]，它在里根战略防御倡议——“星球大战计划”中起到了重要作用。然而，以今日之标准，它不过是一套低科技系统，主要用于侦察和发觉可能来自美国东海岸的核攻击。我们从这儿出发，继续前往小城切尔诺贝利和核电站，以及已沦为鬼城的邻近城市普里皮亚季，曾有近5万名为核电站工作的建筑工人和操作员居住于此。维塔将辐射计数器交给了我们，当辐射水平超过设定的正常值时，计数器会发出警报声。在某些地区，尤其在靠近损毁反应堆的几个地方，计数器响个不停。维塔随后关闭了辐射计数器，这一举动和1986年被派往处理核事故的苏联工人的做法如出一辙。他们必须去做自己的工作，而辐射计数器显示辐射水平是无法接受的。维塔也有自己的工作要做。她告诉我们，在这儿待上一天，所接受的辐射量和一名飞机乘客一小时接受的辐射量是一样的。我们相信她的担保，辐射水平还不算高得惊人。

切尔诺贝利核事故所释放的核辐射量总计5000万居里，相当于日本广岛原子弹爆炸所释放的核辐射量的500倍。出现这般灾难性的后果，只不过是因为核反应堆不足5%的核燃料外泄。最初它包含超过113千克的浓缩铀——足够污染和毁灭大半个欧洲。如果切尔诺贝利核电站另外三座核反应堆也因第一座核反应堆的爆炸而受损的话，一切有生命、有呼吸的生物体都将难以在地球上生存下

---

① 杜加远程警戒雷达，是苏联在冷战时期所建设的超视距雷达，是苏联反弹道导弹远程警戒网络的重要组成部分，1976年投入运营，峰值功率高达10兆瓦，其发射的信号能对全球范围内的短波频段进行干扰，俗称“俄罗斯啄木鸟”。（本书页下注均为译者注和编者注）

1986 年 5 月 1 日法国 SPOT-1 卫星拍摄的切尔诺贝利核事故的第一张公开图像（© Images SPOT acquises dans le cadre du programme Spot World Heritage du CNES）

去。在事故发生后的数周里，科学家和工程师皆难以判断，切尔诺贝利的这座放射性“火山”喷发后，是否还有更加致命的灾难。即使没有出现更糟糕的情况，仅第一次核爆所产生的放射性物质就将在长达数百年的时间内持续存在。此次核爆产生的钚–239 被风吹到了瑞典，而它的半衰期是 2.4 万年。

普里皮亚季有时被誉为当代的庞贝城。这两座城市既如出一辙，又大相径庭，原因仅仅在于这座乌克兰城市的墙体、屋顶，甚至零星可见的窗户玻璃都基本完好无损。并不是火山喷发带来的炙烤与岩浆吞噬了生命，而是不可见的放射性物质迫使当地居民离开家园。大部分植物活了下来，野生动物回归此地，重新占领了昔日属于人类的定居之地。这座城市的街道上留下了过去苏联时代的大量印记，还能看到苏联时代的很多标语，在一座废弃的电影院内，挂着一幅共产主义领导人的肖像。我们的导游维塔说，现如今已无人知晓画中人到底是谁。核灾难发生时，我正是一名在乌克兰工作的年轻的大学教授，凭着那些记忆，我辨认出了那张熟悉的面孔，画中人是 1982 年至 1988 年担任克格勃主席的维克托・切布里科夫。这幅画在过去 30 年间，竟奇迹般地保存了下来，除了切布里科夫的鼻子旁有一个小洞，一切完好无损，此外，画中形象也极尽完美。我们继续前进。

我在心中暗自揣度，像维塔这般优秀的导游却不认识切布里科夫，着实有几分奇怪。在一个废弃的苏联时代超市的天花板上，悬挂着写有“肉”“牛奶”“奶酪”的标牌，维塔在解释它们的含义时似乎有些困惑。她问道：“怎么会这样？他们总写苏联几乎什么东西都缺。”我解释说，因为当地有核电站，普里皮亚季在很多方面享有特权，比起当时的普通民众，那里的工人能获得更好的农产品和消费品。此外，挂着“肉”“牛奶”“奶酪”的标牌，并不意味着实际上能买到这些食品。毕竟这里曾属于苏联，政府宣传的形象与现实的差距，只有在那些揶揄嬉笑中才能弥合。我忽而记起一则笑话：“如果你想把自己的冰箱填满食物，那就拔下冰箱插头，接到收音机上。”因为收音机里总是在播报生活水平持续提高，可是冰箱自有它的故事要讲。

正是在前往普里皮亚季的路上，为了那些彼时身在别处，却渴望知道1986年4月26日——这个不同寻常的夜晚究竟发生了什么的人，为了渴望知道在这之后的日日夜夜、岁岁年年里究竟发生了什么的人，我决定写一部关于切尔诺贝利的长篇作品。尽管苏联政府起初试图隐瞒切尔诺贝利核灾难，弱化其后果，可是，该事件在苏联和西方还是引起了广泛的公众关注，先是在爆炸发生的最初几天里，媒体对此进行了报道，后是纪录片、专题片、纪实调查和小说的出现。虽然这场灾难的起因、结果和经验教训属于历史脉络化研究和历史解读的范畴，但是到目前为止，鲜有历史学家对此课题展开过深入研究。

作为一本历史学著作，从1986年4月核反应堆发生爆炸，到2000年12月核电站关闭，再到2018年5月对受损核反应堆最新覆盖的完成，本书首次详述了切尔诺贝利核事故的来龙去脉。在我开始对切尔诺贝利展开研究之际，与上述历史有关的保密档案资料得到解禁，我的工作因此受益颇多。2014年乌克兰一系列的政治变动也引发了档案革命，使得之前保密的克格勃资料前所未有地向世人公开。更多其他政府档案也向公众开放了，如此一来，想要查询那个时代的资料，包括核事故后的各类文件就变得容易了。

我以一名历史学家和事件同时代人的双重身份创作此书。核爆炸发生时，我的住所就在受损的核反应堆下游不足500公里之地。我的家庭和我本人并未受到直接影响。但是，数年后当我在加拿大做访问学者时，医生说我的甲状腺有些红肿，这是暴露在辐射中产生的让人担忧的症状。幸运的是，我的妻子和孩子都很好。我大学时的一位同学，曾在事故发生后的数日内，以警察的身份被派往切尔诺贝利，他每年都要在医院住上至少一个月的时间。我的一位大学同事也曾于爆炸发生后，在核电站附近待过一阵子，看上去身体却很好，他现在在美国教授苏联史。和他们以及其他的事件参与者进行交谈，重拾我自己关于此次核灾难的记忆，这一系列行为使我能够更好地再现那些为了尽可能减少核反应堆堆芯熔化所造成的不利后果，宁愿牺牲健康，甚至献出生命的人的思想与初衷。

我们沿着核灾难的时间线索越向前推进，事件就变得越扑朔迷离，越难理解它在现实生活中的根源和实际结果。我在历史背景下进行解读，使人们可以更好地理解世界上最严重的核事故。我还利用了最新获得的档案资料和最近发布的政府文件，采访了诸如斯韦特兰娜·阿列克谢耶维奇和尤里·谢尔巴克等事件亲历者和相关主题的作家，因而能从较长的时间维度来描述此次核灾难，及其在政治、社会和文化等方面产生的影响。从受损的四号核反应堆控制室到禁区内废弃的村庄，再到基辅、莫斯科和华盛顿的政治人物，全书观点纷杂，逐一道来。将切尔诺贝利事件放在国际历史学的背景下考量，我们有可能得出具有全球意义的结论。

作为一段历史，切尔诺贝利事件确实是一次技术灾难，它不仅重创了苏联核工业，还影响了苏联的整个体制。这次事故拉开了苏联终结的序幕：在此之后的五年多时间里，这个世界超级大国便四分五裂，这不仅是意识形态的问题，更是苏联自身管理体制和经济体制的不良运转所造成的。

切尔诺贝利核电站爆炸不仅挑战，而且颠覆了苏联旧有的秩序。公开性政策使媒体和公民有权纵论时政、褒贬当局，而这一政策正是源于后切尔诺贝利时代。随着民众越来越多地要求政府公开信息，原有的保密文化逐渐退却。切尔诺贝利的灾难使政府承认，生态问题可以成为苏联公民成立自己组织的合法理由，这一做法打破了苏共对苏联政治活动的垄断。首批苏联群众团体和政党在生态运动中出现，并且席卷了苏联污染严重的工业中心。

辐射涉及每个人，从政党领导人到普通民众，切尔诺贝利事故使各个民族和各行各业的人对莫斯科及其推行的政策愈加不满。乌克兰作为废弃核反应堆的故乡，此次事件对其造成的政治影响，比起其他任何地方都要深刻。乌克兰政坛两大针锋相对的对手——主政的共产主义政党和新生的反对派，在反对莫斯科，尤其是反对苏联领导人戈尔巴乔夫方面找到了共识。1991 年 12 月，当乌克兰人投票赞成国家独立时，他们已将庞大的苏联抛向了历史。就在乌克兰大选数周后，苏联正式解体了。然而，将苏联政治公开性改革和乌克兰及其他加盟共和国民族运动的兴起，仅仅归因于切尔诺贝利事故是不正确的，但此次事故对上述相关事件的影响怎么描述都不算言过其实。

将切尔诺贝利核事故归罪于运转失灵的苏联体制和此类核反应堆的设计缺陷是再简单不过的事情，这样一来，便也暗示这些问题皆归于过往了。不过，这样的信心怕是用错了地方。切尔诺贝利核电站发生堆芯熔毁事故的原因时至今日依然显而易见。权威的当政者希望增强国家实力，巩固本国地位，希望经济加速发展，克服能源与人口危机，但对于生态问题仅仅是给予口头承诺。比起 1986 年的情形，如今这些情况变得更加明显。假如我们不从已经发生的事情中汲取经验的话，切尔诺贝利式的灾难很可能会再现。

目　录

辐射影响和测量的注解

辐射是能量的释放与传递，且具有多种形式。切尔诺贝利核反应堆的爆炸引起了电离辐射的扩散，所携能量足以使电子从原子和分子中分离出去。爆炸产生了包括 γ 射线和 X 射线在内的电磁辐射，还有含有 α 粒子、β 粒子和中子的粒子辐射。

测量电离辐射有三种不同方式。第一种是测量放射性物体释放的辐射值，第二种是测量人体所吸收的辐射水平，第三种是评估吸收的辐射造成的生物受损程度。每一种测量方式都有自己的计量单位，而所有的旧单位正逐渐被国际单位制中的新单位取代。过去的辐射计量单位居里已被贝可勒尔（简称贝可）代替，1 居里相当于 37 吉贝可勒尔。更早以前辐射吸收值的计量单位拉德已被国际单位戈瑞取代，1 戈瑞等于 100 拉德。原先测量生物受损程度的计量单位是雷姆，现在已采用国际单位希沃特。

雷姆表示“人体伦琴当量”，1 雷姆相当于 0.88 伦琴，伦琴是过去测量 X 射线和 γ 射线产生的电离辐射和电磁辐射的法定计量单位。切尔诺贝利核灾难发生时，苏联核工程师采用旧的计量单位去测量辐射暴露水平和辐射引起的生物受损程度。他们使用的第一种辐射测量器可以测得以微伦琴 / 秒为单位的辐射值。治疗第一批事故受害者的医生测量其病人的辐射水平使用的计量单位是在俄语中与雷姆意义相同的计量单位 ber，也表示“人体伦琴当量”。从旧的计量单位转换成新的计量单位困难重重，但雷姆是一个受欢迎的例外，因为 100 雷姆等于 1 希沃特，测量 γ 和 β 辐射时 100 雷姆等于 1 戈瑞。

既然雷姆和伦琴关系密切且容易转换成希沃特，所以雷姆是事故发生时测量辐射对人体影响程度的最佳剂量单位。今天，10 雷姆，即 0.1 希沃特是西方核工业领域的工人五年内所能承受的可能使生物受损的最大安全剂量值。1986 年夏，切尔诺贝利核电站“事故清理人”允许吸收的最大剂量是 25 雷姆，即 0.25 希沃特。从切尔诺贝利核电站撤出的民众，直到今日，其生物受损程度仍高达 30 雷姆，即 0.3 希沃特。辐射病的症状包括恶心和“核晒伤”——皮肤因受到辐射伤害而变深，但至少要达到 100 雷姆，即 1 希沃特，才会致命。那些遭受致命的骨髓受损伤害的患者，吸收的辐射值高达 400—500 雷姆，他们会在一个月内离世。在事故发生后一个月内离世的核电站操作员和消防员，吸收的辐射值达到 600 雷姆，即 6 希沃特，相当于 6 戈瑞的 γ 或 β 放射线。爆炸发生时四号机组的值班长亚历山大·阿基莫夫，估计吸收了 15 戈瑞的辐射，他在事故发生后的第 15 天就离世了。

苏联官员和工程师采用公里为计量单位测量距离，采用吨为计量单位测量重量。我保留了资料最初使用的这两种计量单位。若这些数值换算成美国计量单位，1 公里等于 0.62 英里，1 吨等于 1.1 美吨。只要在搜索栏输入两种不同的计量单位，就可以换算大部分的计量单位，例如输入“公里换算至英里”。

序 幕

1986年4月28日清晨7点，在距离斯德哥尔摩两小时车程的福斯马克核电站，29岁的化学师克利夫·鲁宾逊享用完早餐之后就去刷牙了。从卫生间走到衣帽间，他必须经过辐射检测仪，像这样他已走过了上千次。这次情况却不同——警报响了！鲁宾逊觉得警报来得毫无道理，因为他从未进入控制区，在那儿他可能会受到些许辐射影响。他再次经过辐射检测仪，警报又响了。直到他第三次尝试时，警报才没响。最终得出的解释是——这讨厌的家伙已经失灵了。

鲁宾逊在核电站的工作是监测辐射水平，辐射检测仪竟选择他为告知对象来表现系统的警觉性有多高，这是多么讽刺呀，他不禁暗暗思忖。万幸的是它又能好好工作了。鲁宾逊继续做着自己分内的事，几乎忘了那出乎意料的警报。但是上午晚些时候，当他回到那儿时，发现一队工人也无法通过运转中的辐射检测仪。鲁宾逊没有检测仪器，而是从一个在辐射检测仪旁排队等候的人身上取下了一只鞋子，并把它带到了实验室进行检测。检测结果不禁令他的脊背阵阵微颤。他回忆道："我见到了让我至今难忘的场景，这只鞋子受到了严重污染，我能看到光谱在急速上升。"

鲁宾逊的第一反应是有人引爆了核弹，因为鞋子上沾有通常不会在核电站发现的放射性物质。他向自己的上司汇报了上述情况，随后这一情况又被递呈至瑞典辐射安全局。政府当局认为问题可能出自核电站自身，于是福斯马克核电站工人及时撤离。核电站开始进行放射性检测，但是什么也没有，几小时后一切已经明了，核电站不是造成污染的原因。核弹爆炸的假设也被排除，因为放射性物质并不符合该情况。由于其他核电站也检测到较强的放射性，因此放射性物质明显来自国外。

计算值和风向均指向东南方向的世界核大国——苏维埃社会主义共和国联盟。是不是那里发生了什么可怕的事情？但苏联人沉默不语。瑞典辐射安全局联系了苏联官员，但后者并未承认在苏联境内发生了任何可能引起核污染的事件。然而，斯堪的纳维亚半岛国家的安全部门接着又发现了高于正常值的辐射水平：在瑞典，伽马辐射比正常值高出了30%—40%；在挪威，这一数值是正常值的2倍；在芬兰，这一数值是正常值的6倍。

作为铀在核裂变过程中的副产品，两大放射性气体——氙气和氪气飘过斯堪的纳维亚半岛，该地区不仅包括芬兰、瑞典、挪威，还有丹麦。检测显示，不知位于何处的放射性污染源还在持续释放危险物质。瑞典人一直向三家负责核能管理与运营的苏联机构致电，但对方均否认获悉任何事故或爆炸。时任瑞典环境部部长布里吉塔·达尔宣称，造成放射物传播的国家拒绝向国际社会透露关键信息的做法违反了国际条约。毫无回应。瑞典外交官找到了当时在维也纳担任国际原子能机构领导的瑞典外交部前部长汉斯·布里克斯，然而，该机构同样不知晓真相。

人们并不清楚要知道些什么。尽管辐射水平较高，但尚未对人和植物的生命构成直接威胁。但如果核污染持续下去，甚至加重会怎样呢？在苏联边境的铁幕之后究竟发生了什么？这是新的世界大战的开始，抑或是一场空前的核事故？无论哪种，都将影响全世界——其实影响已经造成了，但苏联人依旧沉默不语。[1]

第一部分

苦艾之苦

第一章　权力的游戏

这是个非同寻常的日子——无论是在莫斯科，还是苏联全境，从者如云，许多人都相信这是新时代的黎明之光。1986 年 2 月 25 日这个冬日清冷的早晨，前夜温度已降至 –18℃，近 5000 名身着冬服的人来到位于莫斯科市中心的点缀着巨型列宁画像的红场，其中既包括苏共和政府高级官员、军官、科学家、大型国企领导，也有工人和集体农场农民等劳苦大众。他们是前来参会的党代表，他们的使命是为国家未来五年的发展制定新的路线。自 19 世纪末一群富有理想的社会主义者创立该党以来，这已经是苏联共产党召开的第二十七次全国代表大会。[1]

人群一到克里姆林宫便即刻前往国家大会堂，这是一幢由玻璃与水泥构建而成，饰有白色大理石板材的建筑。大会堂建成于 1961 年，坐落在曾属于 16 世纪沙皇鲍里斯·戈东诺夫的建筑群所在地。时任苏联最高领导人的赫鲁晓夫，希望该建筑可以和 1959 年在北京揭幕的人民大会堂相媲美。那座中国大会堂可以容纳上万人。苏联人将自己大会堂的一半置于地下，以使会堂可容纳的座席数从 4000 增至 6000，除了包厢的露台座位，其他多数会议厅的座席就在地下。及至五年一次的党代会召开时，无论快速增长的苏共党员有多少，苏联领导人决定都将参会代表的人数限制在 5000 以内，因为把大厅填满的话，参会者坐得可就没那么舒服了——苏联缺乏能容纳更多人的会场。[2]

1961 年 10 月，赫鲁晓夫为新建成的国家大会堂举行落成典礼，其时适逢苏共二十二大召开。会议决定将斯大林的遗体从列宁墓中移出，同时确定建设共产主义社会的新方案，该方案的基本目标将在 20 世纪 80 年代初得以实现。到了 1986 年，参加苏共二十七大的代表必须对已取得的成就进行评估。即便往好了说，数据也是一片黯淡。随着人口的增长，经济发展在放缓，全面崩盘的风险日渐增大。苏联经济学家曾预测 20 世纪 50 年代的国民收入增速为 10%，到了 1985 年，增速已降至 4%。美国中央情报局预测的结果甚至更糟，他们先是将增速定调在 2%—3%，随后下调至 1% 左右。[3]

当时，中国人已引入了市场机制，开启了经济改革的序幕；而美国在乐观派总统里根的领导下，在经济领域和军备竞赛中都势头强劲。然而，苏联的领导层却迷失了方向。苏联民众对自身的共产主义实践愈加失望，备感苦恼。尽管共产主义信仰在苏联出现了危机，但人们似乎在米哈伊尔·戈尔巴乔夫——一位年富力强、魅力非凡的苏联领导人——身上找到了新的希望。

这是年仅 54 岁的戈尔巴乔夫第一次作为苏共中央总书记参加党代会，他清楚地知道苏联领导层、苏联民众，甚至全世界的目光都集于他一身。在这之前的三年可以被称为“克里姆林宫的葬礼年”。自1964年起就执政的勃列日涅夫，病逝于1982年11月；克格勃出身的尤里·安德罗波夫继承了勃列日涅夫的职位，在其短暂的任期中，有一半的时间在病床上度过并于1984年2月病逝；他病恹恹的继承者康斯坦丁·契尔年科也于1985年3月逝世。似乎领导人要将国家一起带入坟墓。除了经济窘迫，他们还不断将年轻小伙子派往阿富汗——自1979年起苏联军队就在那里陷入了困境——并准备和西方世界展开核对抗。克格勃的海外站点曾被要求放下一切工作，寻找即将发生核攻击的迹象。

无论是在党内，还是在社会上，人们都相信充满理想的戈尔巴乔夫能扭转困局。西方对恢复双边友好关系也抱有越来越大的希望。在美国，里根总统厌倦了苏联领导人总在他的任上逝世，正在寻找一位可以与之打交道的人。他的亲密盟友——英国首相玛格丽特·撒切尔夫人告诉他，戈尔巴乔夫就是这个人。1985年12月，里根与戈尔巴乔夫在日内瓦初次会面，虽然关系尚有些紧张，但还是为后续更富有成果的对话打开了大门。此番对话不仅包括私人会晤、外交渠道的沟通，还包括公开宣言。1986年1月，戈尔巴乔夫提出了苏联核武器裁军计划，此举令里根大吃一惊。人们猜测他在接下来党代会上的讲话中，会进一步就裁军问题向美国发起挑战。[4]

戈尔巴乔夫想方设法要替苏联的各种危机寻得解决之道。他在大会报告中倾注了大量精力，写进了许多想法。1985年深秋时分，他召集两位最亲密的顾问——首席助理瓦列里·博尔金和苏联驻加拿大前任大使亚历山大·雅科夫列夫，到黑海沿岸索契附近的国家度假区。戈尔巴乔夫推行的改革是对苏联政治和经济制度的彻底调整，只是尚未开始，而雅科夫列夫将因为实施这一改革而成为声名卓著的“苏联改革之父”。当时改革的核心是加速，人们相信苏联体制基本可行，只是需要科技进步的推动，“科技进步”在苏联是技术创新的代名词。

在党代会召开前数日，戈尔巴乔夫把自己关在家中，大声诵读自己的演讲报告并且进行计时。在没有间断和不被打断的情况下，报告朗读时长超过六小时。在戈尔巴乔夫操练自己的演说技巧时，大会代表则忙于光顾莫斯科各类商店，而不是参观美术馆或博物馆。“他们来自全国各地，却专注于自己的事情。”戈尔巴乔夫的助手，同时也是报告的另一位作者博尔金说道，“他们必须给家人、熟人和自己采购很多东西，他们订了太多东西，甚至用火车运走都很费力。”[5]

这些代表来自饱受农产品和消费品短缺困扰的地区，而这在20世纪80年代已然成为苏联生活的常态。苏共领导层无法缓解普通民众物资短缺问题，只是尽可能向党内精英提供供给。在代表入住的酒店内，开设了食品专营店分店和百货商店，那些难以寻得的商品从全国各地运至此处。这些商品包括时髦的套装、套裙、鞋子、鱼子酱、腊肉、香肠，最后一样重要的东西是香蕉。这些都是普通苏联民众所渴望的东西，这些人不仅生活在各个州，也生活在包括莫斯科、列宁格勒（今圣彼得堡）和基辅等物资供应更充足的大都市。邮局开辟了专门渠道去处理所有代表从莫斯科运回的商品。

来自各地的高级官员和大型企业的负责人，平时就可以凭借自己的政治影响力和社会关系获得这些稀缺物资，但参加党代会给了他们另一个机会。他们利用这段时间游说莫斯科的主政者和部长们，为自己所在地区或公司争取资金和资源。他们还尽力维持原来的朋友圈和熟人圈，并拓展新的关系网。关系网意味着推杯换盏，常常饮酒无度，这既是苏联管理方式的特色，又是饱受诟病的地方。普通民众的酒精中毒水平给戈尔巴乔夫敲响了警钟，于是他在前一年就发起了禁酒运动，尤其是党政官员，一旦醉酒将被追责。

手握实权的乌克兰政党领导人弗拉基米尔·谢尔比茨基是乌克兰代表团团长。作为他的亲密助手，维塔利·弗鲁布列夫斯基回忆起一幕插曲。负责对参会人员例行检查的克格勃从一名代表身上闻出了酒味，便将此事汇报给高级官员。该事件涉及乌克兰产煤区卢甘斯克的一名地区领导人，此事一路上报至苏共最高领导层。“这名书记被当场开除党籍。”弗鲁布列夫斯基回忆道。这名地区领导人极力掩盖自己和第一批苏联宇航员喝了一夜酒，宇航员的受欢迎程度相当于苏联的摇滚明星。“谢尔比茨基坐在主桌前，一直盯着他的代表团看。因为倒霉的事可能会发生，我始终耷拉着脑袋。”弗鲁布列夫斯基回忆道。有个朋友时不时地碰碰他的膝盖，在大会演讲时弄醒他，这算是救了他。[6]

50 岁的切尔诺贝利核电站站长维克托·布留哈诺夫是 1986 年乌克兰代表团的成员。作为一名忠实可靠的老党员和高级别的企业管理者，这是布留哈诺夫第一次参加党代会。本次党代会四分之三的代表都是首次参会。像布留哈诺夫这样的企业经营者大约 350 人，约占总人数的 7%。布留哈诺夫个头较小，身材精瘦却腰板笔直，黑色的卷发梳向脑后，满脸略显尴尬地微笑着，他常给人留下善良和正派的印象。他的下属评价他是一位卓越的工程师和高效的管理者。他并非酒徒。如果非要说他属于哪类人的话，那么他是一个地道的工作狂。他干得多，说得少，是苏联企业领导中既能成事又能善待下属的少数派。[7]

布留哈诺夫当选党代表是对他在世界第三大核电站所从事的领导工作的认可。他从零开始建设电站，现在电站有四座百万千瓦的核反应堆在运转，还有两座尚在建设中。他的电站超额完成了1985年的生产目标，发电290亿千瓦时。因其优异的工作表现，布留哈诺夫荣获了两项高级别的苏联奖项，很多人认为他可能会赢得更高等级的荣誉——列宁勋章和社会主义劳动英雄金星奖章。1985年11月底，基辅的乌克兰最高苏维埃曾庆祝过他的50岁生日。胸口戴着勋章当选为党代表本身就彰显了不同，就算不比大多数的政府荣誉更了不得，至少也是旗鼓相当。

在布留哈诺夫生日前不久，一名记者从基辅前往切尔诺贝利核电站所在地——普里皮亚季，打算对其已经取得的成就和未来规划进行采访。平日里沉默寡言的布留哈诺夫忽然向这名拜访者敞开了心扉。他回忆起1970年的一个冬日，他来到切尔诺贝利，还在当地旅店里租了一个房间，时年35岁的他已被任命为这座即将动工兴建的核电站的站长。“说实话，刚开始挺吓人的。”布留哈诺夫向记者坦言。接下来也是如此，如今他已管理着一家拥有数千名高素质经理人、工程师和工人的企业。他实际上还承担着管理普里皮亚季这座工厂城市的责任，近5万名建筑工人和核电站员工在此居住。他甚至向记者抱怨，他不得不从核电站调拨出一部分人力和资源，以确保城市基础设施的顺利运转。“城市之父”的头衔还是带给了布留哈诺夫一些回报。在党代会召开前夕和召开的过程中，他的照片和简介纷纷出现在当地和切尔诺贝利的报纸上。[8]

基辅代表团在开会期间拍摄于红场的照片以及代表团回到乌克兰时的照片显示，布留哈诺夫头戴高档麝鼠裘皮帽，身披短款绵羊皮大衣，脖子上围着马海毛织成的围巾，通身都是在当时的苏联昂贵且难觅的稀罕之物，象征着主人的声望和权势。布留哈诺夫并不需要光顾大会给普通代表设立的商店。可是，在莫斯科的这段时间使他能有机会见一见同行，有机会向苏共中央和能源与电气化部进行游说。考虑到不少就职于这些机关的官员曾在他管理的切尔诺贝利核电站工作过，这项任务还算简单。[9]

1986 年 2 月 25 日早晨，布留哈诺夫和其他代表就座于克里姆林大会堂正对着主席台的大厅中央处。对于和布留哈诺夫一样首次参会的代表而言，开幕式恢宏而有趣，许多特色可以追溯至斯大林时代。

上午 10 点整，苏共中央政治局委员在戈尔巴乔夫的带领下整齐地走上主席台。和大多数人一样，布留哈诺夫从曾经见过的画像上认出了他们，这些画像悬挂在公共建筑上，遍及苏联全境。其中包括克格勃领导维克托·切布里科夫，他的画像在普里皮亚季的文化宫内保存了几十年。像其他所有人一样，布留哈诺夫起立鼓掌欢迎领导人。掌声刚刚减弱，戈尔巴乔夫便向讲台走去。“代表同志们，”总书记宣布，他的声音说明他很是激动，“在各加盟共和国、各地区和各州党代会上，共 5000 人当选为苏共二十七大的代表。

共有 4993 名代表参会，另有 7 人因有效原因未出席会议。我们将据此开展大会工作。”无人反对，大会开始按相关程序推进。[10]

议程的第一项就是向自 1981 年上一届党代会以来逝世的领导人、六位年长的政治局成员默哀致敬，其中包括三位苏共中央总书记——勃列日涅夫、安德罗波夫和契尔年科。给予逝者应有的尊崇，这清楚地彰显了新的开端。戈尔巴乔夫随后向大会做政治报告。除去午餐和茶歇，当日剩下的会议时间都属于这份报告。随后，苏联广播电台专业的播音团队用六小时读完了这份报告。菲德尔·卡斯特罗当月早些时候曾创造了新的演讲纪录，他在古巴共产党大会上做了长达七小时十分钟的报告，戈尔巴乔夫快要追上该纪录了。卡斯特罗现就座于总书记身后的贵宾席，仔细听着戈尔巴乔夫报告的翻译。这是自斯大林时代结束以来苏联领导人发表的最重要的一次演讲。[11]

“多年来，不仅由于客观原因，更重要是因为主观原因，党政机关无法满足时代需要，无法满足生活需求。”总书记宣读道，“在国家发展中，产生问题的速度比解决问题的速度更快。管理方法和形式的惰性与墨守成规，工作缺乏干劲以及官僚主义作风的滋长，所有这些严重影响了我们的事业。停滞不前的现象在社会生活中显而易见。”此番对苏联现状和国家高级领导人的批评，在赫鲁晓夫 1956 年 2 月于苏共二十大发表“秘密”演说后便销声匿迹。戈尔巴乔夫随后提到，1956 年苏共二十大和当下进行的党代会都是在 2 月 25 日召开。人们将会采用他所用的“zastoi”（停滞不前）一词，来描述 20 世纪 70 年代末和 80 年代初苏联经济增长的颓势。

戈尔巴乔夫希望全党“能尽快克服社会经济发展的负面因素，

在这一过程中保持必要的活力，加速发展，尽最大可能吸取以往的教训”。他为未来十五年的苏联经济和社会发展设定了雄心勃勃的任务目标——在千禧年到来前，通过大幅提高劳动生产率使国内生产总值翻一番。他将上述目标的实现寄托于包括引进新技术在内的科技革命，以及关于化石燃料的能源结构调整，尤其是减少煤炭、石油和天然气的消耗，转向使用核能。戈尔巴乔夫宣布：“将建成发电量比原定计划高出 250% 的核电站，火力发电站的落后设备将被大批更换。”

布留哈诺夫知道具体数字，它们是政府能源计划的一部分，党代会召开前计划已制定完成并且对外公布，但是现在苏共给予这份计划强有力的公开支持。五年后，下一届党代会将对相关工作成果进行检验，若有必要，苏共领导层将对未能实现原定计划负有责任的官员予以惩戒。这就意味着不仅切尔诺贝利核电站现有的四座核电机组要如约完成或是超额完成生产定额，五号和六号机组也必须完工并联网发电。苏共还计划在普里皮亚季河对岸再建两座核电机组和四座核反应堆。新机组的产能要远超老机组，每台机组发电不是 100 万千瓦时，而是 150 万千瓦时。十五年来，布留哈诺夫既要应对核电站的建设工作，又要管理核电站运营，这让他深感疲惫，可是只要苏共需要更多电能，他就会服务于自己的政党。

戈尔巴乔夫在报告中对核武器的关注要远超核能。他号召自己的同志去思考控制军备的新方法，同时指出由于北约和莫斯科领导的华约两个军事阵营彼此对抗，核武器的数量与日俱增，其威胁足以一遍又一遍地毁灭地球。他提供的解决之道是在 20 世纪末销毁一切核武器。随后他向大会报告，他已经收到里根总统对其倡议的回应，但他认为回应基本是负面的。里根原则上支持销毁核武器，但仍坚持其战略防御倡议，因该计划强调在太空范畴构筑反导系统，所以被戏称为“星球大战计划”。“削减战略核武库的前提是我们同意‘星球大战计划’。而削减苏联常规军备是我们的单边行为。”戈尔巴乔夫不无伤感与失望地告知代表们里根的反馈。[12]

这位苏联领导人很清楚自己的国家既无法提供可以和战略防御倡议相匹敌的资源，也无相应技术。虽然该计划尚在设计阶段，可是一旦实现的话，就意味着开启了另一轮苏联玩不起的军备竞赛。他需要将导弹和核武设计师所占用的资金和技术用于促进滞缓的苏联经济，使苏联走上现代化之路。原则上科技界站在他这边，他们想要更多资金，希望继续依赖国内的技术，即便如此，他们也只能提供比西方市场更昂贵却更低级的技术和设备。持续的冷战禁止西方社会向苏联出售先进技术，争论因此愈演愈烈。政府资助的大型军工企业既渴望涉足某些经济领域，又希望在高技术行业和产品生产中保持垄断地位。包括戈尔巴乔夫在内的很多人都认为这是解决苏联经济困境最有效的方法。

苏联科学院院长阿纳托利·亚历山德罗夫向大会陈述了苏联大型军工企业和科技界的渴望、担忧和期许。能成为在党代会上第一个发言的苏联知识界代表，说明他在党内具有重要的象征意义，也表明新的领导人当下对科技界寄予了厚望。[13]

亚历山德罗夫在2月初就已经83岁了，他身材颀长，椭圆形的长脸上配着大鼻子，胡子倒是刮得干干净净。他比大多数政治局委员要老得多，比在过去三年半里逝世的三位总书记都要年长，但是无人敢提出异议说他不适合这份工作，或是批评他领导的原子能研究所和他担任院长的科学院明显“停滞不前”。他体格健硕，精力充沛，足智多谋。作为苏联核计划的创始人之一，亚历山德罗夫在党内、行业内和科技界皆获得了很大的尊重。提到科技进步——戈尔巴乔夫用于摆脱苏联经济落后状态的“秘密武器”时，人人都寄希望于亚历山德罗夫和他的科学家团队能为此指明方向。大家希望他们能成为创造奇迹的人。[14]

亚历山德罗夫首先提到了列宁，指出他曾关注苏联科学事业的发展。但是他强调的历史重点是伊戈尔·库尔恰托夫领导的苏联核计划的发展，库尔恰托夫正是亚历山德罗夫现在领导的原子能研究所的首任所长。亚历山德罗夫说道：“在库尔恰托夫的领导下，苏联制造出第一枚原子弹，随后先于美国制造出氢弹，苏联的安全得到了保障。”亚历山德罗夫没有提到原子弹间谍在制造第一颗苏联核弹方面所起的作用，这些间谍向莫斯科报告了美国曼哈顿计划的进展情况。他还特别强调了对核能的和平使用：“1954 年，核武器刚发明不久，苏联就建立了全世界第一座核电站。我想向这些建设者鼓掌。”听众报以热情的掌声。

亚历山德罗夫回忆历史上的里程碑事件，不仅赞美了他的前任，间接抬升了自己在苏联核工业发展史上的地位，还提醒听众注意来自西方的威胁。他反对从海外购买技术和设备，理由是政治原因，采购合同可能随时取消。他赞成投资国内的科学项目。科学院的小型生产设备的自动化技术就是再恰当不过的例子。“我们向部门全体人员说过：同志们，如果你们想买零件，请从我们这预订。”亚历山德罗夫的发言再次激起一片掌声。[15]

戈尔巴乔夫之前还曾打断亚历山德罗夫的演讲，插入自己表示认可的三言两语，如今却默不作声。戈尔巴乔夫没有问亚历山德罗夫他所指的究竟是哪个部门，因为戈尔巴乔夫很清楚答案是什么。亚历山德罗夫所指的是顶级神秘的部门，它有个别扭的名字——“中型机械制造部”，而部长叶菲姆·斯拉夫斯基就坐在主席台上，在亚历山德罗夫的身后。大块头的斯拉夫斯基比亚历山德罗夫年长四岁，体格更加挺拔魁梧，曾是苏联政府最具权势的部长之一。作为苏联核工业的开拓者，斯拉夫斯基自 20 世纪 40 年代末起就和库尔恰托夫一起工作，服务于苏联核工业。如今是他管理中型机械制造部的第 28 个年头，这家大型国营企业负责生产原子弹，后来还生产为和平服务的核能。苏联领导人来来往往，起起落落，斯拉夫斯基的位置却很稳固。从政治影响力和政治资源占有的角度，亚历山德罗夫的原子能研究所实际为斯拉夫斯基所有，而且通过亚历山德罗夫，他进一步掌控着科学院。亚历山德罗夫的代表时常去敲斯拉夫斯基的门，请他给他们的项目提供资金支持。如果斯拉夫斯基也想推进这些项目，就会表示应允。[16]

斯拉夫斯基和亚历山德罗夫是多年的莫逆之交。他们都来自乌克兰，亚历山德罗夫是基辅地区声望卓著的大法官之子，曾于 1917 年十月革命后效力于反布尔什维克的白军；而斯拉夫斯基的父亲是哥萨克人，本人曾加入红色骑兵。曾为敌对阵营战斗过的事实也无法阻止他们成为长期盟友。据说在 20 世纪 60 年代初，尼基塔·赫鲁晓夫将斯拉夫斯基和亚历山德罗夫招至办公室，随后改用乌克兰语要求他们在建造核电站方面赶上美国。据推测，建造新的核反应堆的灵感来自苏联知名喜剧演员阿尔卡季·赖金，他在电视台的脱口秀中揶揄说，允许一名芭蕾舞演员自顾自地旋转却不能为苏联经济创造能量简直算得上耻辱，所以应该在她的身上绑上旋翼。斯拉夫斯基和亚历山德罗夫宣称，他们看了这段幽默讽刺剧后，决定在一座生产武器级钚的核反应堆上加装涡轮机和旋翼，将反应堆剩余热能用于发电。[17]

无论他们灵感的真实来源是何处，一座新的核反应堆——石墨反应堆，即大功率管式核反应堆（High Power Channel Reactor），在斯拉夫斯基的中型机械制造部和亚历山德罗夫的研究所的通力合作下诞生了。这座核反应堆的主要设计师是另一位乌克兰人——动力工程研究所所长尼古拉·多列扎利，他在苏联核工业领域赫赫有名，他设计的核反应堆曾为苏联首枚原子弹提供了钚，还应用于苏联核潜艇。在这座石墨反应堆的设计中，曾参与核潜艇相关工作的亚历山德罗夫担任首席科学顾问。而第一座石墨反应堆机组的测试和运营则是由斯拉夫斯基的部门负责。亚历山德罗夫不厌其烦地告诉那些愿意听他说话的人，他的反应堆性能良好，安全可靠。他说道，这些反应堆就像俄式茶炊一般，绝不可能爆炸。甚至有传闻说，亚历山德罗夫曾放言他的核反应堆安全到足以放置在红场上。[18]

核反应堆当然不可能放到红场上，但是当新的核反应堆在斯拉夫斯基所在部门的一家工厂里接受测试之后，人们觉得把它转交给毫无核经验的能源与电气化部也没有问题，因为它足够安全。人们普遍相信在军工集团对核工业的管理之下，科学与技术的融合会给国家带来进步。亚历山德罗夫的石墨反应堆被分散建在苏联的欧洲部分，提供了国家急需的清洁能源。因为每台机组可发电百万千瓦，比苏联另一款竞争产品——水－水高能反应堆（VVER）要高效得多。水－水高能反应堆主要利用水冷却与水慢化进行工作，自20

世纪70年代初开始投入生产。截至1982年，苏联核电站生产的电能有一半以上来自亚历山德罗夫的反应堆。其中，三座反应堆建在列宁格勒附近的核电站，两座在库尔斯克核电站，一座在斯摩棱斯克。切尔诺贝利也有三座，并且第四座石墨反应堆也在布留哈诺夫的主持下，于1983年开始兴建。[19]

在动身前往莫斯科之前，因为要协助完成第五座反应堆的建造，布留哈诺夫一直承受着巨大压力，当时该反应堆已完成70%。1986年1月，他的压力陡增，因为地方党委严正批评他的代表未能按时完工。当地媒体也报道了此事，布留哈诺夫深知，情况还不能有所好转的话，下一个受到党内批评的人就是他本人了。苏联总理①尼古拉·雷日科夫在向大会做的汇报中，曾警告过自己的下属，在核反应堆建造的问题上不许再有任何延误，并言之凿凿："考虑到国家能源供需的紧张以及核能所扮演的越来越重要的角色，今后任何中断都不可以！"对核能的渴望不仅来自高层，苏共金字塔底端的人同样对核能趋之若鹜。布留哈诺夫很自然地注意到地方领导人也渴望跳上这驾马车，他们纷纷请求在本地区进行核投资。一名来自伏尔加河畔的高尔基市（即下诺夫哥罗德）的党委书记在向大会汇报工作时，力主在当地建造核电站。一名来自西伯利亚的代表谴责莫斯科官员破坏了在该地区兴建新核电站的计划。世人皆喜核电。[20]

56岁的能源与电气化部部长阿纳托利·马约列茨是苏联核工

---

① 苏联部长会议主席是苏联政府首脑的正式称呼，相当于内阁总理，通称为"苏联总理"。

业的掌门人，刚上任不久的他急于证明自己。面对 5 年内将核电站的发电量提高 2.5 倍的任务，他在寻找方法。一般来说，从设计到完工，修建核电站的整个工期为 7 年。马约列茨在会上陈述，如果设计和施工同时进行的话，该工期可以缩短至 5 年。布留哈诺夫明白对付一份不符合本地情况的半成品设计是多么困难。其实很少有反应堆能在 7 年内完成，如果再缩短至 5 年的话，几乎是不可能实现的事！可是，如果党命令这样做，国家管理者也要求这样做，工厂经理除了按时完成，别无选择。

马约列茨高调地完成了自己的报告："我向你们保证，电站的工程师和建设者在苏共二十七大决议的鼓舞下，会推进党的宏伟计划，为夯实共产主义的物质基础贡献应尽之力。"[21] 他似乎忽略了一点，苏共已不再强调共产主义，当然作为新任部长，他尽可以表现得更热情些。

大会一派欢欣鼓舞的气氛。人人志向远大，坚信一切皆有可能，而最乐观的代表非戈尔巴乔夫本人莫属。他的报告反响很好，在科技进步的基础上促进经济加速发展的想法得到了大会认可，现在，他不仅在苏共中央全会的选举中获胜，还在党代会上正式当选为总书记。他的地位得到了提升，同时关于提振经济发展的政策被进一步强化。

而且，戈尔巴乔夫还能够安排自己人进入政治局，其中就包括年富力强的莫斯科市委第一书记鲍里斯·叶利钦。后者曾反问道："为什么从一届大会到下一届大会我们总是提相同的问题？为什么就在当下，人们要求大刀阔斧进行改革的呼声却被那群持有党证却碌碌无为的机会主义者压制着？"此番言论犹如一枚炸弹投向了大厅，那里坐着勃列日涅夫委任的一群官员。戈尔巴乔夫的报告中也提到了改革或是结构调整，但是只有一次。“加速发展”仍是关键词，1985年春，就在戈尔巴乔夫刚上台不久，党内的正式文件就首次使用了该词。大多数代表相信他们正走在正确的道路上，现在的问题是勃列日涅夫时代的经济停滞造成的，解决之道是重回列宁所构想的真正的共产主义。[22]

3月6日，党代会闭幕，布留哈诺夫和乌克兰代表团的同事打道回府。前景看起来一片光明，不仅核工业如此，全苏联也是如此。然而，有件事却困扰着这位切尔诺贝利核电站站长。他在莫斯科饭店接受晚间电话采访时，向数周前在他50岁生日时曾采访过自己的基辅记者袒露了几分忧虑。不出所料，他盛赞了戈尔巴乔夫的报告，接受了分配给核工业的新任务，不过他也给出了警告：“希望这么做能使人们更加关注核能生产的可靠性与安全性，尤其是在我们切尔诺贝利核电站。对我们而言，这才是最急迫的。”上述内容在正式发表时被删除了。[23]

第二章　通向切尔诺贝利之路

1986 年 3 月 6 日晚，兴致勃勃的戈尔巴乔夫正在克里姆林宫招待参会的外国来宾，他们中的大多数人是在苏联资助下来到莫斯科的各国共产党代表。此刻，苏联国内的代表正纷纷乘坐飞机、火车和汽车离开莫斯科。维克托·布留哈诺夫和基辅代表团的其他成员也登上夜班火车返回乌克兰。

次日一早他们便到达了基辅，迎接他们的是当地政府官员。彼此热情握手拥抱，代表团的女同志还收到了鲜花——第二天是周六，也是 3 月 8 日国际妇女节，这是苏联举国庆祝的节日。在一张 3 月 7 日清晨拍摄于基辅火车站的新闻图片上，布留哈诺夫头戴皮帽，身穿羊皮大衣，四周环立着各位代表，其中一位女士手持一束康乃馨。布留哈诺夫必须把鲜花献给自己的妻子瓦莲京娜。基辅与普里皮亚季相距 150 公里，开车回家还要两个多小时。[1]

单位的司机开车来火车站接布留哈诺夫，他们经由莫斯科大道，转道 P02 公路，出基辅往北，沿着兴建于 20 世纪 60 年代的第聂伯河水库一路驰去，随后再往东北方向朝伊万科夫镇开去，一路穿越桦木林，快到切尔诺贝利时进入了一片松树林。

布留哈诺夫第一次坐公交车从基辅赶往普里皮亚季，是在 1970 年的一个冬日。彼时这座小城尚不存在，而他恰是风华正茂，意气风发。如此年轻就成了核电站的站长确实很了不起，可这一时半晌尚无电站可言。布留哈诺夫必须去建造一切——他的发电站、他的办公室，还要为他的家人——他的妻子瓦莲京娜、九岁的女儿莉莉娅和一岁的儿子奥列格——建造一个家。在乌克兰语名叫切尔诺贝利的小镇上，他在一家老旧旅店里租了一间房，切尔诺贝利就是他即将修建的核电站的代名词。他将图纸铺在床上，开始研究兴建第一批临时建筑的建造草图和合同，而新的电站、新的城镇就坐落于此。工程将在年内启动。[2]

此刻，布留哈诺夫的家人还住在斯拉维扬斯克，一座位于乌克兰东部顿巴斯地区拥有 12.5 万人口的城市，他本人也曾在此工作。2014 年亲俄罗斯的乌克兰武装与乌克兰军方在此爆发冲突，小城也因此闻名。战斗之所以如此激烈就是因为斯拉维扬斯克既是当地公路和铁路枢纽，又是工业重镇。出于同样的原因，布留哈诺夫 1966 年时在此停下了脚步，并就职于一家火力发电厂。

布留哈诺夫首次供职的电厂在安格连，距离乌兹别克首都塔什干不算太远，1935 年 12 月 1 日，他就出生在那儿。他是一个人口众多的俄罗斯工人家庭的长子，这个家庭是从伏尔加河的萨拉托夫搬迁至塔什干的。除了时常饥肠辘辘之外，他对二战的记忆寥寥。24 岁那年，他从当地理工学院毕业，随后在附近的安格连开始了自己的职业生涯。正是在那里，布留哈诺夫遇见了瓦莲京娜，她同样在工厂上班，还在当地大学的夜校上课。正如布留哈诺夫后来回忆的那样，他被她的那双眼睛深深吸引，感觉自己要沉沦其中。

瓦莲京娜第一次在当地杂志上读到维克托的名字时，他已作为一名尽职尽责的工程师登上了头条。他在一年之内就出任了所在部门的领导，瓦莲京娜在心中暗暗想道："上帝原谅这个名字吧，'布留哈诺夫'要么就是俄语'肚子'的派生词，要么就是和这个词意思一样。"不过遇到真人，她很快就把自己的担心抛诸脑后了，维克托年富力强，英姿勃勃。维克托用鲜花表达自己的爱意，向瓦莲京娜发起了攻势，终于赢得了她的芳心。维克托为瓦莲京娜带来一整车的野生郁金香，从附近的库拉米山脉疾驰而来，鲜花多到足够装扮自家的整个窗台。他们交往不到一年就结婚了，在安格连开始幸福的生活。

布留哈诺夫布满郁金香的伊甸园在 1966 年 4 月 26 日终结了，此时距离切尔诺贝利核灾难的发生尚有遥遥 20 年。就在那个星期二，在距离布留哈诺夫的家乡安格连 112 公里的塔什干，大地震摧毁了大部分市区，共有 230 多座行政大楼、700 多家店铺和咖啡屋在地震中或毁于一旦，或不堪复用。庆幸的是只有 8 人在地震中遇难，可是伤者甚众，城市近三分之一的人，即近 30 万人醒来时不见了屋顶。其中就包括布留哈诺夫的父母，他们的小砖屋受损严重，已然摇摇欲坠。对瓦莲京娜而言，这一切太难接受了。要是再有一次地震像摧毁塔什干那样摧毁安格连怎么办？他们和年幼的女儿会发生什么？她希望全家可以搬走。在妻子的鼓励下，维克托开始向苏联其他地区的电站打听情况，结果乌克兰的电站也正在寻找他这样的人员。布留哈诺夫收拾好行李，举家前往斯拉维扬斯克。在那里，他很快从普通员工升至涡轮机组负责人，随后升至电站总工程师。[3]

当1966年布留哈诺夫一家人赶到斯拉维扬斯克时，电站还在建设发展中。正如布留哈诺夫后来回忆的那样，一台全苏联最大的机组正在建造中。他接受了挑战，很快再次证明了自己是一名出色的工程师和组织者。新机组的初装阶段格外具有挑战性，但是他用自己的沉着镇静顶住了压力，同时还要处置那些错过了极其重要的工期和未能按定额发电的建设工人。作为一个夙兴夜寐、能力卓越、冷静自持、寡言少语的人，布留哈诺夫似乎天生就是干这行的料。他获得了来自基辅方面的关注，1970年春他被授予一项工作，这份工作需要他在斯拉维扬斯克电站工作中所展现的品质，不过这次要在更广阔的平台上发挥作用。政府希望他能负责建造和运营在切尔诺贝利郊外一家在建的核电站，那里远离乌兹别克和乌克兰的煤田。这座新的电站不需要用煤，而是使用核能。

对于这位年轻的工程师而言，决定总是艰难的。他向瓦莲京娜征询意见，她很是担心，因为这毕竟是一家核电站，而作为涡轮专家的维克托对反应堆和核能一无所知。可是他们在基辅告诉他，电站就是电站。莫斯科的高层对此也表示认可。核工业刚刚起步，他们找不到足够多相关领域的工程师来修建电站。布留哈诺夫接受了挑战。然而，在他成为一名真正的核能专家前，他先要精通工程建设，这可是吃力不讨好的差事。刚开始他有些后悔自己的选择，但随后又改变了主意。“我什么也不后悔。”1985年12月，在他50岁生日时，他这样告诉记者。[4]

1986年3月，布留哈诺夫从莫斯科参加党代会回来，此时他更没什么好后悔的。他在基辅火车站坐上了单位的轿车，回到位于普里皮亚季的家。基辅至普里皮亚季的公路是一条狭窄却繁忙的双向单车道，核电站和卫星城的大部分供给都要依靠这条路运进运出。

布留哈诺夫的司机对这条路可是熟稔于心，因为他的老板经常往返于双城之间。党内领导、部长和部门负责人都住在基辅，因此核电站站长不得不前往基辅参加不计其数的会议。就算没有上万份，也有数千份批件或文件需要拿到基辅去签字盖章。在驱车两小时，穿越了白雪皑皑的林间小路后，布留哈诺夫的车终于抵达了切尔诺贝利。左侧是一座与城市同名的混凝土建筑和一座列宁像，前方是中央广场，对于不过1.4万人的小镇来说，它显得相当宽敞了。

尽管修建了核电站，尽管距离城北十几公里的小城普里皮亚季一直在快速扩张，在成为核电站的代名词前，10年、20年、30年的光阴匆匆而过，切尔诺贝利却一成不变。虽然普里皮亚季早已成为苏联工业化未来的象征，但切尔诺贝利仍是一派社会主义前的乡村旧景。坐落于普里皮亚季河的这座小城和河边的码头是两岸居民世世代代赖以为生的依靠，小城里保存着大量苏联时代的建筑。

关于切尔诺贝利定居点的最初记载见于1193年的基辅编年史。这里曾是基辅大公的狩猎场，在中世纪，基辅大公统治着西起喀尔巴阡山脉，东至伏尔加河城镇的广阔领土。编年史从未记载过这座小城最初的名字。但是，学者最终指向了当地到处可见的艾草，这是一种枝叶呈黑色或深褐色的灌木植物。“切尔诺贝利”在乌克兰语中意指黑色，因此，正是这些灌木林将自己名字的含义给了切尔诺贝利，这就使得之后很多人从切尔诺贝利核灾难联想到《圣经》中“苦艾之星”的预言。

“第三位天使吹响了号，一颗巨大的星星似火炬一般，从天空落下，落在江河的三分之一和众水的源泉上，这星星就叫‘苦艾之星’。众水的三分之一便为苦。因水变苦，就死了许多人。”这是《圣经·启示录》中的一段话。命名切尔诺贝利这座小城的艾草和《圣经》中提及的苦艾并不完全相同，但是在许多方面又很相似，就连里根总统也将切尔诺贝利核事故归结为《圣经》的预言。[5]

先将《圣经》预言暂搁一边，在历史上的大部分时候，切尔诺贝利始终是乌克兰北部旷野的都城。在近代早期，立陶宛大公取代了基辅大公统治这片土地，随后大公又被波兰国王所取代。哥萨克人在 17 世纪中叶占领了这里，仅仅数年之后，他们又不得不让位于波兰人。这座城镇开始成为当地显贵与富豪的私人领地。切尔诺贝利的大多数统治者和居民都被遗忘于历史的长河中，有个名叫罗扎利娅·卢博米尔斯卡的年轻女子却是例外。作为这座城市主人的女儿，她不幸于法国大革命期间前往巴黎旅行。马克西米连·德·罗伯斯庇尔以与贵族过从甚密及密谋反革命罪为由对其进行了审判。1794 年 6 月，罗扎利娅在法国首都的断头台上被处决了，年仅 26 岁。她曾居住过的切尔诺贝利宫殿的墙面砖上留下了她的画像，后来那里成为当地一家医院的神经学病房。[6]

法国大革命使切尔诺贝利最负国际声望的人物遇难了，1917 年的十月革命则让更多普通民众献出了生命。这里居住的上万民众中，曾有 60% 是正统派犹太教徒，他们在波兰统治者的鼓励下于 17 世纪末迁居至此。革命前，这里作为乌克兰哈西德教派的中心之一而享有盛名。切尔诺贝利犹太人的精神领袖是创建于 18 世纪下半叶的哈西德王朝的拉比，该王朝的奠基者梅纳赫姆·纳胡姆·特韦尔斯基是哈西德教派创始人巴尔·舍姆·托夫的学生，而他本人也是该运动的先驱之一。拉比特韦尔斯基的《目中之光》（*Me'or Einayim*）是哈西德教派经典之作，而他的子孙也成了乌克兰大大小小城镇里的拉比。

切尔诺贝利的拉比以经常为慈善活动募集资金而声名远播。在20世纪初，切尔诺贝利有数不胜数的犹太教祈祷屋，另有一所专供犹太女生就读的学堂和一处避难所。在随后爆发的革命和内战中，切尔诺贝利的犹太人蒙难深重，他们不仅遭到了行军部队的劫掠，还备受流寇的欺凌，这些匪寇大多是当地军阀从乌克兰和白俄罗斯村民中招募来的。[7]

当地许多犹太青年和布尔什维克并肩战斗，因为布尔什维克是最善待穷苦犹太民众的政治和军事力量，布尔什维克还向他们指明了一条谋求自身解放的捷径。拉扎尔·卡冈诺维奇，这位革命时期的领导人之一、斯大林的左膀右臂，就来自切尔诺贝利地区。20世纪20年代中期，卡冈诺维奇成为乌克兰地区的共产党领导人，负责本土化政策的实施。正是这一政策喊停了当地文化的俄罗斯化，推动了乌克兰和犹太文化的发展。

然而，随着斯大林政策的调整，卡冈诺维奇在乌克兰所扮演的角色也随之改变。在随后的20世纪30年代初，乌克兰发生了饥荒，吞噬了近百万革命和内战中的幸存者，以及随后几年出生的儿童。仅仅基辅地区就有上百万人死于饥荒。在卡冈诺维奇的家乡卡哈比地区，每千人中就有168人因饥荒而丧命。成千上万的民众未能活着见到该地区被命名为卡冈诺维奇1号，而这位政党领导人1893年的出生地——卡巴纳村在1934年更名为卡冈诺维奇2号，或许是以此纪念他对克里姆林宫领导人的忠诚吧！[8]

随后便是恐怖的二战。1941 年 8 月 25 日，德国人入侵切尔诺贝利，近三个月后的 11 月 19 日，在占领方的命令下，约 400 名幸存的犹太人前往附近的犹太教堂集合。这些人随后又被驱逐至一个叫作“新世界”的犹太人集体农场。在一个反坦克壕沟中，他们被机枪扫射身亡。他们中的一些人曾在红军指挥官的命令下协助挖掘这些战壕——不过是徒劳而已。德国人的入侵几乎终结了切尔诺贝利的犹太人定居点。当布留哈诺夫在 1970 年冬租下一间旅店小屋时，这座曾以犹太人为主的小城只剩下 150 户犹太人家。他们的一座教堂被改成了当地军需供应处的总部。

切尔诺贝利幸免于大屠杀的犹太人在附近森林的游击队处寻得了庇护。共产党人组织的游击队招募当地的乌克兰和白俄罗斯农民入伍，从 1941 年秋开始活跃于该地区。共产党支持的游击队和包括部分当地干部在内的德国警察之间爆发的零星战斗，最终演变成了血腥的世仇。先是公开处决游击队员，随着战争形势的发展，又演变成处决警察。直到战争结束后多年，双方家人间的恩怨纠葛才逐渐平息。[9]

1943 年秋，苏联红军从德国人手中夺回了切尔诺贝利及其周边地区。这是一场漫长而血腥的战斗。城内经济最活跃的区域，包括普里皮亚季河畔的码头、河上的桥梁和附近的火车站，成为战斗最激烈的地方。红军在战斗中伤亡惨重，其中 10 位在战斗中牺牲的最勇敢的士兵和军官被授予了最高荣誉——苏联英雄勋章。对当地人而言，他们一直期盼从纳粹统治中解放出来，可是解放却带给他们更多的死亡和艰难。随着苏联红军恢复对该地区的控制，当地男性居民被立刻征召入伍。许多在纳粹统治中活下来的老百姓，在没有武器、没有训练，甚至没有制服的情况下投身战场，牺牲在自己家乡村镇的附近。

当布留哈诺夫的轿车驰过切尔诺贝利的城镇界标时，在马路的右侧他认出了一个熟悉的身影。这是一尊苏联战士雕像，用来纪念在战争中献身的克帕奇村村民以及在 1943 年克帕奇村保卫战中牺牲的苏联红军，第一串名单要远远长于第二串。在切尔诺贝利，安葬那些在为期六周的小镇保卫战中牺牲军人的地方后来叫作光荣公园。公园的英雄大道一直通向方尖纪念碑，在纪念碑的座基上点着长明灯。公园的一座纪念碑上镌刻着这样一段文字：献给切尔诺贝利劳动群众中无畏的解放者，1977 年 5 月。文字旁是一块写有苏联将军姓名及保卫战中参战部队番号的纪念匾。[10]

多年来，布留哈诺夫曾多次在 5 月 9 日苏联胜利日这一天，参加在光荣公园举办的各种纪念仪式。随着 1941 年至 1945 年的苏德军事冲突变得家喻户晓，伟大卫国战争的狂热信徒们就只纪念那些牺牲的红军，其余人则多数被忘记了。至于那些大屠杀和大饥荒的受害者连纪念碑都没有。

布留哈诺夫的轿车驰过英雄纪念碑几分钟后，他就能望见地平线处核电站冷却塔巨大的白色管道。依照苏联的官方描述，旧日的阴霾在这里一扫而空，科技进步的奇迹将带来更加光明的未来。轿车沿着管道一路行驶，右侧是正在兴建的五号核反应堆的墙体，工地被功率强劲的大吊车包围着。随后，正在运行的反应堆的白色墙体跃入眼帘：三号和四号核反应堆在一座巨大的建筑内，彼此相连；一号和二号核反应堆则是分开的。

早在 1966 年 12 月，克帕奇村及其附近区域就被选址建设核电站。乌克兰政府副主席奥列克桑德·谢尔班递交给乌克兰共产党中央委员会的备忘录记载，核电站的选址工作在一年前已经进行。作为乌克兰科学院前院长和较早支持核能的专家，谢尔班曾猛烈批评乌克兰缺乏发电设施，并且预测如果无法及时找到新能源，国家的经济发展可能会因此减速。

谢尔班知道早在 1964 年俄罗斯就已开建两座核电站，他主张在乌克兰建三座核电站：一座建在南部，一座在西部，第三座在基辅附近。他的倡议很快得到了上级领导——乌克兰政府主席弗拉基米尔·谢尔比茨基以及谢尔比茨基的上级——乌共中央第一书记和苏共中央政治局委员彼得罗·谢列斯特的认可。谢列斯特在写给莫斯科的信中，要求将谢尔班的建议纳入苏联兴建核电站的计划中。作为回应，苏联政府同意在乌克兰建造一座核电站。基辅没有因核电站数目的减少而过分失望：重要的是共和国追上了核电的潮流，掌握了当时公认的核心技术。[11]

1966 年秋，谢尔比茨基下令要求启动这座核电站——当时被称为“乌克兰中央核电站”——站址的勘测工作。同年 11 月，在基辅成立的委员会很快做出了判断，没有什么地方比克帕奇村附近更适合建造核电站了。这是一片上千人的开阔定居点，周边地区人口稀疏。这个小村庄不仅远离大城市和城镇，而且和度假胜地也相去甚远，有一处选址被否决的原因就是离这样的地方太近了。克帕奇村紧临普里皮亚季河，这是核电站运行必不可少的，而且这里不是沼泽地。另一个重要原因是该村紧靠火车站，这座车站修建于苏联第一个五年计划时期，在土生土长的切尔诺贝利人——卡冈诺维奇主政时开始动工兴建。

确实，这里也存在某些问题。地下水过于接近地表，因此不得不填埋大量沙土以巩固建筑物的地基。克帕奇村离建造所需的石料和花岗岩等原料的采集地较远，只有黄沙可由本地提供。可调查员觉得这些都是可以解决的问题，由于这片土地农作物产量并不高，将它转为工业用地对农业经济的影响甚微。核电站未来的冷却池，即为了核电站能够正常工作所需的蓄水池在建造核电站及其卫星城的划拨土地中占据了最大一部分——总计将占用 1400 余公顷的牧场、130 公顷的林地、96 公顷的耕地以及 50 公顷当地居民种植的菜园。

在 16 处备选地址中，克帕奇村被委员会认定为最适合修建核电站的地点。核电站的名字最终从“乌克兰中央核电站”改为“切尔诺贝利核电站”。站址已向北移至白俄罗斯边界，没有迹象表明，他们曾和白俄罗斯人商量过此事。[12]

在布留哈诺夫的监督下，核电站的建设工作如火如荼地展开了。1970 年夏，他将自己的工作总部从租住的旅店搬到了不足六平方米的建筑工人的移动工棚内。就在那里，他指挥着日益庞大的工程师队伍，督查施工团队的工作，会见来自基辅和莫斯科的高官。格里戈里·梅德韦杰夫于 1971 年冬来到了切尔诺贝利，并担任副总工程师一职。在核电站建设之初他曾有过充满诗意的描述：“疏落的森林里满是幼小的松木，四周弥漫着其他去处难以寻觅的令人沉醉的气息。那里有覆盖着低矮林木的沙丘，还有金黄沙土衬托下墨绿的苔藓。目之所及难觅雪的踪影。阳光给绿草披上了融融暖意，散漫于林间，一派天地静谧与蒙昧之气。”[13]

只是静谧并未持续太久。挖掘工作夜以继日地推进，在新机组的地基处很快有 70 万立方米的沙土被挖掘运走。1972 年 8 月，苏联能源与电气化部部长彼得罗·涅波罗日尼视察了核电站，并目睹了第一车混凝土浇筑。尽管发表了演讲，做出了保证，可是核电站完工和反应堆开始运转的时间还是比政府预想的晚了许久。原定于 1975 年核电站完工并投入运营，但是核反应堆配件和一些相关设备的供应出了问题。直到 1975 年 4 月，原定的完工期限已经赶不上，此时已升任乌共中央第一书记的谢尔比茨基直接求助于莫斯科。事情终于得到解决，必不可少的设备还是送到了核电站。1977 年 8 月，第一根核燃料棒插入堆芯。9 月，核反应堆开始工作。12 月，布留哈诺夫签署文件，宣布核反应堆已完全开始运转。[14]

也正是从那一刻起，布留哈诺夫从主抓建设的站长变成了主要负责运营的站长。“1977 年将被载入苏联核工业发展史，这一年在普里皮亚季诞生了一位核能巨子。”那年年底他在乌克兰一家主流报纸上志得意满地发表了上述言论。新时代的序幕确实拉开了。1978 年 12 月，二号机组联网发电。三年后，1981 年 12 月三号机组开始了发电首秀。四号机组也紧随其后，于 1983 年 12 月开始运行。[15]

机组完工日期或是联网发电的时间总在 12 月份，这可不是巧合。必须在规定完工期限，即年底前交付使用，这种压力是巨大的。因为领导和政府要员都希望在自己的年度工作汇报中陈述已取得的成绩，而核电站的建筑工人和运行人员如果未能在年底按期完成任务的话，就得不到丰厚的奖金。“有趣的是，没到12月31日这一天，没有谁能大声地说——投入运营是根本不可能的事。”1972年刚到普里皮亚季的核能工程师阿纳托利·迪亚特洛夫这般回忆。

所有机组都不是按时完工的。迪亚特洛夫刚到核电站，就注意到食堂门口悬挂着号召建筑工人和工程师在1975年完成第一座核反应堆的标语。随着1975年悄悄过去，一座核反应堆也没完工，于是标语上的“5”改成了“6”，随后又改成了“7”。每年部委代表都会来到这里，并且重新提出一个人尽皆知根本无法实现的完工日期。“这份时间表从订立的那天起就是不可能完成的，起初大家因为被要求严格按照时间表推进工作而焦躁不安。”迪亚特洛夫忆起了往事，“艰难地召开生产工作会议，动员大家晚上加班，可是延误的情况还是不可避免地愈加频繁，大家不再那么紧张了，一切恢复如常，直到督导下一次的视察。”[16]

一台又一台的机组是如何开始运转的，布留哈诺夫对此记忆犹新。他时常批评施工人员。在普里皮亚季的一次党委会上，他痛斥了施工人员：“不好好干活，弄得整个车间看上去就像是堆满劣质零件、充斥着粗制滥造的建筑工地。把事情看得都像数墙角一样简单，门边和窗边都砌不齐，精加工零件钉得歪歪扭扭，连安装管道的角度都弄错了！”布留哈诺夫进退两难。他必须在文件上签字，证明工程能让各方满意地如期完工。领导们希望可以汇报计划按期完成，建设核电站的工人想要的是奖金，然而，保证机组正常、安全运转的是布留哈诺夫。问题是，政府既是承包商，又是客户，工厂和施工方的主管都向坐镇于基辅和莫斯科党部的同一拨领导人汇报情况，要是布留哈诺夫对施工方在工作中存在的问题抱怨过多的话，他是很容易丢掉这份工作的。[17]

布留哈诺夫的轿车终于抵达了普里皮亚季，他不仅亲眼见证了这座城镇的建设，还积极投身其中。有时他会觉得在这里已经住够了，身心疲惫，想做些别的事。在莫斯科时，就曾有人问他想不想出国，比如帮助古巴修建核电站。自 1983 年起，苏联的建筑师和工程师就开始帮古巴修建第一座核反应堆。但这只是布留哈诺夫脆弱时的想法，他依然留在了普里皮亚季。

这座小城位于核电站以北仅 3.5 公里处。这条连接着火车站的路一直通向普里皮亚季的主路——列宁大道，宽阔的车道间种着绿树和鲜花，一直通向镇上的主广场。那里有党部所在的行政大楼、市政厅和被称为“工人力量”的文化宫。还有一家名为“林海”的旅店，林海指的是东起第聂伯河、西至波兰边界的乌克兰北部的大部分生态保护区。主广场位于小城两条主干道的交叉口，一条大道以列宁的名字命名，另一条与之垂直的大路以苏联核工业的奠基人伊戈尔·库尔恰托夫的名字命名。在两条大道的拐角处，正对着广场的是小镇的白宫——一幢九层高的公寓，里面住着小城的精英。[18]

布留哈诺夫的房间在四层，这是他在普里皮亚季的第二个家。第一个家位于列宁大道，是普里皮亚季在 1971 年修建的第一座公寓。彼时，因为建城之初房源极度稀缺，他只有得到基辅的党委书记的同意后才能搬进去住，在对待商品或是特权问题时，乌共领导人总是格外谨慎，以防因造成偏向管理层的印象而冒犯工人阶级。高层希望将这座新建的小城打造成社会主义的样板城市，所以不允许存在私人住宅。按照规划师最初的打算，到 1975 年时，这座新城预计将容纳 1.2 万名核电站工人和建筑工人；到 1980 年，当第三座和第四座反应堆即将开始运转时，当地居民预计增至 1.8 万人；随后人口会稍稍下降至 1.7 万人，在接下来的五年里人口都将稳定在这一水平。事实上，普里皮亚季的人口迅速增长，到1986年，已有近 5 万人生活在此，住房依旧是个问题。[19]

作为共产党聚拢年轻人的组织，共产主义青年团的领导把普里皮亚季和切尔诺贝利核电站视为共青团基地，从苏联各地招募来的年轻人大军加入了劳动队伍，但是大多数来这里工作的人并不需要特别的激励措施。住房紧张的问题在苏联相当普遍，可是在普里皮亚季，住宅比别处盖得更快，盖得更好。核工业因其特有的优势，一直与军工业联系紧密，因此在消费品和农产品的供给方面，小城都享有特殊地位。

到 20 世纪 80 年代中期，在苏联大多数城镇和大都市里奶酪和香肠已是难求之物，可是这些商品在普里皮亚季却随处可得。当地超市的景象是不会撒谎的。新鲜肉制品的供应更加紧张，各地经常用猪油和骨头作为替代品，不过在当时，至少在普里皮亚季附近的村庄还能买到肉和牛奶。普里皮亚季的生活相对不错，附近村庄的许多人都对这里趋之若鹜。他们多数都是建筑工人，一来到这座城镇就想到核电站上班，因为只要按计划完成生产任务或是超额完成任务就能拿到一笔奖金。

前往这座新城工作的大多数是年轻人，其中不少人尚未成婚。1986 年，普里皮亚季居民的平均年龄是 26 岁。城里有 18 幢单人宿舍，而公寓主要是为年轻夫妇设计的。多数居民年纪都很轻，他们的孩子也都年幼。当地的 5 所小学有多达 15 个平行班，每个班级不少于 30 名学生。与之相反，多数农村学校连一个班级都招不满，就算是城里学校，大多数最多只有 3 个平行班。这种迹象并没有减弱的趋势：小城每年都要迎来 1000 多个新生婴儿。[20]

小城有两座体育馆、两个游泳池，其中一个游泳池足以承办国际赛事。布留哈诺夫为自己在建设这座城市中所做的努力感到骄傲，可是又因不得不经常将工厂资金和资源调拨到城建项目上而感到苦恼。这座城市独立于工厂，是由党和政府机关进行管理，然而市政府的金库常常空空如也，工厂却有大笔财政预算，因此地方政府多次请求布留哈诺夫为政府捐资筹建新的设施。布留哈诺夫可以对当地的领导置之不理，可是他无法拒绝地区和国家层面的党政官员，在国家等级中，他们的级别更高。尤其当软磨硬泡的人是基辅党委第一书记格里戈里·列文科时，他就更难以拒绝了。列文科在 1991 年将出任戈尔巴乔夫幕僚长。20 世纪 80 年代中期，列文科劝说布留哈诺夫再建一个足以达到国际标准的泳池，随后又计划修建一个滑冰场。布留哈诺夫回忆此事时，依然感到愤懑不平："整个乌克兰都没有这样等级的泳池，却让我在小镇上建一个吗？"可是他还是照做了。[21]

布留哈诺夫意识到他的工人需要体育设施，并且能从中受益。工人们还需要商店，因为设计师只规划了一座超市。小城需要更多商店，布留哈诺夫就筹资开店。他偶尔也会误导银行，以核电站的名义借钱，再将钱用于市政建设。"我们对这些不正常的行为习以为常，视为理所当然，这太糟糕了！"在莫斯科参加党代会前数月，他向记者抱怨了一通，他提到在所有事情中，他的时间和精力必须放在核电站，以确保其安全运营，可是他还要处理某些市政问题。“在正常情况下，最主要的事情就是确保我们的工作安全可靠地展开。”布留哈诺夫继续长篇大论地诉苦，“不管怎么讲，我们都不是普通的企业。愿主保佑我们别遭遇任何事故。一旦发生，我担心不仅是乌克兰，恐怕整个苏联都无法应对如此大的灾难！”[22]

可是现在，布留哈诺夫可以暂时把这些令人不安的念头放到一边。他终于回到家了。国际妇女节近在眼前，这可是他慰劳妻子，和朋友、同事团聚的好机会。他的女儿不再和他们住在一起，她和丈夫即将从基辅的医学院毕业。布留哈诺夫夫妇现在只能在电话里问候女儿，但是他们希望很快就能在普里皮亚季迎接这对小夫妻。后者正打算要个孩子——布留哈诺夫要当外祖父了。他的一切成就皆源于他的不懈努力，不过他也必须承认生活待他很好。1986 年似乎是一片光明的开始。首先，这一年他参加了莫斯科召开的党代会。其次，有传闻说他将被授予社会主义劳动英雄金星奖章。当然，这意味着他要足额或超额完成生产任务，这也算不上什么新鲜事，他以前就是这么做的。[23]

3 月 8 日清晨，当地主流报纸刊登了一张布留哈诺夫的照片，此时面带微笑的他刚参加完党代会回到基辅，身旁簇拥着其他代表。他神情内敛，好像略显疲惫，又分明是喜悦和满足的——一个既能主宰自己命运，又能左右旁人命运的人。[24]

第三章　核电站的诞生

对于布留哈诺夫和他的同事及下属来说，除了国际妇女节，1986 年 3 月最重要的事情莫过于企业代表联合大会，参会企业都是切尔诺贝利核电站建筑材料和硬件设备供应商。会议为期三天，预期在 3 月最后一周召开，主要议程是协调核电站管理层、施工方和供应商的行动，同时解决最新的五号机组在施工过程中产生的问题。上一年的施工任务并未完成，所以该机组能否在 1986 年启用也未可知，然而莫斯科召开的党代会确立了未来五年中核电站的建设任务翻一番的目标。[1]

在普里皮亚季，本次会议成功召开最大的受益者将是 54 岁的瓦西里·克济马，作为施工方的领导，他负责整个核电站的建造工作。在这座小城，他的权力和威信要胜过布留哈诺夫。尽管布留哈诺夫住的公寓名气很大，但克济马和他的家人却住在这里仅有的四幢别墅中的一幢，更何况普里皮亚季根本不允许修建别墅。乌共领导人弗拉基米尔·谢尔比茨基在 70 年代中期视察核电站时，对这名年轻的负责施工的经理印象深刻，特意叮嘱自己的助理确保克济马入选乌克兰最高苏维埃。此举不仅能使克济马获得更高薪酬，还能让他声名大振，同时更加独立于地方党政官员。1984 年，克济马被授予苏联最高荣誉勋章——社会主义劳动英雄金星奖章。尽管布留哈诺夫被选为莫斯科党代会的代表，但他还在等待这份荣誉所赐予的认可。[2]

如果比较两个经理的工作成果，尤其是他们完成计划的情况，这些荣誉就显得毫无意义了。克济马和他的团队没有按期完成任何一台核电机组的建设任务，反倒是布留哈诺夫和他的工程师们总能如约甚至是超额完成工作指标。时间追溯至 1985 年，结果同样如此。那年，布留哈诺夫所在核电站的四台机组，共发电 290 亿千瓦时，相当于当时捷克斯洛伐克全国的发电量，足以满足 3000 万套公寓全年用电需求，解决了当时苏联 2.8 亿人中一半民众全年的用电问题。据普里皮亚季《工人力量论坛报》（*Tribuna ėnergetika*）1986 年 1 月的报道，核电站超额发电 9%。同一事件的报道题目却是《为何核电站没有完成 1985 年的计划？》，仅从标题很难看出，文章实际表达的内容是对未能完成上一年建设规划的担忧。[3]

然而，克济马不但照旧躲过了公众批评，甚至深得高层青睐。背后原因很简单：考虑到劳动力和材料短缺是常态，他的上司认为核电站的督造要比运营本身更具挑战，比起其他竞争者，克济马展示出了更加卓越的能力——更好更快地完成工作。

作为土生土长的基辅人，克济马 1932 年 1 月出生于基辅城南塔拉夏区的农民家庭。当乌克兰大饥荒席卷该地区时，他年仅一岁。他很幸运地活了下来。该地区每三个孩子中就有一人死于饥饿，附近沃洛达尔卡镇的死亡人数更高，当地每千人中就有 466 人未能活到 1934 年，其中儿童和老人的死亡率尤其突出。克济马还熬过了 1941 年至 1944 年残忍的纳粹统治时期。从当地学校毕业后，他前往基辅主修工程学，随后在乌克兰西部煤电站的建设工程中逐步积累经验。1971 年，克济马回到了自己的家乡，并且主抓旗舰工程——普里皮亚季新城建设和附近核电站的建造。[4]

动工伊始，克济马就告诉自己的上司，在工地上只能有一个老板，来自基辅部委的专员可以卷铺盖回家了。他们真的这么做了，可是在普里皮亚季，克济马必须和布留哈诺夫及其团队分享自己的权力与威望。在众人眼中，布留哈诺夫年富力强，沉稳内敛，但不善社交，克济马却拥有政治家般的个人魅力，作为一名建筑工头，他集坚毅果敢和卓越技能于一身。他的领导既赞赏他的大局观，又对他的圆滑狡黠有几分担心；建筑工人把他当成自己人，他的下属则强调他的坚韧执着。

布留哈诺夫受人尊敬，克济马则不是被人崇拜，就是让人生畏——取决于不同情况。他们二人最终学会了如何共事，如何尊重对方。归根结底，他们拥有共同的事业，核电站主管是客户，而施工方是供应商，彼此多重依赖。

暂且不论普里皮亚季两个经理间的个人关系，他们的团队之间也存在着管理方面，以及社会文化方面的矛盾冲突。布留哈诺夫的团队成员多是接受过高等教育的优秀工程师，他们中的大多数人来自俄罗斯，他们不仅给普里皮亚季带来了运营核电站的专业知识，还带来了大城市的做派、文化，偶尔还有几分傲慢。而克济马的施工队主要由当地农民组成，与之相伴的是他们的痼习、文化和偏见。新面孔讲着满口俄语，当地主要居民乌克兰人则说 surzhyk——一种乌克兰语和俄语的混合语，是普里皮亚季的街头通用语。

管控双方的矛盾冲突，以及防止当地青年和克济马带领的年轻建筑工人间偶尔爆发的冲突既是小城警察的职责，也是令他们头疼的事。压力最大的日子就是工人们拿到薪水的那两天——第一天先预付一部分，第二天再发放剩余薪资。聚众畅饮欢庆工资发放是苏联由来已久的习俗。为了确保万无一失，警察在街头搜罗任何超过五人的聚众活动，但是收效甚微。1985 年，警察局还曾处理过一起严重到掀翻汽车、砸碎窗户的年轻人骚乱。[5]

核电站工人，不论老幼都常常被建筑工人嫉妒，因为核电站工人拥有更高的收入、更好的工作条件，他们可以比那些盖楼的人更早地从宿舍搬进公寓。建筑工人觉得他们工地上的气氛更融洽，相信自己的工友是心胸开阔、心直口快的人，并认为厂里的人心机深沉，精于算计。核电站工人普遍不认同这种想法。[6]

克济马管理自己的施工队就像管着人口众多的大农户。施工队那些管事工头一听到克济马邀请他们前往罗马仕卡餐厅享用乌克兰甜菜汤时，就惴惴不安。克济马端坐于条形桌的顶端，这个位置通常属于家庭中的父辈和兄长，他的下属则如孩子般围坐在周围。“当所有人都在一勺一勺默默地喝着菜汤时，他的声音忽然打破了宁静。虽然没有愠怒，但是他语气坚决，强调这组运货工没有在规定时间内将一台吊车运到工地上，或是水泥厂未能完成水泥浇筑队的命令。”一名受邀参加克济马工作午餐的记者这样回忆当时的情景。克济马有过目不忘的本领，不仅能熟记自己手下浩浩之众的姓名，还能分毫不差地记住每个人的任务以及能够调度的资源。[7]

众所周知，克济马是普里皮亚季真正的拥趸，他不仅能为工厂，还能为小城的公共建筑、住宅和其他基础设施筹来金钱和资源。他还顶住了所谓盖得快的压力，主张要盖得好。当乌共领导人因文化宫建造进度缓慢而斥责他时，他随即引用了基辅市的圣弗拉基米尔大教堂的例子。他告诉一位党员干部，这座大教堂耗时几十年才建成，但至今依旧屹立不倒。那位领导惊诧不已，他很难想象有哪种错误思想比将社会主义文化宫比作教堂更严重。克济马却不以为意。他照旧稳扎稳打，始终坚称自己建的文化宫必将是乌克兰最好的。他淘来了当时苏联几乎不可能得到的稀罕物，用珍贵的大理石铺墙，用铝材搭建基础架构，用各种名贵木材做地板。为文化宫铺地板的工人正是为帝国时代基辅的沙皇皇宫重新装修的师傅。[8]

核电站五号机组的施工给克济马带来了一些新的问题。他造过核反应堆，对怎么做才能最小限度地延误工期了如指掌，然而此时此刻，莫斯科的党政要员急于建造尽可能多的反应堆，新建一座核反应堆的时间从三年缩减至两年。五号机组的施工始于 1985 年，原计划于 1986 年底完工。新上任的苏联能源与电气化部部长阿纳托利·马约列茨曾在 1986年 2 月召开的党代会上提出建议，多机组核电站的建造年限可以并且应该从七年削减至五年，因为他急于为自己的功劳簿添上一笔。

1985 年 12 月，马约列茨亲自前往普里皮亚季视察工地的施工状况，他希望加快工程进度，因为进度已落后于原计划。基辅党委当着马约列茨的面发号施令，要求加快施工节奏。党委动用了可供其支配的重要工具——对误工负有责任的官员将被密集式惩戒。惩戒形式既有口头的，也有书面的，还有一些将记录在个人档案里。如果这些措施还不奏效，当事官员将被解聘。如果情况有所好转，就会取消惩戒，奖励经理，然后游戏再次开始。1986 年 1 月，普里皮亚季的经理们恰恰变成了党内惩戒的目标。受害人中就有布留哈诺夫手下负责核电站施工，以及负责与克济马及其团队打交道的助理 R. L. 索洛维耶夫。在普里皮亚季市党委会上，索洛维耶夫受到了最严重的惩戒——处分被写进个人档案。克济马和他的团队暂时免受处罚。

在苏联官员中，克济马是特立独行的少数派。当别人希望他能把在建设中的核电站和小城所拥有的稀缺资源调作他用时，他会毫不犹豫地向党政官员表示反对。自从斯大林时代苏联强制实行农村集体化政策之后，苏联农业长期滞后。为了提高产量，苏共确立了大城市工厂和科技企业与集体农场建立合作关系的制度。实际上就是将城市居民派往农村，进行农业生产。普里皮亚季的领导也要求核电站员工和建筑工人参与其中，而当地报纸则定期报道相关工作成果。布留哈诺夫尽管也颇有微词，但还是把自己人派到了邻近的集体农场。克济马却直截了当拒绝了。

有一次，克济马听闻一名党委领导要求核电站员工参与农业劳动时火冒三丈，他让自己的秘书直接连线基辅党部。克济马告诉电话线另一端的领导："你的人就在我的办公室，他正告诉我该怎么做，可是我的工作满满当当！请你自己好好想一想，谁是这儿的老板，是他，还是我?！"他挂断了电话，事情就此了结。考虑到核能的重要性，那些官员除了打退堂鼓，别无选择。克济马就这样把这块难啃的骨头给扔了，这让那些官员恼羞成怒。[9]

为了应对上级不断加码的压力，克济马的策略之一就是用好媒体。他利用媒体使官员要求供应商及时向工地供货，从而帮到自己。早在戈尔巴乔夫和改革派推出政治公开性改革之前，他就已经掌握了和媒体打交道的技巧。1980 年春，克济马和布留哈诺夫被召至莫斯科，向苏联副总理汇报三号机组的建造情况。其他电站代表也参加了会见，但是没有哪家电站比切尔诺贝利做得更糟了。如果说各家电站平均完成了近九成的建设任务，那么克济马和布留哈诺夫只能够完成原计划的 68%。原因是他们缺少具备相应技能的员工，缺少相关设备和设施。上级要求他们在一个月内赶上计划进度，但这是不可能完成的任务，因为他们至少比原定计划晚了两个月。[10]

更改后的最后期限可能依然无法完成，来自苏联党政最高层的新处罚随时可能下达。于是克济马把当地报纸《基辅真理报》（*Kyïvs'ka pravda*）主编奥列克桑德·博利亚斯内邀请到自己的办公室，接受专访。这位主编期待着一篇激扬的报道，期待电站负责人做出承诺，将会在尽可能短的时间内完成工作指标。可是克济马让主编在他的接待室干等了数小时，直到他取出纸笔亲自上阵，依据原定的采访议题自问自答。克济马解释说，机组的施工任务之所以无法按时完成是因为工厂缺乏必需的材料。社会主义经济并未发生奇迹。他希望党政官员能给供应商施压，使其正常履约。惊慌失措的报社主编连忙致电党委领导，尽管对方不太乐意，但最终还是同意发表这篇报道，毕竟，这篇文章能使他们免受来自莫斯科方面不公正的指责。[11]

1986 年初，五号机组也面临类似的问题：建筑工人已经就位，可是材料却不见踪迹。在莫斯科党代会上通过类似决议前，相关政令早已出台，要求缩短建筑周期，但克济马及其团队直到 1985 年 7 月才拿到设计方案。正因如此，他们不得不将订购建筑材料和设备延迟至当年秋天，而供应商直到年底才开始向他们运送建筑砌块和硬件。有些材料按时运达，还有些则未能按时送达，整个安装过程不得不因此中断。

普里皮亚季《工人力量论坛报》的记者柳博芙·科瓦列夫斯卡娅对克济马说，她希望发表一篇专题报道，着重讨论关于供应商的问题，克济马欣然应允。更要紧的是，克济马擅自允许科瓦列夫斯卡娅查询电站计算机中心保存的关于电站采购硬件的数量和质量的信息——此举违背了安全条款。对这名记者来说，这简直是旗开得胜。可是其他人可不像克济马那样大开绿灯，计算机中心的经理担心克格勃的监视，只给科瓦列夫斯卡娅 15 分钟查看电子表格打印件的权利，他们希望这名受过俄语和俄国文学训练的老师对表上的内容只能一知半解。她设法看了 30 分钟的材料，还记了很多笔记。

科瓦列夫斯卡娅抄录的数字拼凑出一幅让人担心的图景：高达 70% 的硬件设备来自一家产品有严重缺陷的供应商；在建造用于盛放已用燃料的蓄水池的金属构件中，重达 356 吨的构件同样存在严重缺陷；此外，另一家供应商由于提供的水泥板尺寸有误，不得不在工地上对其进行再加工。最关键的问题是，即使部分构件合乎规格，依然有总计 2435 吨的金属构件未见踪影。克济马同意公开发表这篇报道，于是，文章刊登在 1986 年 3 月 21 日周五的《工人力量论坛报》上，署的是女记者的笔名 L. 斯坦尼斯拉夫斯卡娅。而苏联供应商代表大会按计划于 3 月 24 日召开。[12]

◇◇◇

切尔诺贝利核电站的副总工程师阿纳托利·迪亚特洛夫认为克济马手下的工人师傅在建造核电站方面表现出色。工人们成功地承受住了来自党内和业内官员的压力，后者所提的要求不切实际，设定的完工期限毫无实现的可能。依照迪亚特洛夫的说法，克济马及其下属“没把任何攻击太当回事，当然也没有挑明自己的态度……否则在那样的工作环境下，很难长久生存下去”。[13]

迪亚特洛夫最担心的问题不是克济马，而是核电站的建设缺少必要的制造业基础，即供应商问题。切尔诺贝利这类核电站不再由中型机械制造部无所不能的部长叶菲姆·斯拉夫斯基负责，此人正是苏联核工业和军工业的核心人物。斯拉夫斯基的中型机械制造部是不折不扣的帝国，拥有可以生产核工业所需的绝大部分设备的制造企业，俨然是一个国中之国。这些企业曾参与修建位于列宁格勒附近的索斯诺维博尔核电站，该核电站的第一座核反应堆于 1973 年 12 月开始供电。然而之后不久，建造核电站的任务就划拨到了能源与电气化部，该部不属于军工业，制造基础原本就很薄弱，而且没有任何一位领导的影响力足以与斯拉夫斯基的权势和威望相比肩。

迪亚特洛夫事后回忆道：“政府决议要求生产一号、二号核电站最初四台大型组件的非标准化设备须由负责列宁格勒核电站设备的相同供应商提供，可是中型机械制造部并没有将此项政府决议视为必须执行的命令。”没有哪位总理能管得住斯拉夫斯基，因为后者主要负责的项目是苏联的核武器。类似于切尔诺贝利这样的核电站只能靠核电站自己的工程师。迪亚特洛夫接着说道："他们会告诉你，你们有自己的工厂，所以放手去干吧，去生产设备，我们则会给你们提供方案。我去过几家给能源部生产辅助设备的工厂，厂里的机床和劣质车间的设备别无二致，让这样的机器生产核电站所用设备，无异于让一名盖房子的木匠去做雕花般的细木工活。因此，每台组件的建造举步维艰。"[14]

然而，对新机组施工难度的抱怨被高层无视了。毕竟，从理论上讲，切尔诺贝利核电站所配备的核反应堆类型，可以由任何地方非专门化的设备制造商及其员工以最低的成本生产制造。切尔诺贝利核电站原本打算使用水－水高能反应堆，在苏联这等同于美国的压水式反应堆。和美国的压水反应炉一样，苏联的水－水高能反应堆是 20 世纪 50 年代修建核潜艇反应堆的副产品。在核潜艇反应堆中，燃料棒中的铀原子裂变产生热能，随后将其能量输送给加压水。水还被用作防止系统过热的冷却剂。这种设计相当安全。如果冷却剂的循环意外失败的话，不断上升的热量将成功关闭反应堆。反应堆堆芯中的水越少，中子的慢化效果就越弱，没有水，核反应就无法继续。水－水高能反应堆在苏联众多核电站中一直运转良好，这也是它最初被切尔诺贝利核电站选中的原因。

然而，在能源阔步前行的大道上，水－水高能反应堆在与石墨反应堆，或大功率管式反应堆的较量中逐渐败下阵来。因为后者用石墨作为反应堆的慢化剂，用水作为冷却剂。石墨反应堆有 1000 兆瓦电能的输出量，是水－水高能反应堆的 2 倍。这种反应堆不仅能量惊人，而且建造和运行的费用更低。水－水高能反应堆需要浓缩铀，而石墨反应堆几乎只需要天然的铀–238，即富集度在 2%—

3% 的铀-235。还有一点同样重要：石墨反应堆可在工地现场采用机械厂生产的预制构件组装搭建，并且提供构建的单位并不一定得是专业生产面向核工业的精密设备的厂商。对莫斯科的领导层而言，这无疑是双赢。世界上的其他国家选择了水 - 水高能反应堆，苏联却主要选择了石墨反应堆。切尔诺贝利核电站恰巧赶上了这波新浪潮。

直到做出将切尔诺贝利核电站的反应堆形式从水 - 水高能反应堆改成石墨反应堆的决定时，后者的安全性也未得到充分论证。然而，在它的身后矗立着叶菲姆·斯拉夫斯基的伟岸身影。库尔恰托夫原子能研究所所长阿纳托利·亚历山德罗夫是这两种核反应堆的科技主管，他对彼此的优势与弱点了如指掌。正如前文所言，虽然亚历山德罗夫言之凿凿，声明石墨反应堆就像俄式茶炊一样安全，可是他的偏好和大众并无二致——安全可靠总比不上物美价廉、性能卓越。设计者甚至辩称，石墨反应堆极其安全，如果省去建造在反应堆发生故障时控制核反应的混凝土结构的话，其成本还能进一步降低。就这样，切尔诺贝利的核反应堆褪去了安全壳。

尽管有人持不同意见，但这些人不是保持沉默就是被忽视了。其中最有影响力的声音来自石墨反应堆的总设计师尼古拉·多列扎利。虽然多列扎利没有否认要对自己的发明负责，但他认为将核电站建在苏联的欧洲地区完全是个错误。在他看来整个核工业都不是绝对安全的。多列扎利向同事游说，向政府请愿，却毫无用处。随后他决定在学术期刊上发表论文，以表明自己的担忧。可是政府却向他提供了苏共重要的意识形态期刊——《共产党人》。要刊登在这样的刊物上，他必须手下留情，可是如此一来，他的文章将有更多读者，甚至可能激起公众讨论。多列扎利接受了交易。[15]

多列扎利和另一位核能专家科里亚金共同撰写了《核能的成就与问题》（*Nuclear Energy: Achievements and Problems*）一文，于 1979 年夏发表于《共产党人》期刊上，此时距美国发生三里岛核事故[①]已有数月。同年 3 月，三里岛核电站冷却系统故障导致核电站中一座核反应堆的堆芯部分熔毁，放射性气体随之外泄。该地区近 14 万人自动疏散。多列扎利和另一位执笔人写道，美国出于对安全的考量，核电站的建造费用已增长了七八倍，可惜苏联并未紧跟这一潮流。他们最担心的是核电站设备的质量问题，以及核燃料和核废料在苏联地区的安全运输问题。他们认为，随着核电站数量日益增多，事故的发生概率同样与日俱增。他们还担忧修建核电站导致了气候变化，因为每座核电站都向大气层释放大量热量——每一个单位能量转换成电能就会产生两至三个单位的其他能量。多列扎利建议核电站不应修在苏联位于欧洲的领土上，而应建在地广人稀的、接近铀矿的北部地区。[16]

多列扎利的文章极大地挑战了现有的苏联核工业。核电站已经动工兴建了，如山的沙堆已经就位，领导将显赫的声望都寄托在这些正在苏联的欧洲大陆上兴建的工程，而关于电能远距离传输的研究并非当下的重点，可是工厂倘若建在非人口稠密区，这项研究就必不可少了。通常情况下，人们认为核电站距离其消费者的最大距

---

① 1979 年 3 月 28 日凌晨，在美国宾夕法尼亚州哈里斯堡东南 16 公里处的三里岛核电站二号反应堆发生放射性物质外泄事故。事故导致核电站周围 80 公里范围内生态环境受到污染。这是人类发展核电以来首次引起世人注目的核电站事故。

离应不超过 600 公里。上述原理同样被用于切尔诺贝利核电站的选址问题上。可是，苏联的学术界反唇相讥。阿纳托利·亚历山德罗夫在面向外国读者（主要是东欧读者）的杂志《和平与社会主义问题》上发文批评多列扎利的观点，他说道：既然苏联在国外建造核反应堆，安全问题就是重中之重，在这一点上，苏联任何技术输出和工业输出都是如此。然而奇怪的是，苏联在东欧修建的核工厂却采用了水–水高能反应堆，使用水而不是石墨作为中子慢化剂。[17]

在乌克兰，多列扎利对建造核电的普遍担忧，尤其是他对在苏联的欧洲地区建造石墨反应堆的深深忧虑引起了共和国能源部部长阿列克谢·马库欣的注意。乌克兰能源部会同苏联能源与电气化部共同监管切尔诺贝利核电站的运营。如同大多数刚接触核电的人，马库欣对新建核反应堆的安全性感到担忧，却又无法做出独立判断。早在多列扎利的文章公开发表前，他已经发现对方所持的保留态度，他曾向时任切尔诺贝利核电站副总工程师格里戈里·梅德韦杰夫征询过意见。梅德韦杰夫肯定了多列扎利的观点：石墨反应堆确实有点“脏”。“切尔诺贝利反应堆排出的气体是怎样的？”在他的回忆录中，当时焦虑不安的部长先生抛出了这个问题。“每 24 小时约 4000 居里。”对方回答。“那么新沃罗涅日的反应堆呢？”部长接着问，他指的是俄罗斯中部新沃罗涅日地区的压水堆。“100 居里。”梅德韦杰夫应道，“这是本质的区别。”“但是学术界，还有部长会议已经同意使用石墨反应堆。阿纳托利·亚历山德罗夫盛赞这是最安全、最经济的堆型。”马库欣随后补充道，“你有点言过其实了，没问题，我们会小心的。”[18]

没有斯拉夫斯基领导的中型机械制造部的专业水准和制造基础，切尔诺贝利核电站的建设成了一项巨大挑战。施工队头头、核电站经理，还有党政官员都想汇报自己的成绩，然而，负责秘密技术保密工作及技术安全应用的克格勃却热衷于指出设计和建造中的缺陷。有时对核电站安全和保密进行监督的当地克格勃也变成了克济马的秘密武器，变成他和他的团队向党政官员提醒供应商存在的问题或为自身利益进行游说的另一渠道。例如，1976 年 8 月，在一号机组建成投产的最后期限即将到来时，基辅的克格勃办公室向总部汇报了供应商未能提供部分部件和硬件，而且所提供的部件中有些不合格，有些已损坏。克格勃总部又将他们属下的发现汇报给了基辅的中央委员会。[19]

然而，克格勃并非仅仅针对供应商未能按时交货，或是提供不合格产品。它同样针对克济马手下粗制滥造的活计，甚至连布留哈诺夫想要给未达标建筑放行的念头也是他们聚焦的对象。1979 年 2 月，关于二号机组建造问题的报告被递交到莫斯科克格勃总部，未来的苏共中央总书记、当时正担任克格勃领导的尤里 · 安德罗波夫恰好收到了这份报告，所以，他不得不向苏共中央委员会汇报了劣质工程的相关情况。克济马的一名助理被问责，因为他负责修建的反应堆基座未安装适配的水隔离装置，而安装的支柱又偏差了 10 厘米，导致墙体偏离预定位置 15 厘米。[20]

让人意想不到的是，工厂并没有因建筑问题而发生任何事故。当时最严重的一次事故发生在 1982 年 9 月 9 日。当日，对一号机组的既定维修任务已经完成，操作员准备让它重新满负荷工作。

起初一切正常运转，后来反应堆热能达到约 700 兆瓦，高出预定值三分之二，所有石墨反应堆都处在极不稳定的危险状态下。随后，一条燃料管道爆裂，释放出的浓缩铀进入反应堆堆芯，而操作员用了近半小时才搞清楚状况，随后将石墨反应堆关闭。据克格勃报告，释放物造成了受污染地区高能电子 β 粒子水平比正常值高出了 9 倍。[21]

负责调查事故的委员会得出结论：维修工负有责任。据称一名维修工关闭了与反应堆相连的冷却水通道阀门，从而造成燃料管道爆裂。布留哈诺夫的副手、核电站的总工程师因此失去了工作，但是布留哈诺夫安然无恙。毕竟按行业标准来看，切尔诺贝利核电站已经做得相当好了，比同类型其他工厂的事故率更低。第二年，布留哈诺夫被授予十月革命勋章。[22]

问题依旧存在。1986 年 2 月，在布留哈诺夫参加党代会期间，苏共领导要求在未来五年内建造机组的数量翻番，克格勃汇报了工厂建设持续存在的困难，指出五号机组建造过程中存在违反技术标准的行为。因为供应商未能提供制造混凝土的合格碎石，经理们使用了他们能找来的所含细颗粒物大小是标准 2 倍的石材。因此他们浇筑到构件中的混凝土未能填充微小的细孔，在结构中留下了空隙。“预计不适合使用的面积达 300 平方米。”克格勃长官写道，“随着五号机组投入使用，在生产制造混凝土中发现的技术缺陷可能导致发生事故的危险局面，也包括可能出现的人员损失。”上述警告没有激起半点回应。[23]

◇◇◇

1986年3月，持续三天的苏联供应商大会在普里皮亚季宣布胜利闭会，参会者包括建筑材料和特殊硬件的供应商。普里皮亚季施工管理局领导克济马是会议的主要发言人之一。来自28家向五号机组施工方供货的厂商代表均参加了会议，只有两家供应商代表未能参会。[24]

布留哈诺夫没有参会，但是他的总工程师尼古拉·福明代表核电站参加了会议。福明的职责包括与施工管理局的沟通以及新机组的运营。一个月前，一篇关于切尔诺贝利核电站的文章发表在当年2月份的英文期刊《苏联生活》上，文中引用福明所言——核电站的冷却池可以用来养鱼，以此表明核电站的绝对安全。自此之后，福明俨然成了国际名人。福明宣称，即使发生事故，自动安全系统也会即刻关闭反应堆。[25]

然而，福明对1982年的核事故只字未提，可能随意讲这些是非法的吧。1985年夏，根据苏联新任能源与电气化部部长阿纳托利·马约列茨的指示，对核事故相关信息的审查进一步加强。“关于生态环境对工作人员和群众生活可能产生的负面影响，以及能量本身对环境可能带来的负面影响，诸如电子磁场、辐射，对大气、水体和土壤的污染等相关内容都不得公开出版，或是在广播电台和电视公开播报。”这位部长在给业内人员的指示中这样写道。[26]

会上一向兴致勃勃、积极活跃的福明却基本沉默寡言，不是因为单位限制他发言，而是因为他在1985年底的一次车祸中遭受了重创。此刻他刚休完病假，能够出现在会上几乎就是奇迹了，参会人员都能看出他参加讨论时有多么费劲，确实，仅仅开口说话已是千难万难。格里戈里·梅德韦杰夫不再担任核电站的副总工程师了，他已前往莫斯科，在苏联能源与电气化部就职，此次是代表该部门参会。他觉得福明就是以前的自己，不过他几乎认不出这位同事了，他所认识的福明是一个拥有迷人笑容、清亮嗓音的健壮男子，像弹簧一般，随时准备起跳。“整个人的模样显得有些压抑，带着创伤后的痕迹。”梅德韦杰夫事后回忆。他对福明说：“或许你应该再休息几个月，恢复得更好点，伤得可不轻呀。”但是福明没听进去。“该开始工作了。”福明应道。

布留哈诺夫向福明提供了自己所能给予的一切支持。当聊到福明的伤势时，他说：“我不觉得他伤得特别重，他恢复得很好。”他向梅德韦杰夫保证：“工作可以让他好得更快些。”核电站党委书记曾劝说福明比原定计划早些回来工作，因为布留哈诺夫正在莫斯科参加党代会，需要副主管福明主持工作。对于梅德韦杰夫而言，布留哈诺夫本人看上去也因工作过于繁忙而显得很疲惫。这位站长对核电站机组的核辐射泄漏格外关注。每小时从排水管道和排气孔涌出的放射性水总计约 50 立方米。蒸汽抽提设备勉强能处理放射性水。然而，设备用到现在已经达到处理能力的极限了。解决该问题的唯一有效方法就是停用反应堆，开展维修，但是这样的话，就有可能无法完成年度计划发电量。布留哈诺夫并不打算面对愤怒的党政官员，因为他们心中的痛点正是完工期限和发电总量。布留哈诺夫告诉梅德韦杰夫，他正考虑到别处工作，他曾经放弃的可能前往海外工作的机会正考验着他留在普里皮亚季的决心。[27]

警钟在普里皮亚季响起，在基辅响起。苏联供应商大会召开后，

《工人力量论坛报》的记者柳博芙·科瓦列夫斯卡娅成功地将她早前所写的关于五号机组施工问题的文章发表在《乌克兰文学报》上，该报是乌克兰作家联盟的喉舌。文中绝大部分内容被一字不差地从俄语译成了乌克兰语。

文章发表在《乌克兰文学报》上，将拥有更多读者，也使文中的观点具有普遍的重要意义。虽然该文依循惯例，仍然对苏联社会主义做了一番理想化描述，赞扬了苏共取得的成就以及对人民的关切，但是科瓦列夫斯卡娅列出了切尔诺贝利核电站施工人员面对的若干值得关注的问题。据其所言，施工管理局于1985年预订的45 500立方米的水泥构件中，3200立方米一直没有送达，6000立方米的构件经证实存在瑕疵。同样有瑕疵的还有用于核电站废水处理的326吨防渗漏剂以及220吨用于修建反应堆涡轮机厂房的柱体结构。科瓦列夫斯卡娅本人不仅批评了未能按时配送配件和硬件的供应商，还指出了施工管理局的不足之处，而管理局正是她所效力的报社的东家。

“无序管理不仅削弱了纪律性，还模糊了每个人在合作劳动中的责任。”科瓦列夫斯卡娅这样写道：

> 工程技术人员很难将人员分组展开工作，甚至说他们对此无能为力，这样便削弱了相关标准的执行。“人员疲惫不堪”，设备、机器老化，工作机制退化，机械用具缺失，所有这一切大家心知肚明。简而言之，建设机制中普遍存在的弱点表现得更加严重。恰巧又赶上经济结构调整，众所周知此轮调整的首要任务就是对意识的重塑。[28]

科瓦列夫斯卡娅等待着别人的反馈，可是无论普里皮亚季，还是基辅都无人回应。普里皮亚季官员在意的是，像科瓦列夫斯卡娅这般调查式的新闻报道，揭露高级官员不当之处的做法真是制造麻烦。有传闻她将被开除出党，如此一来，她就很难再继续记者的职业生涯。然而，至少当下仍无人在意她。世界媒体直到一个月后的1986年4月26日，才会发现这篇文章和写作它的记者。[29]

第二部分

地狱炼火

第四章　星期五之夜

4 月 25 日，星期五，普里皮亚季的居民正翘首企盼周末。由于官方将 4 月 19 日定为一年一度庆祝列宁诞辰的无薪工作日，所以上周六人们是在一派忙碌中度过的。媒体说列宁的思想光耀千秋，如果“苏联之父”本人获得永生，到 1986 年 4 月 22 日他就 116 岁了，尽管这算不上重要的庆祝日，却也无妨。

在离列宁诞辰日最近一周的周末加班，看上去像是主动而为，实则是官方要求。戈尔巴乔夫没能赶上加班，因为他正在德意志民主共和国出访，宣传自己“加速”改革的思想。但是他的同胞未让他失望。苏共中央政治局汇报全苏联有 1.59 亿民众参与活动，比以往的纪录高出一半多。[1]

根据普里皮亚季随处可见的《工人力量论坛报》所言，市民渴望参与被官方称为“红色周六”的活动。一位市政官员在《劳动假日》（*The Holiday of Labor*）一文中写道，超过 2.2 万名市民在那个周六无偿劳动，核电站和其他企业工人制造的商品和提供的服务总价值超过 10 万卢布，而工程建设创造的价值更是高达 22 万卢布。

当然最热火朝天的地方就是五号机组的工地，可是党报报道工程延期的情况还在加重。报纸宣称建筑工人不辞辛劳，埋头苦干，一名员工曾经成功地浇筑了 30 立方米混凝土，这显然是值得夸赞的重要成就，在《全力以赴》（*Return in full*）一文中，这一切确也得到了应有之誉。[2]

下个周末就不用加班了。普里皮亚季许多年轻夫妇准备在 4 月 26 日举行婚礼，而星期天通常都是新生婴儿的登记日。共青团很乐意向这些婚礼提供场地和意识形态上的认可感，传统上由教堂承担的事，现在变得世俗化，更加意识形态化。新婚夫妇要向列宁纪念碑和卫国战争英雄纪念碑献上鲜花。再加上戈尔巴乔夫发起了禁酒运动，共产党和共青团干部也正在推行无酒水婚礼，因此普里皮亚季的酒徒越来越少了。只要婚礼最后没有在核电站工人和来自附近村庄的建筑工人醉酒后的闹事斗殴中收场，当政者就觉得很成功了。

无论是否要举办婚礼，天朗气清总是让人愉悦。天气不同寻常地暖和，已达 21℃。对多数人来说，这样的好天气意味着可以花上两三天在普里皮亚季河流蜿蜒而过的森林里远足、野炊、钓鱼。这并非毫无来由，历史上切尔诺贝利曾一度成为王公贵族的狩猎场。捕猎的季节尚远，可是钓鱼已经开始了。就在周五，《工人力量论坛报》在其最后几版刊登了一张照片——一名年轻的普里皮亚季居民的胳膊下正夹着一条硕大的鲇鱼，标题是《如此巨大的收获值得展示在“红色角落”里》，“红色角落”暗指领导们在工作间里临时展示的宣传标语。从外表来看，这条鲇鱼至少重达 18 千克，标语暗示如此丰盛的收获值得公众的关注。

报纸上刊登了关于钓鱼季的一切重要信息。尽管通常要到 6 月初，即产卵季终结时才能获准钓鱼，但是政府还是允许有节制地在非产卵区钓鱼。文中图片显示的钓鱼地点是普里皮亚季的第聂伯河和乌日河，陆上垂钓在那里是合法的。那些钓鱼和狩猎协会会员每天可以捕获 3 千克诸如鲤鱼、欧鳊等“珍贵”鱼类，10 千克“次珍贵”鱼类或普通鱼类，譬如鲫鱼、银鲤等。而那些非协会成员每日只允许捕捞 2 千克“珍贵”鱼类和 5 千克普通鱼类。对于在当地核电站冷却池钓鱼一事，报社只字未提——冷却池的总设计师福明曾在报上宣传，冷却池是养鱼的绝妙之地。在那儿钓鱼虽被禁止，却仍极度盛行。许多核电站工人在夜晚趁着巡查员熟睡时跑去钓鱼，他们不是在岸上而是在船上垂钓。[3]

虽然普里皮亚季《工人力量论坛报》的文章迎合了准备外出享受愉快周末的城里人的口味，但是主要面向农村读者的切尔诺贝利报纸——《胜利旗帜》正准备帮助农民度过一个收集白桦树液和种土豆的繁忙周末。位于普里皮亚季东南方向 16 公里的切尔诺贝利仍然是这片传统农业地区的行政中心，而土豆则是该地区主要的出口农产品之一，也是当地农民最重要的主食。周六的报纸刊登的文章与这两方面都有关。最终，在小村庄第第亚特基附近的白桦林，当地一队林场工人成功地收集到了 90 吨白桦树液，并运往客户手中，而这座位于切尔诺贝利南面的小村庄事后将成为通往核禁区的主入口。当地集体农场在土豆种植方面总是争先恐后，一较高下。而胜利农场恰如其名，一马当先。该农场总部所在的斯坦茶卡村正在度过自己最后的一段时光，那里的居民很快将被转移安置。[4]

不过到目前为止，切尔诺贝利报纸上最重要的信息还是品类繁多、可供种植的土豆，分别来自基辅研究所和切尔诺贝利土豆种植中心的两位专家解释了每种土豆的优缺点。这方面内容对于普里皮亚季多数居民来说也很重要，有些人在社区拥有乡间宅邸或夏日小别墅。然而更多人，主要是克济马施工团队里的青年男女同样打算回到农村帮助自己的父母种土豆，关于如何选择最佳土豆品种的信息是他们能够给父母送上的最好礼物。同样在冬季的漫漫长日里，他们也将依赖那些送到自己公寓里的产自父母农场的食物。[5]

最好的消息是，接下来的周末是一连串假日的开始。5 月 1 日国际劳动者日是苏联的法定假日；东正教复活节在5月4日星期日，虽然不受官方重视但也是广泛庆祝的节日。在这之后的一周还有一天假日——5 月 9 日二战胜利纪念日，也是官方和民众都会热烈庆祝的法定假日。因此，在整座城市都沉浸于节日气氛前，4 月 25 日这个周五是处理未完成事务的最后机会，要在 5 月中旬前搞定任何事不是不可能，就是难如登天。

布留哈诺夫也和普里皮亚季的其他人一样，正盼望度过一个轻松的周末，他尤其需要放松。自莫斯科回来之后，他就忙得连轴转，回家也只是睡觉罢了。现在他即将有机会享受和煦的天气与户外活动。曾经，他和自己的妻子瓦莲京娜在 4 月初的河水中沐浴时，遇上了两只驼鹿，那次经历令人难忘，或许他们还能遇见驼鹿。最重要的是女儿莉莉娅和她的丈夫要从基辅来看望他们。[6]

同往常一样，星期五对于布留哈诺夫而言总是格外忙碌，此时尚无任何会毁掉周末的迹象。核泄漏还在继续，但他们已成功控制住了局面。此刻，他们无须为了处理泄漏问题而关闭任何核反应堆。数周前乌克兰南部扎波罗热核电站也发生了核泄漏，该核电站有两座正在运营的核反应堆，还有一座在建设中。4 月 7 日，管理人员发现反应堆中冷却水的辐射水平高出正常值 14 倍，为了解决问题，他们不得不关闭该反应堆两周，同时暂停在建反应堆的施工，由于第三座反应堆正在维修，相当于整座核电站已停止发电。这一切意味着没有发电，没有奖金，有的只是来自党政领导喋喋不休的质问。[7]

切尔诺贝利核电站一切照常运转。这座核电站被认为是行业典范，只有年均五起技术事故和设备故障。他们正打算关闭四号机组，不过这只是依照行规对系统进行例行检查和维修罢了。依据反应堆的具体情况，维修工作可能耗时数月，而关闭的频次则取决于政府。新任苏联能源与电气化部部长马约列茨决定干一番创造历史的大事，博取领导关注，于是他延长了反应堆关闭的间隔时间，减少了维修时间。增加发电量可以取悦上级，1985 年，切尔诺贝利核电站超额完成近 10% 的生产任务，部分原因就是削减了维修时间。1986 年，反应堆急需关闭维修，核电站的计划发电量将少于上一年度，当地政府对此颇为不悦。[8]

然而，有些行业标准是官员和相关部门都无法忽视的。四号机组将在 4 月下旬停工维修，布留哈诺夫的工程师会接手这份工作。和通常情况一样，反应堆关闭后可以在较低的辐射水平下对其庞杂的系统进行检测。而关闭前的诸多检测中，有一项是关于蒸汽涡轮的，该设计可以使反应堆在安全控制棒激活模式下更加安全，该模式可自动将控制棒插入反应堆堆芯，在紧急情况下终止反应。背后的原理很简单。在遇到紧急情况导致核反应堆关闭时，机组仍然需要用水泵将冷却剂输送至过热的反应堆，以防堆芯熔化，如果此时断电了，紧急柴油发电机就可以提供急需的电能以支持水泵工作。然而现在柴油发电机只能在反应堆关闭后 45 秒开始供电，如此便产生了供给缺口和潜在安全问题，这个问题必须解决！

来自乌克兰东部城市顿涅茨克的研究所的工程师已经找到了应对之策。他们指出，正如堆体无法在关闭后即刻冷却一样，涡轮机在剩余液流压力的驱动下依旧可以运转一段时间，而这段时间运转所产生的能量，足以弥补柴油发电机 45 秒内不能供电的电能缺口。涡轮发电机的动能能使其运转多长时间，而它的运转究竟能提供多少电能都是顿涅茨克工程师希望在切尔诺贝利同行的帮助下找到的答案，而这所有的工作都将在四号机组关闭时完成，这才是测试的核心任务。

为了开展测试工作，系统必须模拟核电站发生电力事故或断电情况下的状态，此类测试最终有助于改进自动关闭系统。因此在测试期间存在核反应堆失控的风险，可是无人觉得这么做的风险系数高。核电站管理人员对进行这项测试兴致颇高，因为这样的话，他们就可能启用堆体建造者设想的另一个紧急安全系统。此外，能源与电气化部的指示也要求他们这么做。他们早先曾尝试进行相同测试，但是由于蒸汽涡轮发电机出现故障而未能获得成功。现在故障已被修复，似乎一切就绪，只待大展身手。[9]

早从 3 月份起，人们就开始着手准备，到 4 月中旬工作已如火如荼地展开了。涡轮机测试可能是整个四号机组将要完成的系统检测中最复杂的部分，还有另外几项测试也必须进行。制定一份协调各项测试时间表的任务交给了一位经验老到的工程师维塔利·博列茨。这位年近50岁的工程师在苏联全境的核电站都工作过。他第一次来到普里皮亚季还是1974年3月，彼时他在核电行业已有近12年的从业经验，主要在封闭的托木斯克7号工作，这是位于西伯利亚托木斯克附近一座拥有核设施的小镇。与托木斯克不同的是，这座小镇未标注在任何一张苏联地图上。始建于1958年的苏联第一座核电站就位于此处，该核电站主要生产武器级钚元素，而不是用于发电。1963年12月，博列茨参与了该核电站第四座核反应堆ADE-4的建造工作。和切尔诺贝利的反应堆一样，托木斯克7号的反应堆也是采用石墨慢化剂来使轰击浓缩铀铀核的中子运动减速。在切尔诺贝利核电站工作了十余年后，博列茨和一家承包商负责核反应堆的启动工作，关停核反应堆也是他所擅长的领域。[10]

当博列茨被要求准备一份测试时间表时，他欣然接受，他对核电站再熟悉不过了。就像普里皮亚季大多数人理解的那样，四号机组是全厂最新、最安全的反应堆。它是核电站二期工程中的一部分：不同于一号和二号机组的独立结构，四号机组与三号机组相连，采用双联式结构。三号和四号机组的发电量均达上千兆瓦时。为了产生上述电能，机组需要至少3000兆瓦热能，而预估可提供热能为3200兆瓦。三号与四号机组分别于1981年12月和1983年12月开始投入运营。1983年12月18日，福明在四号机组施工与监督委员会提交的协议上签字。

该协议明确了四号核反应堆的主要特征。压力容器是一个直径10米、高7米的圆柱形钢桶，填充了高纯度石墨，置于一座长22米、宽22米、高26米的方形水泥槽中。内部填充的石墨砌体可以使快速运动的中子减速，还可以在铀原子分裂成更小的原子且释放动能时，维持核反应堆的链式反应。在圆柱体的顶部和底部有两块巨大的金属盖板，充当生物屏蔽层。上面的盖板叫作“系统 E”，操作员戏称为“叶连娜”（Elena），上面有许多穿盖板而过的立管，主要用于安放两种管道装置——控制棒和燃料棒。四号机组共有 1661 根燃料棒或压力通道，每根棒长约 3.5 米，其中填充 2%—3% 的浓缩铀–235 和天然铀–238 靶丸。同时还有 211 根可移动控制棒，由能吸收中子的碳化硼制成，将控制棒插入堆芯可以使核裂变减速，反之拔出堆芯可以使其增速。链式燃料棒在反应过程中释放出能量，被该能量加热的水在两套冷却回路中循环，它们将沸水送至可以进行汽水分离的蒸汽罐，然后传输至涡轮机进行发电。

和苏联的其他核反应堆一模一样，四号机组除了水泥槽外，没有任何安全壳，然而，委员会认为反应堆各系统运转状况令人满意。当然，告诫总是有的。委员会指出了以待来日修复的一些问题，其中包括改进控制棒制造过程的建议。当 6 米长的控制棒插入堆芯不足 2 米深时，结果证明控制棒会产生正反应性，或者说会使核裂变加快，堆体能量上升。但是三号反应堆已采纳了委员会建议的调整方案。这些改进措施或许能解决类似列宁格勒核电站 1975 年的遭遇——冷却剂减少而引起反应堆辐射水平上升，这种正反应失效的情况造成辐射的急剧增加和反应堆运行震荡。这次事故几乎摧毁了反应堆，其他核电站人员无法得知相关细节，可是博列茨本人清楚地知道列宁格勒的情况多么险象环生！[11]

1975 年 11 月 30 日，博列茨从切尔诺贝利被派往列宁格勒核电站，接受关于石墨反应堆的培训，不慎成为该反应堆史上最严重事故的见证者。当日，他换班后决定留在核电站，亲眼看看反应堆的“换挡过程”，即暂停反应堆后，从一种操作模式转换至另一种模式的过程。博列茨很快意识到核反应堆出问题了。核反应堆低速运转，尽管操作员在堆芯插入了更多控制棒，试图使其减速，可辐射水平却开始上升。堆芯是燃料棒发生核反应和经由燃料通道释放核能的区域。通常操作员将控制棒插入核反应堆活性区域后，辐射水平就会下降，列宁格勒核电站石墨反应堆的反应却有违常理。即使是让博列茨印象深刻的娴熟操作员手动插入控制棒，也未能使迅速蹿升的辐射水平有所下降。核反应堆的情况出乎意料。

博列茨担心核反应堆已经失控了！他曾操作过核反应堆，他明白要是辐射值迅速蹿高而抑制不住的话，可能引起爆炸。“想象你自己坐在一辆飞速行驶的汽车上，”博列茨次日向一位对核物理知之甚少的安全官员这样说道，“你启动发动机，开始运转，然后你平稳加速、换挡，你的速度是每小时60公里。随后你的脚撤离油门，突然汽车自己开始加速——每小时 80、100、130、150 公里。你踩了刹车，毫无用处；车速继续飙升，此时此刻，你将作何感想？”[12]

通过运行紧急停堆系统，失控的核反应堆两次停止运转，从而避免了爆炸的发生，可是核反应堆能量的剧增使堆芯中一条燃料通道熔解并释放出铀。核反应堆被关闭。次日，人们用氮气对其进行了“清洁”，总计 150 万居里的放射性核素经由排气管释放到周边环境中。每居里等同于 370 亿原子核裂变所释放的辐射量，可以污染上百亿升牛奶，使其无法被人类食用。依据国际原子能机构的报告，核污染的安全水平是每平方公里 5 居里。人们纷纷猜测，150 万居里的放射性核素对核电站周边的人群和环境，甚至包括距离核电站不到50公里的列宁格勒究竟会产生哪些影响。[13]

博列茨从未收到关于核电站事故原因的解释，对核反应堆设计上的重大缺陷也知之甚少，相关信息讳莫如深。设计师们并未对石墨反应堆做出重大调整，相反，他们解释了应该如何改进控制棒，但没有讲清楚必须这么做的原因。最终，检查切尔诺贝利核电站四号机组的委员会在其出具的建议书中包含了上述内容。可是人人都觉得控制棒的问题无足轻重，列宁格勒事故的教训未能得到充分重视。尽管有多种方法可以改进核反应堆，可是核电站运营者的首要任务是发电，而不是设计新的堆体或是改进现有堆体。维修的事儿可以放一放再说。

一直密切监视核电站的克格勃对两座最新核反应堆的运行整体感到满意。始终跟进切尔诺贝利核电站的情报人员相信，整体而言三号和四号机组比一号和二号机组更安全。截至1984年，他们给出的结论是：虽然工厂存在严重安全问题，但总体情况在改善。1982年，三座运行的反应堆共发生3起事故和16次设备故障。可是在1984年的前九个月中，无一起事故发生，只有10次故障。[14]

因此，无论是博列茨还是其他人在着手准备四号机组停堆测试时，似乎都没有理由去回忆列宁格勒核电站的那次事故。博列茨只是按吩咐行事，他从各单位和顾问那里搜集关于例行测试的信息资料，把准备好的时间表提交给负责停堆的专家组。博列茨建议停堆从4月24日周四晚10点开始，包括停堆在内的全部测试工作将在4月25日凌晨1点结束。

专家组建议停堆在早上10点结束，否则反应堆的辐射水平将会低于允许范围。众口一词，欣然默许，于是总工程师福明在计划书上签字。他事后回忆，停堆最初是打算在4月23日进行的，但他们还是决定在周末工作。他们从未向苏联能源与电气化部的代表报批，也未征得核反应堆施工方的同意，尽管规章要求这么做，可是实际操作中鲜有人遵守。切尔诺贝利核电站将在四号机组安全停堆的情况下，进入4月最后一个周末。[15]

然而，四号机组的停堆并非如博列茨建议的那样在4月24日夜开始，而是在25日清晨操作员换班时开始。凌晨4点48分，核反应堆的功率已降至一半，达到1600兆瓦。[16]

早晨8点夜班与早班换班，停堆的后续程序由四号机组早班值班长伊戈尔·卡扎奇科夫接手。卡扎奇科夫35岁左右，作为核电站经验丰富的值班长，1974年他从敖德萨理工大学一毕业就来到了普里皮亚季，从普通员工做到了当下的职位。1985年12月，地方报纸曾刊登过他的照片，照片上的他头戴白帽，身披白袍，一副运动眼镜下留着一小撮山羊胡子，立于核电站计算机屏幕旁。他俨然是一副心思深沉的年轻人模样。报上短文盛赞他“遵循精准的组织原则和工作纪律”。[17]

卡扎奇科夫上班时，为了降低核反应强度，反应堆的控制棒几乎都已插入了堆芯，只剩不足15根尚未使用、可供支配的控制棒。操作手册显示此刻应该停堆，然而夜班操作员和卡扎奇科夫都没有开启停堆程序，因为这么做会违背上级测试计划。发电机和其他各类测试与测量工作尚未完成。更重要的是，在没有极端紧急的情况下，只有核电站领导下达指示，才能关闭核反应堆，或使其脱离电网，而核电站领导又需要来自基辅的电网监管层的默许才可下达指示。

卡扎奇科夫事后说："为什么当备用控制棒减少时，我和我的同事都没有关停核反应堆？因为我们谁也没有料到会引发事故。我们知道制造商禁止延迟停堆，但是没有多想。如果我当时关停了反应堆的话，我会被狠狠责骂一通，毕竟，我们都忙于完成发电任务。"当被问及要是他当时这么做了，会有什么后果时，他回答："我想他们会解雇我。他们肯定会那么干，当然不会以此为理由，不过总能找到由头的。某项规范，或是控制棒的数量，一些无足轻重的事罢了。"[18]

因此，卡扎奇科夫没有充分考虑到剩余控制棒有限，在关停反应堆应急供水系统的情况下，依旧按照原计划行事，准备测试。暂停核反应堆预计只需数小时即可，所以卡扎奇科夫认为主供水系统发生故障的概率类似于飞机失事砸中某人头顶一般。关闭应急供水系统既耗时又费力，操作员须手动关闭巨型阀门，每扇阀门要两至三名师傅用时 45 分钟才能关上。应急供水系统在下午 2 点左右关停，在真正停堆前尚有 15—20 分钟。此时核电站管理层打来电话，他们希望机组能维持目前 1600 兆瓦的水平，可是测试必须在 700 兆瓦的功率下进行，停堆不得不被推迟。

核电站主管之所以会临时变卦，是因为他们接到了基辅电网总部打来的电话。事实上，负责管理和输送并网发电的供电部门是切尔诺贝利核电站唯一的客户。除非核电站发生紧急情况，否则电网部门的意见必须尊重。当时，位于乌克兰南部尼古拉耶夫州的核电站有一台机组突然停机，所以电网部门希望切尔诺贝利的机组能将目前发电状况维持至夜间。直到电力需求下降后，停堆才能按原计划推进。对于电网部门的请求，四号机组无人乐意，尤其是在即将停堆前一刻钟，应急供水系统业已关停的情况下。可是除了遵从电网部门的指示，他们别无选择。在切尔诺贝利核电站，一台机组的发电量足以维持整座基辅市运转，所以核电站无权随心所欲地加码或关停。他们也曾抱怨过类似的矛盾，不过是徒说无益。[19]

1986 年 2 月，切尔诺贝利核电站员工对电网部门的不满甚至被克格勃写进了报告，直接递交给了莫斯科。仅在 1985 年就发生了 26 次核电站操作员因电网调度员指令而不得不调整机组发电量的情况。在 1986 年的前三周内，类似的情况就发生了 9 次，直接导致核电站发电量的减少。操作员抱怨道，RBMK–1000 型的石墨沸水堆设计时便要求按恒定功率运转，频繁减速可能导致故障，此外，发电量的调整会向大气中释放放射性颗粒。可是莫斯科对报告的答复表明，即使克格勃对现状也无能为力，莫斯科负责核电的各部门已然对此进行了缜密考量。[20]

下午 4 点，夜班人员到控制室上班。值班长尤里・特雷胡布对测试计划知之甚少，原定停堆工作将在他上班前完成。他认为电网调度员的要求很不合理，倍感不安。“事情会发生这种反转让我惊讶不已，一个调度员竟然在指挥一座核电站。”特雷胡布数月后带着挫败感说道，“或许即使发生事故或是供电中断，调度员也不会让我们停堆。可是我们不是在谈论火力发电厂，那最多是厂房里的锅炉爆炸……和那群调度员打交道一向很费劲，他们总是长篇大论。”[21]

特雷胡布和他的工程师设法妥善应对该局面。到他当班时，核反应堆的功率已降至一半，达到1600兆瓦。特雷胡布惊诧地发现安全保护系统已被关闭。他质问卡扎奇科夫："你们是什么意思？把它关啦？！""这么做是为了测试，尽管我也不赞成。"对方如是回答。卡扎奇科夫还告诉他，电网调度员可能在晚上6点给出同意停堆的指示。相应地，需要关闭安全供水系统的蒸汽涡轮机试验也被延后了，但尚未取消。开启和关闭安全供水系统是一项劳心劳力的活计，一想到这，特雷胡布决定将它先搁到一旁，静候调度员指令，开启停堆程序后再说。他和自己的顶头上司、核电站夜班负责人商议过此事，两人达成一致，除了依照原计划行事外，别无他法。特雷胡布认真地研读着计划书，他还没把事情彻底搞懂，无人可问，还要疲于应对其他测试。多数测试并不要求完全停堆，而监测与控制核反应堆的近4000个指示器就摆放在特雷胡布的面前。

晚上6点悄然而过，调度员毫无反馈。到了晚间8点，焦虑不安的特雷胡布致电核电站的值班负责人，依然一无所获。该负责人建议特雷胡布在副总工程师迪亚特洛夫到岗前不要进行停堆操作。在开启停堆程序时，负责机组运营的迪亚特洛夫是核电站员工最大的领导。特雷胡布又致电迪亚特洛夫，结果他早在4点就下班休息去了。特雷胡布最后在迪亚特洛夫的家中找到了他，并沮丧地对他说："我有问题要问，很多问题。""这不是电话里能解决的事，我没来，你们别干。"对方轻快地回答。不久，特雷胡布冷不丁地接到了迪亚特洛夫的上司——福明本人的电话。福明同样要求特雷胡布在迪亚特洛夫缺席的情况下不要停堆。而迪亚特洛夫在没有收到电网调度员同意停堆的指令前，是不会赶来核电站的。最终，晚上9点稍过，调度员传来话，10点后可以停堆了。特雷胡布随即又打电话给迪亚特洛夫，迪亚特洛夫的妻子伊莎贝拉说，迪亚特洛夫已在前往电站的路上了。[22]

他们终于准备开启停堆程序了，测试工作预计不超过两小时，特雷胡布希望能赶在 4 月 25 日夜间他当班的时候把活干完。他们必须快点啦，可迪亚特洛夫在哪儿呢？

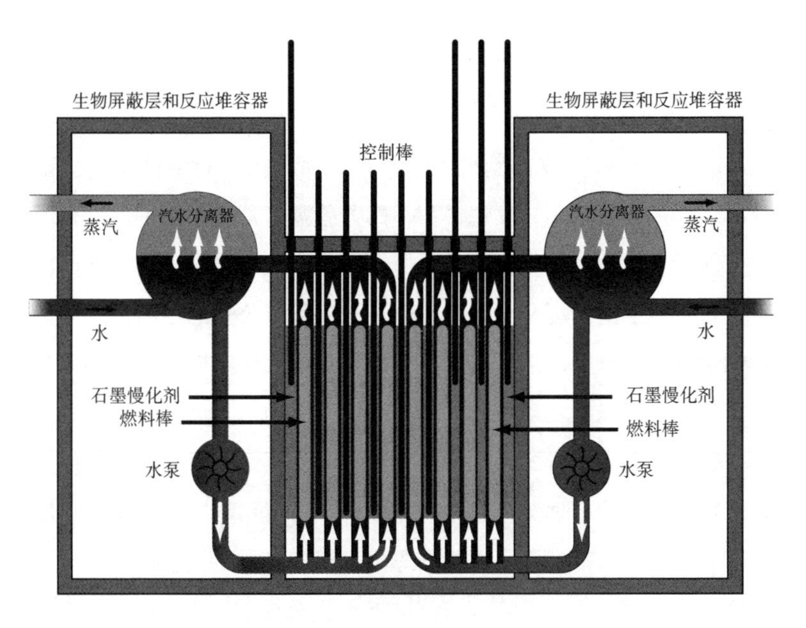

石墨沸水反应堆结构图

第五章　核爆阴云

一如往常，55 岁的副总工程师迪亚特洛夫步行前往工厂。他身材颀长，体格匀称，发色银灰，四方脸盘上蓄着小胡子。他相当注重保持身材，每日从自己公寓所在的列宁大道出发步行上下班已是他日常生活的一部分。他曾计算过，单程 4 公里的距离，一个月就能走近 200 公里，再算上他在工厂从一座核反应堆快步走到另一座核反应堆，以及在反应堆内部走动的话，他每月能走 300 公里左右。在他看来，这样的运动量足以让自己永葆好身材。他还发现每日步行对自己的心理健康也是益处颇多。“走路时，你会忘却一切烦恼。要是什么事钻到了你的脑海里，那就走得再快些吧。”他后来这样写道。[1]

4 月 25 日夜，迪亚特洛夫的步伐一如以往。他头脑空空，无一丝意外之念闪过，至少他事后什么也记不起了。看上去一切如常，尽在掌控之中。停堆计划只是稍作调整而已，以前也有过，没什么可担心的。他和普里皮亚季的其他人一样，一心期盼着这个周末的到来，因为工作日与家人相处的时间寥寥，他想好好陪陪家人，还要多陪陪自己的小孙女。作为俄罗斯古典诗歌的拥趸，他能深情地背诵亚历山大·勃洛克和谢尔盖·叶赛宁的全部诗作，他打算这个周末，怎么也要抽出点时间读一读自己手上的书。但是，他首先必须完成自己的工作。作为核电站高层管理者，四号机组当日停堆的工作主要由他负责。

迪亚特洛夫是核电站顶级核电专家之一，很早便来到普里皮亚季。他于 1973 年 9 月来到普里皮亚季，那年他 42 岁。他生于西伯利亚，曾求学于北方的诺里尔斯克，攻读于培养出无数核物理学家、工程师和其他工程类专科人才的苏联顶级学府——莫斯科工程物理学院。他曾在阿穆尔河[①]畔共青城的造船厂工作了十余年，在那座拥有 20 多万人口的远东工业小镇里，他率领自己的团队开展核潜艇的核反应堆测试工作。除了安装就是测试，他本人及其家人都对核潜艇上千篇一律的生活感到了厌倦，他决定换份工作。尽管迪亚特洛夫并没有在诸如切尔诺贝利这类使用石墨反应堆的核电站工作的经验，但是，他完全可以自学以胜任该工作。随后，他还把阿穆尔河畔共青城的不少老同事带到了切尔诺贝利。

在普里皮亚季，迪亚特洛夫从分管核反应堆的副主管一路升至副总工程师，亦曾因工作卓越，两度获国家级荣誉。自打福明在一场交通事故中受伤后，总有人觉得这是迪亚特洛夫取代福明登上总工程师宝座的最佳机会。多数人把这当成一件好事：因为站长布留哈诺夫和总工程师福明都来自传统的火力发电站，就是说两人皆非核电专家，但迪亚特洛夫是。事实上，他是核电站最高等级的核电

① 我国称黑龙江。

专家，无论是核反应堆的启用还是停止，一应大小事宜，迪亚特洛夫全权负责。

核反应堆和飞机颇为相似，“起飞”和“着陆”是最具挑战的时刻。迪亚特洛夫必须亲往四号机组的停堆现场，确保一切依计划行事。涡轮机测试依原计划进行，福明已于前一日批准该计划。准备工作始于3月，然而，直到4月中旬福明才召开由核电站工程师、研究所代表和咨询机构参加的筹备会，讨论具体程序，确定联合测试计划。正是迪亚特洛夫将协调日程安排的工作交给了博列茨，同时，他还是第一个批准该计划书和时间表的领导。[2]

在切尔诺贝利核电站，迪亚特洛夫素以难打交道著称，甚至偶尔表现粗暴。“迪亚特洛夫很复杂，不易相处，他心直口快，坚持己见，从不因上司的意愿而妥协。他总是亮明观点，绝不苟同于他人，即使最终遵守命令，仍不改初心。”一位熟人这样描述他，“同样，他也不会轻易接受下属的意见，你明白，不是每个人都喜欢这样的人。”另一名同事对其管理风格的评价更正面些：“无论是谁想欺骗、怠工，找些不着边际的借口，甚至更糟，试图隐瞒自己的违规行为，迪亚特洛夫都会当头痛斥。当然，和过失相当的惩处也会随之而来。尽管那些人心里清楚处罚很公道，可依然恼羞成怒的也不在少数。”[3]

迪亚特洛夫是一个恪守纪律的人，同样也是一位高效的行动派，这恰恰是其老板最看重的品质。他的唇枪舌剑、撑眉努眼，属下的怨声喋喋，此刻皆可抛掷一旁。而那些了解他的人，更欣赏他的幽默感，他拥有过目不忘的本领，不仅能记住整页的诗歌，而且能记住整本的说明书。在他干的这行，好记性可是无价资产。

◇◇◇

4月25日夜，迪亚特洛夫一如既往地从容不迫。他的公寓距离核电站仅数公里之遥，迪亚特洛夫本人又身形矫健，所以特雷胡布预测，他在40—50分钟内就能赶到四号机组。特雷胡布曾在9点钟打电话至迪亚特洛夫的公寓，彼时他已离开。可是现在，已超过电网调度员所承诺的可以停堆的时间——晚上10点整，迪亚特洛夫仍不见踪影。当夜11点左右，核电站同事从三号机组给特雷胡布打来电话，并告知迪亚特洛夫就在那里。“他半道上停在了三号机组，显而易见，他又发现有人不守纪律了，免不了又是一通责骂。”特雷胡布这样回忆说。这是迪亚特洛夫的一贯作风。另一名同事补充道：“对那些犯错的、不懂服从的人，他总是疾言厉色，严惩不贷，对方则会紧张不安。”[4]

然而，迪亚特洛夫这般从容不迫、姗姗来迟的原因却很简单：当电网调度员的一通指示使停堆工作搁浅时，他曾让来自顿涅茨克、负责涡轮机测试的团队负责人根纳季·梅特连科在晚上10点30分检查一下当班情况，了解是否可以进行测试。这名咨询师走到四号机组至少需要半小时，因此他没必要在晚上11点前就赶到那儿。当迪亚特洛夫赶到四号机组控制室时，晚上11点已过，梅特连科带领着另外几名咨询师几分钟后也赶来了。他们终于能执行原计划了。关于停堆程序问题，特雷胡布疑团如麻，可迪亚特洛夫却不打算和他讨论。此刻，特雷胡布清楚迪亚特洛夫已打算在下一班次中进行涡轮机测试，这样做很好。晚上11点10分，特雷胡布开始继续调低1600兆瓦的核反应堆功率。至子夜时分，即他的值班结束时，核反应堆的功率已降至测试计划要求的 760 兆瓦。[5]

接替特雷胡布的值班长是拥有 10 年核电站工作经验的 33 岁工程师亚历山大・阿基莫夫。戴着眼镜，蓄着时髦小胡子的阿基莫夫虽然年富力强，待人友善，却易受上级压力影响。作为普里皮亚季的党委成员，他正处于事业上升期，四个月前被提拔为值班长。当值的另一位是 25 岁的新手列昂尼德・托普图诺夫。与阿基莫夫一样，他也因近视而戴着眼镜，也留着一撇小胡子。三个月前，托普图诺夫才被提拔为负责核电站运营操作的高级工程师，这是一项高难度工作，要求操纵浩繁复杂的开关和转臂。当负责核反应堆的工程师度假归来后，没过几天，又有一名工人就任这一工作。特雷胡布也曾干过这事，他打趣说，简直就像让一名钢琴家未经排练就登台表演。当日值班的其他人员，以及其他负责机组和涡轮机操作的工程师，都是更有经验的老手。[6]

前夜是由阿基莫夫及其团队当班的，他们本以为停堆工作在 25 日凌晨已然开始。这样，等他们再来值班时，这活就已做完，他们只须看管一座早已停止工作的核反应堆，而停堆则由更有经验的同事去操办，这种日子相对平静。可是，眼下这份工作又被推回来了。阿基莫夫在当值前半小时到达控制室，他想搞清楚自己到底要做些什么。这是一项高难度工作，责任的交接太过草率。控制室内一时人满为患——旧当值人员、新当值人员、与涡轮机测试有关的经理和工程师，还有一些仅仅想观察停堆后设备运行情况的人，满满当当，足足 20 人站了一屋子。

特雷胡布还有些时间来琢磨一下停堆和测试工作究竟应该怎样进行，可是阿基莫夫却没时间仔细研究了。他坐在特雷胡布身旁，而特雷胡布则向他解释自己当值时一直在思考的测试问题。然而，有的问题仍未找到答案，譬如：一旦终止涡轮机的沸水与蒸汽供给，核反应堆的剩余能量该如何处理？迪亚特洛夫无意和特雷胡布讨论上述问题，因此，特雷胡布只能把自己想到的最佳答案告诉阿基莫夫。特雷胡布没有立即离开，但也只是在旁观察，因为他乐于亲眼看看测试究竟是如何进行的。眼下，阿基莫夫是控制室的正式负责人，尽管非正式权威是屋里的高管——迪亚特洛夫，很快，迪亚特洛夫的行动便让周围人都意识到了这点。[7]

核电站涡轮机组副组长拉齐姆·达夫列特巴耶夫当夜也在控制室。他事后这样回忆道：

> 夜班刚开始不久，迪亚特洛夫就要求继续按计划推进。当阿基莫夫坐下来准备研究计划时，迪亚特洛夫便对他大声责骂，批评他工作太慢，未能关注机组已经出现的复杂情况。迪亚特洛夫对着阿基莫夫大吼，让他站起来，不断地催他快点儿。阿基莫夫手握一沓文件，走到控制室操作员那里，试图确认设备条件是否足以保证计划顺利推进。[8]

他们开始停堆了。此时，核反应堆的功率已从 1600 兆瓦降至 520 兆瓦。根据原计划，托普图诺夫将继续往堆芯添加控制棒。控制棒插得越深，能中和的中子就越多，反应的速度就越慢。一切按原计划推进，直到故障信号灯亮起，预示供水水平已低至无法接受的程度。特雷胡布看到了这一切，赶紧跑去帮助托普图诺夫。此刻，托普图诺夫不知所措，他全然不知应该打电话给技术员，让他们检查信号灯的亮起是否正确，以便确定要不要开闸放水。但是，特雷胡布这么做了。随后，他开始操作转臂以确认水位，突然，他听到阿基莫夫急切的喊声——“保持功率！”特雷胡布随即看了眼控制板指示信号，并且意识到反应堆的功率正在急速下降。

当托普图诺夫从控制棒的一项调节器转到另一项时，反应堆失控了，功率突然下降，测试还远未结束，堆体却要关闭了。此时，距离 4 月 26 日子夜刚过去 28 分钟，电脑显示核反应堆功率已降至 30 兆瓦，考虑到原先是 520 兆瓦，这样的下降速度无异于一落千丈、流星坠地。据一名目击者所言，功率已几乎为零。在阿基莫夫的协助下，托普图诺夫关闭了控制棒的自动控制系统，开始人工撤回控制棒，帮助奄奄一息的反应堆重燃生机。特雷胡布也在一旁帮忙。“为何你撤得不匀称？你应该从这儿也拿走一些。”他告诉托普图诺夫，因为托普图诺夫只是从一个地方取走了若干控制棒，其他地方丝毫未动。最后，特雷胡布坐到了托普图诺夫的位置上，成功地提升了功率，使核反应堆能持续运转。仅用了四分钟，他们将功率从 30 兆瓦提升至 160 兆瓦。在场的每个人都长舒了一口气。“挺住功率的时刻真让人坐立难安啊！”特雷胡布这样回忆，“当我们成功地把功率提升至 200 兆瓦，同时切换到自动模式时，一切好像都搞定了。”[9]

接下来该怎么办？是有序地停堆，还是将功率拉升至可以继续进行测试的程度？如果关闭反应堆的话，那么准备已久的涡轮机测试就必须放弃了。没人想那样。在功率速降时迪亚特洛夫离开了控制室，现在又回来了。据他事后回忆，正是他本人同意拉升功率的。控制室的人看见他正擦拭着眉宇间沁出的汗珠。特雷胡布记得，阿

拉齐姆・达夫列特巴耶夫在切尔诺贝利核电站的工作岗位上，他从 1975 年开始在电站工作，直到 1986 年（© Marat Davletbaev）

基莫夫手拿一沓文件，正和迪亚特洛夫窃窃私语，显然试图劝说什么。特雷胡布恍惚听到迪亚特洛夫要求将功率维持在200兆瓦，这一水平远低于测试要求的760兆瓦，远离规定的测试范围有可能招致灾难。可是，他们认为200兆瓦的功率足以使反应堆保持稳定，并且启动测试。究竟是迪亚特洛夫先提出建议维持在200兆瓦的水平，再要求阿基莫夫和托普图诺夫照办，还是仅仅接受了后者的建议，仍是未解之谜。但是，迪亚特洛夫从未否认过是他默许在此功率水平进行测试的。因为他是控制室里的高层领导，在场的每个人都遵从他的号令。[10]

迪亚特洛夫执意继续进行试验。当时控制室的人都记得他督促大家即刻行动起来。距离子夜已过去了43分钟，迪亚特洛夫命令操作员关闭了两台需要测试的涡轮机的故障信号灯，20分钟后，即凌晨1点03分，为了增加反应堆的水量，他们先激活了两台备用水泵中的一台，4分钟后，又激活了另一台。这些都是测试计划的一部分，然而，考虑到反应堆的功率已经很低，在已有六台水泵工作的情况下，新增的两台水泵导致堆体处于更不稳定的状态。新增的水泵使汽水分离器中的水流增加，蒸汽减少。功率一再下降——与蒸汽不同的是，液态水能吸收中子，从而降低核反应速度。凌晨1点19分，蒸汽压力过低的警报响起。操作员关闭了警报，关停了备用水泵。

当操作员即将开始测试时，核反应堆在200兆瓦的低功率持续运行，带来了一个更加棘手的问题。功率一直在下降。正是当日凌晨快速降低的功率和持续的低功率运转，使燃料棒中氙–135迅速集聚。作为核裂变的副产品，氙–135可以通过吸收中子使核反应减速，亦称为“氙中毒”。为了防止功率进一步下降，托普图诺夫必须不断地从反应堆的活性区取出控制棒。显示反应堆运行状态不够稳定的故障信号灯纷纷亮起，却被集体忽视了。很快，可用的控制棒中只有9根还插在堆芯中，其余的已全被拔出。如此一来，核反应越发难以操控，整个反应堆岌岌可危。

当时钟指向凌晨1点22分时，计算机显示反应速率开始加快，然而，这又是另一个不可控因素。在只有四台水泵运转的情况下，冷却系统中的水达到了沸点，已转化成蒸汽，极大地削弱了水作为冷却剂吸收中子的作用。不断减少的液态水与逐渐增多的蒸汽意味着越来越多的中子无法被吸收，反应强度急升。托普图诺夫看到计算机显示的数据后，把情况汇报给了阿基莫夫。功率以令人惊恐的速度持续上升。然而此刻，阿基莫夫正全神贯注于数秒内即将开始的涡轮机测试。[11]

作为涡轮机组副组长，拉齐姆·达夫列特巴耶夫当日也在控制室，他回忆说：“四号机组当日的领导阿基莫夫走到每名操作员那儿，其中包括负责涡轮机的高级工程师伊戈尔·基尔申鲍姆，阿基莫夫示意他在测试开始的命令下达后，关闭八号涡轮机。阿基莫夫让操作员各就各位，随后，电力公司委派的测试代表梅特连科下达了命令——‘各位注意！开始。’”此刻，时钟显示为凌晨1：23：04。达夫列特巴耶夫继续说道：

> 命令下达后，基尔申鲍姆关闭了涡轮机的停汽阀，我站在他的身侧，密切观察着监测八号涡轮机运转的转速表。与预期完全吻合，由于发电机的电动力戛然而止，涡轮机转速急剧下

> 降……当涡轮发电机的速度降至测试要求水平时，发电机再次启动，测试计划中的“滑行”测试部分一切正常。随后，我听到值班长阿基莫夫下达指令，要求关闭核反应堆，控制台操作员照做了。

时间是凌晨 1：23：40。[12]

测试已持续了 36 秒。事实证明，这流逝的分分秒秒对于核反应堆以及控制室在场各位的命运至关重要。反应堆失控了。水冷却剂中的汽穴数量激增，如此一来，冷却剂无法吸收中子，而反应堆活性区的控制棒因之前试图激活反应堆而被撤走，情况因此变得更糟。在剩余控制棒已被人工取走的情况下，自动控制系统试图利用仅存的 9 根控制棒降低核反应速度。

计算机数据显示功率发疯般地蹿升，托普图诺夫看到后急切呼喊。迪亚特洛夫事后回忆，在测试即将结束时，他听到了阿基莫夫和托普图诺夫的喊声。“我离他们约有 10 米远，未能听清托普图诺夫的话。”这位副总工程师在回忆录中写道，“阿基莫夫下令关闭核反应堆，并用手指示意，要求按下按钮。”阿基莫夫指示托普图诺夫按下的是用于紧急停堆的 AZ–5 键。托普图诺夫剥开挡在控制键上的纸壳，依令按下。迪亚特洛夫和控制室的其他人终于如释重负，长吁了口气。困难重重的测试终于结束了。红色的 AZ–5 键将会完成自己的功能，按计划停堆。这项操作不同寻常，但至少还算不上紧急情况。[13]

按键刚按下，178 根控制棒就被调入反应堆活性区。控制棒长 7 米，以 0.4 米 / 秒的速度移动。含硼控制棒能吸收大量中子，促使核反应减速。然而，控制棒的顶端由石墨制成，石墨将原本已极不稳定的核反应堆演绎成了一场灾难。随着控制棒逐渐插入堆芯深处，棒的顶端取代了活性区上部能吸收中子的水，这样一来，核反应速度不降反升。这是正空泡效应，正是石墨反应堆这一致命的设计缺陷几乎在 1975 年摧毁了列宁格勒核电站的一座反应堆。现在，正空泡效应的幽灵再次显现。

顶端为石墨的控制棒的插入不仅使核反应水平激增，还使堆芯温度大幅上升。而升高的温度反过来又引起了燃料棒保护层的破裂。这些直径不足 14 毫米的管子，镀有不足 1 毫米厚的锆合金保护层，比一缕头发丝还细。破损的燃料棒挤压着控制棒，后者此时刚插入了三分之一，因此核反应堆活性区的核心和底部并未接触到控制棒，那里的核裂变完全成了脱缰野马。原本徘徊在 200 兆瓦的输出功率，数秒内跃升至 500 兆瓦，然后一路狂奔直冲 30 000 兆瓦，这一水平是正常值的 10 倍。不断涌现的大量未被吸收的中子使数分钟前用于防止核裂变过快的氙–135 燃烧殆尽。如今，没有什么能让失控的核反应降速了。燃料棒受损破裂，锆合金管中的铀燃料片释放到了冷却水中，使得大量蒸汽产生，却又无处可去。[14]

忽然，控制室的人听到了一种低沉的声音。“那完全陌生的隆隆声，很低沉，听起来像人的呻吟。”达夫列特巴耶夫清楚地记得。对于特雷胡布而言，“起初，这声音像是全速行驶的伏尔加汽车刹车后再滑行的声响，听上去是‘嘟——嘟——嘟’”。随后，他也听见了像达夫列特巴耶夫所描述的声音。紧随其后是巨大的冲击力。“和地震不大一样，只要你默数 10 秒，就会传来隆隆声，冲击的频率在减少，力度却在增加。接着便是巨大的爆炸声。”特雷胡布如此记忆道。这是蒸汽爆炸摧毁了核反应堆容器，将上层生物屏蔽层，即操作员称为“叶连娜”的重达 200 吨的水泥板从四号机组顶抛向半空所产生的。整个反应堆的基础构造都固定在水泥板上，当它重重地落回时，并不能完全覆盖堆体顶部，而是留下一条缝隙，辐射从这里喷薄而出，自由地“拥抱”天空。此刻是凌晨 1：23：44。

仅仅两秒钟后，操作员听到了另一声轰天巨响。“地板和墙面剧烈摇晃，灰尘夹杂着碎屑从天花板上纷纷落下，照明系统失效，整个房间顿时几近漆黑，只有应急指示灯还亮着。”达夫列特巴耶夫回忆道。尽管控制室的人听到了爆炸声，也真切地感受到爆炸的发生，可是情况究竟怎样，他们仍不明就里。核反应堆爆炸是最出乎意料的事。这真是异常艰难的一次值班，无数的警报响成一团，但是这样的事以前也发生过。要是有什么东西出错的话，那也只能是冷却系统或是蒸汽涡轮，绝不会是核反应堆。在他们看来，核反应堆及全套安全系统是如此简单易懂，在他们读过的所有教科书中，没有任何一本说明核反应堆会爆炸。当控制室恢复供电后，特雷胡布这样描述当时的情景:“大家站在一旁，表情呆滞，束手无策。我惊恐不已，彻底吓呆了。”[15]

起初，他们以为发生地震了。过了半晌，他们意识到这是一次“人造地震”——他们自己制造的地震。第一次爆炸是蒸汽爆炸，由于燃料管道破损造成过多蒸汽进入外部冷却系统，从而引起爆炸。爆炸将生物屏蔽层“叶连娜”抛向空中，进一步损坏了燃料管道并将冷却管从屏蔽层上扯断。失去了能够给活性区降温的水后，受损的核反应堆释放的热能增速更快，从而引起了第二次更加剧烈的爆炸。

第二次爆炸破坏了反应堆容器原本完好的部分，将慢化剂核心的石墨块连同部分燃料抛向空中，这些具有高辐射的石墨碎片落在了邻近的三号核反应堆的顶棚上，随后飘散至核电站的每个角落。此外，石墨使受损核反应堆内部发生燃烧，借着火势，放射性颗粒被卷入半空。

在这个温和的 4 月良夜，最初目睹这一切的是一群在冷却池钓鱼的人。冷却池一向用来养鱼，以此证明核电站多么安全。其中两位垂钓者离四号机组近在咫尺，距涡轮机厂房仅 260 米。突然，他们听见了沉闷的爆炸声，随后又是一声。脚下的土地开始颤抖，烈焰伴随着爆炸声倏然间照亮了整个核电站，也暴露了他们的位置。然而，他俩谁也没有试图去搞清楚这件事。火苗在核反应堆的废墟上越蹿越高，他们依然故我地钓着鱼。他们很难评估自己目睹的事究竟有多严重：一颗核星已坠入地球，它毒化土地、污染水源，所到之处荼毒一切生灵，当然也包括这两位垂钓者。他们看见了一切，却懵懂无知。他们是最初却非最后无法接近真相的人。[16]

第六章　烈焰滔天

1986 年 4 月 25 日，对于第二特种军事消防队的消防员来说，和其他日子没有任何区别，除了它是周五——人人都在议论着该如何度过这个即将到来的周末。很多人打算去探望住在邻近城镇和村庄的家人，帮他们一起种些土豆。住在切尔诺贝利的人除了拥有自己的农舍，还有一小块私人土地。大家心心念念的也只有土豆。核电站的工程师和技术人员大多是来自俄罗斯和乌克兰其他地方的外乡人，但是消防员和建筑工人一样都是当地人——乌克兰人和跨境而来的白俄罗斯人。在他们的家乡，这些农村小伙的工作和收入是人人梦寐以求的。

消防队值班时长为 24 小时，从当日早晨 8 点到次日早晨 8 点。算上换班的半小时，按理他们回家的时间不会晚于 4 月 26 日早晨 8 点 30 分。他们可以休息 48 小时，从周一，即 4 月 28 日开始下一个班次。白天，他们围绕在建的五号机组展开学习、演习和训练，晚上就轻松多了。有些人会眯会儿眼，打会儿盹，有的人会看看电视。晚间新闻在晚上 9 点开始。

新闻的主要内容是最近召开的政治局会议，戈尔巴乔夫及苏共领导人讨论如何增加消费品供给，对于饱受基本消费品供给不足困扰的社会来说，这可是头等大事。汽车——多少人梦寐以求的商品，也只有经过多年等待才可能购得。有些年长的消防员有汽车，但是年轻的都骑摩托车。国际新闻的热点则是美国与利比亚的冲突。美国总统里根于4月15日下令空袭利比亚，以此作为对10天前西柏林拉贝拉夜总会爆炸的回应，这是美国军事人员频繁光顾的场所。此举在苏联和西方社会均引起极大争议，苏联电视台则对世界范围的反美抗议活动进行了全天候的报道。[1]

在这个星期五之夜，人们不耐烦地等待着新闻的结束和娱乐活动的开始。晚间11点10分，在苏联全境播出的电视节目正在转播一场风靡全国的比赛——“金曲1986”，另一个在全苏联播出的节目是体操竞赛，同样深受苏联观众的喜爱，而且激发了全民的民族自豪感。当年的竞赛之星是叶连娜·舒舒诺娃。两年后，她将在自1976年之后美苏运动员首次同台竞技的汉城夏季奥运会上摘得金牌。美国因苏联军队进入阿富汗而抵制1980年莫斯科奥运会，苏联又以拒绝参加1984年洛杉矶奥运会的方式报复美国。[2]

就在其他人看电视、聊天、打盹的时候，消防队的长官、23岁的中尉弗拉基米尔·普拉维克正坐在办公室里写字。有人认为他在写学习笔记，因为他打算进入培养高级军官的学校深造。然而，普拉维克保留了给妻子娜迪卡写信的习惯，他们曾分开过一年：普拉维克身在切尔诺贝利，而娜迪卡则去了普里皮亚季以南320公里的第聂伯河上的小城切尔卡瑟完成自己的学业。他们相遇在那座小城，彼时普拉维克正在消防员培训学校学习，娜迪卡则是当地音乐学校的一名学生。他们很快坠入爱河，可是娜迪卡只有 17 岁，因年纪太小而无法结婚。普拉维克回到了自己的家乡切尔诺贝利，而她留在了切尔卡瑟。他们在 1984 年结婚。第二年，娜迪卡搬到了普里皮亚季，但是普拉维克还是更乐意用书信来表达自己对妻子最深的情意，于是，他利用这漫长的当值日给她写信。

两周前，娜迪卡生下了他们的女儿娜塔卡。为了能有更多时间陪伴家人，普拉维克请求领导将他调至没有夜班的其他岗位。领导同意安排调动，但目前无人可接替他，所以他暂时还得留在这儿。他热爱这份工作，喜欢自己的队友。他善于巧思，勤于动手，总是琢磨着如何改进消防队的设施。在一名消防员的协助下，他设计并安装了消防队车库的远程控制大门，在当时堪称稀罕。周五这天，他带来一台录音机，想要在节日前为自己的同事录制一段音乐祝福。原本在凌晨 2 点就有人来替换他了，这样在早晨 8 点之前他可以稍事休息。他和娜迪卡原本打算下班后带着女儿去切尔诺贝利拜访自己的父母。和单位其他同事一样，他也准备帮父母做些农活。[3]

普拉维克中尉和他的队友绝不是消防指挥部的宠儿。如果非要打比方的话，他们是需要 35 岁的指挥官列昂尼德·捷利亚特尼科夫少校特别关注的个性青年。“这支队伍相当与众不同，你可以说这是一支由独立个体组成的队伍，因为人人都自行其是。这里不但有很多老兵油子，还有许多特立独行的人。”捷利亚特尼科夫回忆道。普拉维克是其中最年轻的一员，也就是说他的所有下属都比他年长。消防员待遇丰厚，想要在消防队谋得一份差事可不是件容易事。许多人都是通过家庭关系才进入消防队的。即使经验老到的长官也难以攻破这张由父亲、儿子、兄弟结成的关系网。普拉维克相信，只有以身垂范，方能领导众人。捷利亚特尼科夫则希望普拉维克能更加严格地约束下属，因为他们会占普拉维克一些便宜，偶尔还会让后者失望。

普拉维克将下属们希望改善居住条件、要求休假等请求直接汇报给捷利亚特尼科夫。有一次，他公开反对自己的长官去惩罚一名因弄错值班日期而错过当值的消防员。普拉维克认为这名消防员不应受到过于严厉的处罚。捷利亚特尼科夫并不认同普拉维克的观点，为此二人你来我往，各持己见。捷利亚特尼科夫甚至将此事告诉了普拉维克的妻子，因为他觉得娜迪卡对普拉维克较有影响力，结果却收效甚微，普拉维克依旧将属下放在首位。为此，普拉维克的休假和晋升均被延期。但是那些糙汉子很喜欢自己的年轻长官。“普拉维克可是个好小伙子。”35 岁的老兵列昂尼德·沙夫列在描述自己的指挥官时这样说，“他聪明又能干，不仅迷恋而且精通无线电技术。他既是摆弄灯光秀的大师，还是修理无线电接收器和磁带录音机的高手。他和大家相处愉快，是难得的好长官。他能搞定任何问题。要是你靠近他，他即刻就能察觉。”[4]

沙夫列三兄弟都是消防员，他是最年长的大哥，他们都来自与乌克兰接壤的一座白俄罗斯村庄。普里皮亚季离他们的村庄只有 17 公里，而村庄的行政中心——白俄罗斯县城却与之相距 50 公里。列昂尼德和伊万两兄弟都在普拉维克手下供职，当夜二人均值班，他们的弟弟彼得中尉在家休息。看了一会儿电视后，列昂尼德去打了会儿盹——他应该去替换凌晨 2 点还在值班的普拉维克。伊万在消防站的前面和其他消防员聊着天，此刻他们突然听到了响声。伊万随即意识到是核电站的蒸汽在喷发，以前也有过类似的事，因此他未曾太上心。[5]

当伊万走向消防大楼时，他先是听见了一声爆炸，紧接着又是一声。到底发生什么事啦?！他冲向窗户旁，看见四号机组上方腾起了熊熊火球。响起的警报声惊醒了列昂尼德。“看！着火啦！”他的同事们指向核电站的方向说道。通常在聚光灯的照射下核电站在夜晚也是灯火通明，如今一团浓烟形成的蘑菇云从核反应堆的上空升腾而起，赤焰如柱，渐升渐高，由赤变蓝，随着一声炸裂，黑烟遮天。[6]

还没等他们搞清楚是怎么回事，大家就已经登上了第一辆消防车，列昂尼德·沙夫列坐在普拉维克的身旁，伊万·沙夫列则坐在紧随其后的另一辆消防车上。共有三辆消防车全速开往核电站。当他们抵达大门时，刚才的火和烟都寻不见踪迹了。他们最先到达行政楼，与一号和二号机组尚有段距离。在两台机组身后的是涡轮机厂房，这是一座高约 32 米的长方形建筑，将核电站的四座核反应堆都连接在了一起。其中，相邻的三号和四号机组共用一根高高在上的排气管，这根排气管在几乎所有关于切尔诺贝利核电站的照片中都充当着背景。核反应堆高 72 米，相当于 17 层楼的高度，与 20 世纪二三十年代美国中等规模的摩天大厦一般高，而排气管就屹立在堆体上方。当他们望向排气管的方向时，瞬间被这旷世灾难怔住了——四号机组的顶棚和部分墙体不翼而飞，火舌正席卷着剩余的墙体。

深感震惊的普拉维克用无线电发射出最高等级的警报，即三级警报，这就意味着整个基辅地区的消防单位都将立刻投入战斗。普拉维克同以往一样恪尽职守。“嗯，米哈伊洛维奇，我们接下来会很热。”普拉维克说道，为了表示尊敬，他称呼了列昂尼德·沙夫列的父名，“看来我们不得不在这里工作了。”沙夫列立即明白了情况的严峻。“我的头发都竖起来了。”他回忆时说道。此刻是凌晨 1 点 28 分，距离爆炸仅过去五分钟。

普拉维克和他的队友跳下消防车，随即沿着三号机组的运输走廊奔跑巡查，设法弄明白究竟发生了什么事。他们在走道里找到一部电话，打电话却无人应答。终于，他们看到两个沮丧的技术员从四号机组方向跑了过来。“发生什么事了？”“哪里着火啦?！”消防员迫切地问道。技术员也不清楚具体状况，但他们告诉消防员涡轮机厂房的屋顶可能着火了。普拉维克意识到这是个糟糕的消息，涡轮机厂房内不但有许多易燃物，还包括极其昂贵的设备，而且厂房与四台机组相连，火势可能会蔓延至所有的核反应堆。[7]

普拉维克必须立刻采取行动！他命令列昂尼德·沙夫列立即回到消防车上，并驾车前往涡轮机厂房。普拉维克本人继续留在建筑内，因为他试图了解更多事故相关信息，以便为下一步行动制订计划。沙夫列完全服从命令，他和另一名消防员弗拉基米尔·普里谢帕攀爬至涡轮机厂房的屋顶，这可不是个轻松活。他们身穿消防服，还要攀登 12 米长、每爬一步就摇摇晃晃的梯子。他们在屋顶上看到的可不仅是着火的景象。“当我费力地爬到屋顶时，发现部分天花板已经损毁，有的已掉落了。”普里谢帕数日后回忆，“在四号机组顶棚的边缘处，我找到了着火点。”他接着说道：“我试图靠近着火点灭火，可是屋顶不停地摇晃。我只好返回靠着墙体前行，沿着提供消防用水的管道，摸到了火势的中心，随后用屋顶的黄沙将其掩盖，因为我根本没法拿到水龙带。”

列昂尼德·沙夫列也记得他们成功灭火用的不是水。他说道：“屋顶上有消防用的水管，水龙带放在箱子里，我们试图用帆布水龙带去灭火。但屋顶有破洞，一旦我们浇水就会造成短路。我们就用这些水龙带去扑打火焰，用脚重重地踩。”与所有安全规章相反，消防员所在的屋顶上涂了一层沥青，这是一种极其易燃的石油产品。“顶棚的沥青已经融化了，在上面行走极其困难。温度高得很……哪怕再稍微高一丁点儿，沥青都会立刻燃烧起来。当你踩在上面时，根本不能把一只脚踩在另一只脚前面，这么做会把你的靴子给扯掉……整个屋顶上杂七杂八地散落着发光的、银色的碎片。我们就把这些东西踢到一边，它们好像一落到哪儿，就会把哪儿点着。”沙夫列这样回忆当时的情形。[8]

沙夫列和普里谢帕踢走的东西正是石墨碎渣和放射性燃料残片。这些放射性物质会辐射周围的一切物质，首当其冲的就是消防队员，因为他们既没有仪器去检测辐射水平，也没有合适的装备保护自己免受辐射危害。他们接受的训练是如何扑灭日常的大火，如何进入充满浓烟的房间和建筑物。尽管他们的消防站就在核电站旁边，却从未有人向他们解释过应该怎样应对核辐射污染。对于他们正在扑救的火灾与寻常火灾究竟有多么不同，他们其实知之甚少，更不清楚可能具有的放射性威胁。温度越升越高，沙夫列和普里谢帕脱掉了身上的几件普通制服。“温度高到连呼吸都困难，于是我们解开了制服，取下了头盔，把它们搁在一旁。”沙夫列回忆道。此时此刻，一群站在下面的旁观者正向他们欢呼致敬。在附近池塘钓鱼的人目睹了这一切，深感佩服。“他把头盔取下来啦！”其中一人呼喊道，“太了不起了，他是真正的英雄！”然而沙夫列和普里谢帕却对此浑然不知。[9]

在普里皮亚季，负责城防的第六消防大队消防员瓦西里·伊格纳坚科的妻子柳德米拉·伊格纳坚科被窗外的嘈杂声吵醒。和其他年轻的消防队员及其家属一样，瓦西里和柳德米拉住在消防队车库上的寓所里。瓦西里当夜值班，柳德米拉把头探出窗外，搜寻自己丈夫的身影。他正在那儿，准备上车。“关上窗户，回去睡觉！”瓦西里对着妻子喊道，“核反应堆着火了，我去去就回。”柳德米拉望向核电站的方向，她瞧见四号机组上空火舌四蹿。她记得“整个夜空，火苗高蹿，黑烟腾腾，一切事物都被火光照亮”。

一辆辆消防车驶出了大门，奔着核电站疾驰而去。瓦西里的长官，23 岁的维克托·克别诺克中尉全权负责这次行动。1984 年，他从切尔卡瑟消防员培训学校毕业，比普拉维克晚了一年，他所指挥的是一支模范队伍。他的下属都和他年纪相仿，他也和大多数人成了关系不错的朋友，其中也包括瓦西里。瓦西里·伊格纳坚科是一名获奖运动员，曾荣获“杰出运动员”称号，比克别诺克年长两岁。他们两家人在一起过节，两位妻子也私交甚笃。他们当晚都要值班，因此现在都在赶往核电站的路上。[10]

克别诺克中尉在凌晨 1 点 45 分到达核电站，比普拉维克仅仅迟了 17 分钟。普拉维克正带领自己的团队在涡轮机厂房屋顶救火，于是三号机组核反应堆厂房的顶棚成了新的重点，四号机组的爆炸将火势引到了这里。两座核电机组比邻而建可以节约成本，因为它们共用一根排气管和其他设施，不过现在它们的周边变得异常危险。克别诺克、伊格纳坚科和大多数队友一起将水龙带接到消防栓或位于墙体的取水管上，随后沿着建筑物外侧的楼梯爬上了屋顶。对于全副武装的消防队员来说，爬上 72 米高的反应堆可是一项危险任务。站在三号机组的顶棚上远望，爆炸后的反应堆厂房的恐怖景象和底下不停上蹿的火苗一览无余。他们将水龙带固定在屋顶，与墙面的取水管相连，随即展开灭火工作。

普拉维克中尉很快加入了位于反应堆厂房顶棚的克别诺克及其队友，而克别诺克的队友列昂尼德·沙夫列此时正奋战在涡轮机厂房的屋顶上。普拉维克现在可以腾出手帮一帮克别诺克了。地面上的人看见他沿着消防梯爬到了机房上，又从机房攀爬至三号机组的屋顶。排气管基座区域已变成了消防员的战场。包括伊格纳坚科在内，有的消防员正在用水龙带灭火，还有些人则忙于把石墨块从屋顶踢下来。这些核反应堆上的石墨块会通过辐射摧毁周围的一切，可是他们对此一无所知。他们最担心的是怎样才能扑灭过热的石墨碎片在屋顶上引起的新的着火点。[11]

当公寓的电话铃响起时，普拉维克的长官列昂尼德·捷利亚特尼科夫少校正在睡梦中。值班人员告诉他，核电站着火了。捷利亚特尼科夫此刻正在休假，不过现在这已不是问题了：他必须加入在核电站救火的队友中。所有的消防车都开走了，他打电话给当地警察，让他们给他派一辆汽车。警察同意了，于是捷利亚特尼科夫在凌晨 1 点 45 分和克别诺克同时赶到了现场。他看见了受损严重的四号机组，看见了三号机组上正在蔓延的熊熊烈焰，火势之猛足足掀起了两米高的火舌。还有没有着火的地方？在刚到核电站的最初几分钟里，捷利亚特尼科夫做了一件和普拉维克一模一样的事——绕着核电站边跑边检查周边情况。[12]

在涡轮机厂房墙体附近他遇见了普拉维克手下的列昂尼德·沙夫列，他刚从屋顶上爬下来取消防水龙带。“电源线断了，它们会要了我们的命。”沙夫列对自己的长官说道。他指的是沿着刚才捷利亚特尼科夫过来的方向，四号机组的断瓦残垣上挂着的破损的输电线和电源线。“嗯，它们要不了你的命，你还活着嘛。”捷利亚特尼科夫一面应声，一面询问普拉维克的去处，他有些担心这个年轻的中尉。不过沙夫列的回答相当鼓舞人心。“事故发生时，无论队员间有任何矛盾，无论任何问题，全队队员都会毫不犹豫地跟随普拉维克。无人退缩！”捷利亚特尼科夫回忆说。[13]

当这位中尉和克别诺克的队友从三号机组的反应堆厂房顶棚上爬下来时，捷利亚特尼科夫终于看到了普拉维克。普拉维克向捷利亚特尼科夫汇报，屋顶的大火已基本被扑灭，但是显然前者的状况很不妙。“有七人和他的状态一样糟糕，像是病了。”捷利亚特尼科夫回忆道。他发现附近有辆救护车，便命令普拉维克和其他队员一起上车。此时是凌晨2点25分。他们在屋顶上待了还不到半小时，如今却难受至此，直到此时大家才意识到这不仅仅是火造成的。普拉维克钻进救护车时，他托身边的人捎话给自己的妻子娜迪卡，让她关好公寓窗户。救护车全速驶向了普里皮亚季医院。此刻还待在涡轮机厂房房顶的伊万·沙夫列看见克别诺克团队的队员开始从屋顶上撤离，他们都感觉不舒服。瓦西里·伊格纳坚科躺在屋顶的边缘，情况尤其糟糕。克别诺克的衬衣已破损，他移动缓慢，身体紧靠着墙面。在众人的帮助下他们降到了地面，随即救护车载着他们驰向医院。[14]

当夜，普里皮亚季唯一的值班医生是28岁的瓦连京·别洛孔，他主要负责急诊：生病的孩子、需要救助的慢性病病人以及饮酒过量后摔出窗外的人。核电站打来的电话很快响起。别洛孔带上止痛药赶往了核电站，他原本想着会救治一些烧伤人员，结果一个也没有。在克别诺克加入奋战在三号机组屋顶的队友前，别洛孔撞上了他。“有人被烧伤了吗？”别洛孔问道。克别诺克回答：“没有，情况还不明确，某些东西让我的小伙子不太舒服。”根据别洛孔的回忆，中尉有些“焦虑不安，情绪激动”。[15]

别洛孔和克别诺克交谈后，消防员带来了一名18岁左右的年轻工人，他一直在三号机组工作，还曾走到四号机组那儿。他抱怨自己头痛欲裂，深感恶心。别洛孔问他之前有没有吃过或喝过什么。当日是星期五晚上，医生的第一反应是酒精中毒。男孩告诉他，自己没醉。与此同时，他的情况越发严重。他口齿不清，脸色苍白，口中反复念叨：“可怕！可怕！”他的嘴里没有一丝酒味。别洛孔给他服下两片镇静药，在西方叫作安定，又叫氯丙嗪。[16]

很快，更多人被带到了别洛孔面前，核电站全体操作员——所有抱怨头疼、咽干和恶心的人。别洛孔也给予他们同样的治疗，然后用救护车将他们送往医院。紧随其后的是消防队员，他们的情况甚至更严重。直到别洛孔将消防员也送到医院时，他才意识到究竟发生了什么。他致电上级，要求配送碘化钾，这是用于保护甲状腺免受辐射侵害的药。他们起初有些怀疑，直到看见了别洛孔送来的第一批病人，他们才送去了药品。很快，大家都确信他们正在处置的是放射性中毒。可是，谁也不知道辐射值究竟有多高。

别洛孔开始努力回想他在医学院学习的关于辐射的知识，所学有限。然而，即使是核电站操作员也未曾察觉到危险。被带到别洛孔面前的人一直呕吐，可是他们不愿承认发生了什么事，只说自己呕吐是因为受到了惊吓。他们羞于被别人瞧见自己呕吐，于是他们一感到难受就跑到建筑外，如此一来其他工人就看不到他们了。[17]

捷利亚特尼科夫少校能继续战斗的时间也不多了。他把加固物运至三号核反应堆的屋顶。此刻是凌晨 3 点 30 分，他也出现了自己一小时前送去医院的那些消防员曾有的症状——恶心和呕吐。这回轮到他被送往医院了。[18]

直到此时此刻，列昂尼德·沙夫列和伊万·沙夫列两兄弟还在核电站奋力救火，他们的幼弟彼得·沙夫列也加入了战斗队伍。列昂尼德还在涡轮机厂房顶上，伊万和其他消防员一起被派往三号核反应堆的屋顶上，顶替已撤离的普拉维克和克别诺克团队。彼得已和另一位没有当值的长官一起赶到现场，实施救火。彼得赶到厂房时甚至没顾得上穿上消防服，他听见哥哥列昂尼德的声音，他正喊道："把水龙带给我，这里没有！"他所用的水龙带已被融化的沥青烧坏。"我立即脱掉鞋子，穿上呢靴，把帽子扔进了车里。"彼得回忆说，"我把两根水龙带夹在胳膊下，爬到了梯子的顶端。我的全套保护装备只有一双靴子！保护措施无关紧要——阻止火势蔓延可是争分夺秒的呀！"

新的水龙带终于运到了涡轮机厂房的屋顶上，然而无水可用。此时已经断电，原本向水管供水的给水系统已失灵了。彼得·沙夫列在现场做出了一个决定——利用附近冷却池的水来灭火。说起来容易做起来难，他的身旁是一派末世乱象——爆炸使得水泥块、玻璃碴、石墨渣、燃料棒碎片四溅而起，落满一地，这些障碍物如地狱魔鬼般挡住了消防车前往冷却池的通道。“我在消防车前奔跑，那里没有灯光；到处都是碎片残渣，我像兔子一样左跳右闪，消防车尾随其后。车轮还是被刺破了，我用双手把金属棒从车轮上取了出来，用脚把它们踢到了一旁。随后手上开始脱皮了，金属棒是有放射性的。”彼得这样回忆当时的场景。他们终于成功来到了冷却池旁。水被运到了涡轮机厂房的顶棚，火势得到了控制。

接近早上 7 点时，大火终于被扑灭了。沙夫列兄弟被允许离开受损的核反应堆。一直在三号核反应堆顶棚灭火的伊万被救护车送走了。他觉得口中有些甜味，几乎难以站立。列昂尼德自己从涡轮机厂房屋顶上爬了下来，但是他在呕吐。连最后赶来的彼得也感到不太舒服了：“我一直干呕，感觉身体虚弱极了，腿像棉花做的，根本不听使唤。”他最想要的就是喝水。他走到水龙带旁，喝了一口，立刻感到舒服多了。“你在干什么，这是脏水！”一位队员说道，他指的是这些水都来自冷却池。彼得答复说，这些水看上去很干净。“这些水被辐射污染了，我明白，可是我不喝上两口的话，好像就会跌倒，再也爬不起来了。”彼得回忆道。他将为自己所喝的这两口来自核电站冷却池的污水而付出惨痛代价——他的消化系统严重受损了。[19]

另一位与彼得同时赶到事故现场的消防队员是彼得罗 · 赫梅利。与彼得一样，赫梅利也有亲人参与此次救援行动，他的父亲格里戈里是切尔诺贝利市消防队的一名司机，是在普拉维克发出三级警报后，第一批赶到核电站的消防队员之一。彼得罗 · 赫梅利是第二消防大队的官员，原本要在早上 8 点接替普拉维克及其队友。他赶来后听到的第一件事就是普拉维克已被送往医院了。“我登到厂房顶上，四下勘察。屋顶已完全损毁了，确实还有火苗，虽然并不高……他们把消防水龙带递给了我……不一会儿，我成了唯一留在屋顶上的人。我通过便携式无线电台询问该怎么做。他们回答‘等待换班’。”于是，他留在那里，并不确定自己究竟还要等多久，他匆匆赶来工厂时把手表落在了家里，不过他事后会知道这可怕的真相——分分秒秒性命攸关。[20]

彼得罗·赫梅利待在屋顶时，他的父亲格里戈里·赫梅利当夜大部分时间都在涡轮机厂房附近的墙体前奋战。他目睹普拉维克爬上消防梯，随后他得知普拉维克和捷利亚特尼科夫都被送到医院去了，此刻，他不禁开始担心起自己的儿子。他确信彼得罗也会被召至这儿。早晨 7 点，格里戈里和他的队友接到了撤离岗位的指示，碘化钾也配发给了他们，格里戈里开始向旁人打听是否看到了自己的儿子。有人答道：“彼得罗·赫梅利作为接替队员给带到那儿去了。”格里戈里的心沉了下去。“那儿”指的是受损的核反应堆。“我想一切都结束了，完蛋了。”他后来这么说。

格里戈里被要求脱下服装，然后去洗澡。直到他做完这一切，才看到自己的儿子。“我来到街上，四下环顾，天色已亮，一切都能看清了——我瞧见了我的彼得罗身穿大衣，腰系防火带，头戴帽子，还踩着皮靴，他穿着全套制服走了过来。”“你在这里，爸爸？”他向自己的父亲问道，随后被带去清除可能附着的有害物质。格里戈里一定觉得自己就像是尼古拉·果戈理笔下目睹着自己儿子奥斯塔普接受酷刑的塔拉斯·布尔巴一样，奥斯塔普在自己要被处决前，冲着人群喊道："爸爸，你在哪里？你能听见我的话吗？"格里戈里拒绝离开这里，一直等到他的儿子被带去洗澡。彼得罗显然病倒了。他事后这样回忆："我在洗澡时感觉糟透了，我走了出来，父亲在那儿等着我。'你感觉怎么样，儿子？'当时，我几乎什么也没听见，只听到'挺住'两个字。"[21]

在普里皮亚季第六消防大队车库上的宿舍里，柳德米拉·伊格纳坚科在自己的丈夫瓦西里凌晨2点前离开后就一直睡不着。她正怀着他们第一个孩子，孩子即将出生，但不仅仅是这些。她感到有些不对劲——消防车还没回来。"凌晨4点、5点、6点……"她记起往事时说道，"我们原打算6点去他的父母家种土豆。"直到早晨7点，她才得知瓦西里没有回来，他在医院里。她冲到了医院，但是进不去——警察拉起了警戒线，只允许疾驰而过的救护车飞快地开进开出。警察命令人群远离救护车。

柳德米拉深感绝望，她找到了自己认识的一位医生。"她从救护车里出来时，我抓住了她的白褂子。'让我进去吧！''不行，他情况不妙，他们都这样。'"柳德米拉苦苦乞求，医生最终还是同意了。"瓦西里身体浮肿，气喘吁吁。"柳德米拉回忆道。她几乎看不清瓦西里的眼睛了，她问自己的丈夫她能做些什么去帮助他。"离开这里！走开！你怀着我们的孩子！"瓦西里虚弱地说道，"快走！快离开！保住孩子！"柳德米拉记得医生告诉瓦西里和其他人是毒气中毒，不过他或许知道是辐射中毒。对于瓦西里和其他消防员而言，意识到这一切已为时过晚，然而，一旦他们明白了发生的一切，他们就希望灾难不要波及自己的家人。他们已把火扑灭了，但是对于辐射他们却无能为力。情况已然失控了，辐射开始摧毁他们的身体，破坏周围的环境。[22]

普拉维克的父母亲等着儿子来帮他们干农活，一等就是好几个小时，可是一无所获。当听到儿子在普里皮亚季的医院时，他们立即冲到医院去看他。普拉维克透过窗户叫他们立刻骑上摩托车，带上他的妻子娜迪卡和女儿娜塔卡，尽可能地给娜塔卡多裹上几层毯子，把两人送到远离普里皮亚季和切尔诺贝利、位于乌克兰中部的娜迪卡父母那儿。他们照普拉维克说的做了。离开公寓前，娜迪卡在桌上留了一封信给普拉维克，告诉他自己和娜塔卡身在何处。他们的浪漫情史主要由信件维系，这将是唯一一封没有回信的情书。[23]

第七章　扑朔迷离

布留哈诺夫的豪华公寓位于列宁大道与库尔恰托夫大道的交叉路口，4 月 26 日凌晨 2 点，一通电话将正在熟睡的他吵醒。“维克托·彼得罗维奇，核电站发生事故啦！你知道是怎么回事吗？”来电者是核电站化工部门的主管，他的声音里充满了焦虑。尽管半夜往站长家里打电话既不符合明文规定，也不符合约定俗成的规矩，但他还是这么做了。布留哈诺夫显然对一切毫不知情。

这位总化工师告诉他核电站发生了爆炸，但他也仅仅知道这些。挂断电话后，布留哈诺夫往核电站打了通电话，却无人接听。于是他急匆匆地穿好衣服冲出公寓，坐上了开往核电站的班车。到底会发生什么呢？他能想到的也不过是蒸汽管线出了问题，尽管他并不希望这类事故发生，但人人都明白这样的事是可能发生的。当汽车进到核电站后，他发现出问题的不仅是蒸汽管线，四号反应堆的顶棚不见了，他的心重重地往下一沉。他心里想道：“这就是我的囚牢。”[1]

布留哈诺夫很快就意识到他的一切，他成功的职业生涯——尽管自己曾参加过党代会，获得过政府荣誉——此刻都一去不复返了。无论他是否真的做错了什么，他都要为这场事故负责。在20世纪30年代，上千名管理者都因被指控参与阴谋破坏——或者更甚，被当作外国间谍而长期在劳改营服刑，或在他们的工厂里被“意外”处决。尽管现在这种指控不再时兴，但在苏联体制里，管理者都要为发生在他管辖范围内的事故承担责任。布留哈诺夫本就是个沉默寡言的人，现在他的话更少了。看到他的人也都明白他现在正承受着巨大的压力，他因面前发生的一切而意气消沉。他面色铁青，步伐缓慢，看起来就像丢了魂儿一样。[2]

情况明显糟透了，不过布留哈诺夫很想知道事实究竟有多糟糕，究竟是什么造成了这一切。在行政楼的站长办公室里，他打电话给当晚夜班负责人鲍里斯·罗戈日金，电话无人应答。于是，他要求所有高层管理人员到核电站集合。在罗戈日金的安排下，话务员向每位管理者拨打了电话，逐一进行通知。布留哈诺夫问罗戈日金为什么用来呼叫高层的预录带自动警报装置没有被激活，罗戈日金解释说话务员不了解事故的严重性，因此不知道该使用哪盘预录带。布留哈诺夫命令启用“综合事故”预录带，意味着这次的事故达到了最高警报级别，其影响范围超出核电站。尽管布留哈诺夫对具体情况尚不知晓，但他所看到的一切已足够令人忧惧。

鉴于身边无人能告诉他核电站里到底发生了什么，布留哈诺夫只好亲自去一探究竟。他跑向四号反应堆，路上他不时被散落在地面的石墨绊住，此时他还未曾想到这些石墨可能来自反应堆内部。他用鞋子踢走了一块石墨，然后继续前行。接着他看到反应堆厂房旁用于贮存应急冷却系统的大楼业已被炸成废墟。这已经糟糕透顶了。布留哈诺夫不敢向前再去仔细查看了，于是他又返回到自己的办公室。

第一波半夜被话务员召集来的高层管理者陆续赶到了。布留哈诺夫命令人们把通往地下室的大门打开。这个地下室其实是个核掩体，在核战或紧急情况下作为指挥所使用。布留哈诺夫要求各位管理者调查清楚各自分管部门的情况并汇报给他。于是大家纷纷忙于打电话。布留哈诺夫则承担起最吃力不讨好的工作——向莫斯科和基辅的部长们以及党政要员通报此次事故。他向领导汇报了眼前惨状：爆炸使得四号反应堆大面积被毁，他正在调查研判事故原因。领导答复他，他们正派遣专人去核电站，并命令布留哈诺夫尽快查明事故真相。[3]

布留哈诺夫终于联系上了罗戈日金。这位夜班负责人刚调查完涡轮机厂房返回到自己的办公室。在此之前他还赶到了四号机组控制室，与机组值班长阿基莫夫、操作员托普图诺夫和负责此次测试的副总工程师迪亚特洛夫就当下情况交换了意见。所有人深感震惊又沮丧无奈，根本无法明白到底发生了什么。"鲍里亚！"迪亚特洛夫喊了鲍里斯·罗戈日金的小名，"我们按了AZ-5按钮，12—15秒后反应堆就爆炸了。"在这之前，罗戈日金已遇到了被蒸汽烧伤的人，并帮助其中一位名叫弗拉基米尔·沙希诺克的工程师撤离现场。大家都在寻找失踪人员，有些人尚未找到。罗戈日金把他所知道的一切都告诉了布留哈诺夫，他自告奋勇表示可以帮布留哈诺夫和迪亚特洛夫取得联系。可布留哈诺夫要亲自打电话给迪亚特洛夫。[4]

◇ ◇ ◇

对于真相，迪亚特洛夫和众人一样茫然无知。当第二次爆炸发生后，应急发电机开始启动，控制室的灯再次亮起时，迪亚特洛夫的第一反应是位于控制室正上方的应急保护与控制储槽爆炸了，这个储槽里装有 13 万升的热水和蒸汽，距离地面约 71 米。如果真是这样的话，控制室顷刻就会被热水所淹没。于是，他命令所有人都转移到应急控制室，但大家当时都在全神贯注地应对操作仪表盘上不停闪烁的指示符和不规律摆动着的仪器指针，因此没人注意他的指令。房顶上并没有水渗下来，迪亚特洛夫也就没再坚持。如果不是应急储槽爆炸的话，那到底发生了什么？

迪亚特洛夫冲向操作仪表盘去观察指示符和刻度指针。此时此刻，指示符和刻度指针不是不转了，就是传递出令人费解的信号。不过信号却显示流向核反应堆活性区的水量为零。这是不能再糟的消息了。迪亚特洛夫相信核反应已经停止，但反应堆还处于过热状态，燃料棒在缺少冷却剂的情况下将迅速熔解。于是他大声命令道："以紧急速度冷却反应堆！"那些因测试而被关闭的水泵必须被重新启动，开启阀闸的工作尽管繁琐，也必须以前所未有的速度完成。迪亚特洛夫担心没有足够时间来冷却燃料棒，但为了挽救反应堆，除此之外别无他途。他命令阿基莫夫尽快与电工联系上，重启水泵。

就好像水的情况还不够糟糕似的，迪亚特洛夫发现控制棒也出现了严重问题。仪表显示用来停止核反应的控制棒，在向堆芯推送的过程中，只向下插入了三分之一。核裂变还在继续。迪亚特洛夫清楚地知道，现在无法用水来冷却燃料棒。阿基莫夫关掉了助力传动装置的电源，希望被卡住的已变形的控制棒能自行掉落至堆芯。情况未如所愿。迪亚特洛夫于是命令同在控制室的两名实习生——维克托·普罗斯库里亚科夫和亚历山大·库德里亚夫采夫前往反应堆厂房，运用机械齿轮，以手动方式将控制棒插得更深一点。两名实习生刚一动身，迪亚特洛夫就意识到这种做法十分可笑——如果电动都不能将控制棒继续推进的话，手动操作就更不可能了。于是他跑到走廊上，想把实习生喊回来，可他们已经离开了。走廊里满是烟尘，迪亚特洛夫返回到控制室，要求打开通风系统。[5]

迪亚特洛夫接着来到了位于控制室另一侧的涡轮机厂房。厂房着火了！就在迪亚特洛夫命令大家尽快将反应堆冷却后不久，一名机械师就跑到控制室，传达了这个可怕的消息。涡轮机组副组长拉齐姆·达夫列特巴耶夫匆匆赶来。他所看到的景象令人毛骨悚然。他回忆道："涡轮机的房顶上有个缺口，一部分已凹陷。几块大梁悬在半空中，有一块掉到了七号涡轮发电机的低压缸上。尽管在房顶破损的地方我既看不到蒸汽，也瞧不见烟雾和火星儿，不过我能听到顶部有逸出蒸汽的声音；在漆黑的夜空中，我只看到星星在闪烁。"[6]

迪亚特洛夫同样被眼前的景象惊吓到了。"此番景象真该让伟大的但丁记录下来！"他回想起看到的一切，"蒸汽从破损的水管中喷薄而出，溅落在电器上。到处都是蒸汽。电器短路所发出来的声音就像枪响一样刺耳。"在七号涡轮发电机旁，他看到涡轮工程师们拿着灭火器和水管试图扑灭正在燃烧的机油。供油泵由于设备坠落而受损，200 吨机油正破管而出流向地面，它们要把涡轮机厂房变成燃烧的炼狱，不仅要吞噬四号机组，甚至要摧毁整座核电站，因为所有核反应堆共用同一座涡轮机厂房。达夫列特巴耶夫和他的工人们重新把油泵和涡轮里的机油引向地下水槽，并把破损的七号涡轮发动机旁的涡轮里的氢除去，避免二次爆炸。[7]

控制室外，迪亚特洛夫遇上了爆炸的第一批受害者——被破损管道释放的蒸汽烧伤的工程师们。迪亚特洛夫让他们赶紧去医疗站。接着他又返回控制室，这时工程师弗拉基米尔·沙希诺克被人从启动机组带了进来。测试进行的时候，他正在位于地面 24 米高的位置上观察着指示器。爆炸造成蒸汽管破坏，热水迸发，使他全身严重烧伤。“弗拉基米尔虚弱地坐在椅子上，只能勉强地转动一下眼睛，既不发出呻吟也不大喊大叫。显然他所承受的疼痛是我们无法想象的。剧痛让他失去知觉。”迪亚特洛夫回忆道。正好来到控制室的罗戈日金帮着用担架把沙希诺克送到医疗站。爆炸发生时还有几名工程师也在四号机组，但直到现在也未找到其下落。

与此同时，阿基莫夫正想办法把水传送到急速升温的反应堆里。爆炸使得电缆受到破坏，核电站的内线电话已无法使用。好在城市通信线路还能奇迹般地正常工作。阿基莫夫打电话给电工希望他们恢复水泵供电，这样他才能冷却反应堆。电工承诺会尽力而为。阿基莫夫接着联系了还在现场的夜班组负责人尤里·特雷胡布，希望他试着以手动方式打开冷却系统的阀门。特雷胡布和夜班组另一位成员——谢尔盖·加津，顺着楼梯到达了地面之上 27 米高的位置，此刻，他们发现连呼吸都变得异常艰难，因为喉咙和舌头都肿起来了。不过，此时此刻，这似乎是最不足虑的事情。当特雷胡布打开装有阀门机械控制装置的厂房大门时，一股滚热的蒸汽扑面而来，让他招架不住。他不得不放弃进入厂房的打算——里面根本无法呼吸。特雷胡布和加津只好返回控制室。阿基莫夫很担心这过热的反应堆接下来会发生什么——他仍不知道反应堆已经发生了爆炸。[8]

两个被迪亚特洛夫派去尝试手动将控制棒插入反应堆的实习生——普罗斯库里亚科夫和库德里亚夫采夫，带着更多的坏消息回到了控制室。他们试着乘坐电梯去位于36层，即高于地面36米的反应堆厂房，但电梯已经被压碎了，他们只好改走楼梯。沿着又湿又烫，布满残渣、热水和蒸汽的楼梯井向上爬楼本就不是件易事，雪上加霜的是这条路也被倒塌的墙体和水泥天花板堵住了，最终他们只能原路返回。这趟将要让他们丧命的旅程结束了，虽然他们没能完成任务，但距离受损的核反应堆已足够近了。他们告诉迪亚特洛夫和阿基莫夫任务执行失败。控制室中的人推测，由于没有水能用来冷却反应堆，核反应还在进行中。他们试着不去想可能带来的后果。

普罗斯库里亚科夫告诉特雷胡布，他认为反应堆的活性区已经熔化了，这是由于反应堆过热，以及可能外泄的铀燃料造成的。特雷胡布认同他的想法。几分钟前特雷胡布走出核反应堆时，看到黑暗中有一些发光物，他设想如果这过热的反应堆已经熔化了的话，温度的急剧上升会导致“叶连娜”——罩在反应堆上的200吨重的混凝土板——变热从而发出亮光，照亮周围的建筑物。他无法想象在第一次爆炸的时候，“叶连娜”就已被炸飞了。普罗斯库里亚科夫沮丧地问道：“为什么那时我们没采取一些行动呢？”特雷胡布找到迪亚特洛夫，把自己的忧虑告诉了他。迪亚特洛夫对他说“咱们走吧”，于是他们来到了外面。特雷胡布记得他曾对迪亚特洛夫说过：“这里简直是广岛！”迪亚特洛夫沉默了半晌，随后叹道：“我从未想过这种事会真的发生，即使在做噩梦时也没有。”那一晚，迪亚特洛夫两次经过那片废墟，分别是凌晨 1：40 和 2：00。他怎么也想不明白到底发生了什么。此前的应急水槽爆炸理论已被他放弃了，他如今的设想是——出于某种原因，反应堆堆芯的水泵破裂，导致核反应堆爆炸，“叶连娜”被炸飞，释放出蒸汽和辐射，随后这块混凝土板又掉落下来，再次罩住了反应堆。[9]

迪亚特洛夫又回到控制室，他现在所思所想的，是如何将这次事故带来的后果控制在四号反应堆内，不让灾情蔓延。他要求阿基莫夫切断所有电线的电源，以防短路发生，同时防止火势蔓延到三号核反应堆。达夫列特巴耶夫和他的工人们正将管道和涡轮发电机里的机油排出来，迪亚特洛夫告诉正好赶到控制室的捷利亚特尼科夫，涡轮机厂房房顶的火已被扑灭了，现在要多留意三号核反应堆顶棚的情况。接着他来到三号核反应器的控制室，趁还来得及，他命令停止运转反应堆。

还能做些什么呢？迪亚特洛夫认为现在没必要让所有人都留在控制室待命，辐射值已经很高了，而且还在上升。主管们在爆炸发生后就尝试测量辐射值，不过还没什么进展。他们是以微伦琴 / 秒的数值来测定辐射放射量的。伦琴是一种计量单位，用来表示伽马射线和 X 射线的照射量。这个单位是以 X 射线的发明者威廉·伦琴的姓氏来命名的。伦琴、毫伦琴（千分之一伦琴）和微伦琴（千分之一毫伦琴）不能用来表现所有电离辐射量，因为电离辐射还包括 α 粒子、β 粒子和中子等，但能体现出总体的辐射量。迪亚特洛夫和他的同事们所用的辐射测量器能显示出的最大辐射量是1000微伦琴/秒，即3.6伦琴/小时。控制室里的一台测量器显示，室内辐射值已超过800微伦琴/秒，而另一台仪器已显示读数错误。因此他们推断室内的辐射值应该在5伦琴/小时左右。而紧急峰值在25伦琴/小时，迪亚特洛夫他们认为接下来几个小时他们应该还会很安全，不过是个紧急情况而已。

如果控制室内的情况勉强可以接受的话，那室外的辐射水平已达到了极限。迪亚特洛夫身边那些曾在控制室外待了较长时间才回屋的人，已经开始感觉晕眩，他们的皮肤开始变暗，头疼也愈加严重——这些都是辐射病的征兆。现在最好让他们尽快远离辐射源。迪亚特洛夫命令所有非夜班组工作人员离开，包括那两名实习生：普罗斯库里亚科夫和库德里亚夫采夫。迪亚特洛夫认为阿基莫夫班组的两位操作员——托普图诺夫和基尔申鲍姆也没有留在这里的必要，便要求他们离开这里去三号反应堆。为了防止辐射扩散到三号反应堆，迪亚特洛夫命令把四号反应堆的通风系统关闭，并把三号反应堆的通风系统开至最高挡。在当时这似乎是个不错的办法，但实际上该命令使更多被污染的室外放射性气体进入了堆体，因为室外空气的受污染程度要远远超过四号反应堆内的辐射污染程度。

爆炸发生后一度失联的员工都已经被找到，只有那晚当值的循环泵操作员瓦列里·霍杰姆丘克依旧下落不明。爆炸时他所在的10层发动机房已部分坍塌。迪亚特洛夫和另两名工程师决定对其再次搜寻。他们来到了发动机房的入口，却无法继续深入：水泥顶棚已经坍塌，操作员办公室的大门恰被一台落下的升降架砸碎，而楼上破损水管里流出的水正汩汩地朝房间涌去。和迪亚特洛夫一同前来进行搜寻的涡轮机组组长瓦列里·佩列沃兹琴科，爬到了办公室大门上，依然无法把门打开。他大声向门里喊话，却毫无应答。他浑身被喷薄而出的水给浇透了，只能无奈退回，这场放射性“淋浴”将会让他丧命。

此时此刻，迪亚特洛夫也开始感到疲乏不堪，他恶心想吐，几乎站不住了。医生事后估算他吸入的电离辐射量超过紧急值的 13 倍——受到如此生物损伤的人一般活不过 60 天。迪亚特洛夫只好放弃拯救核反应堆了。后来迪亚特洛夫在他的回忆录中写道，他知道反应堆已经彻底坏了，只是那时他没有力气将这一事实大声讲出来。他认为那时无须多言，他相信，作为一名有经验的工程师，阿基莫夫当然十分清楚，流向反应堆的水源被截断的话会有什么后果。事实上，阿基莫夫不肯承认反应堆彻底损毁了，还在不停地补水。一些在场的人员表示，也曾听到迪亚特洛夫指挥别人去做同样的事。迪亚特洛夫当时应该很矛盾，他清楚地知道继续补水也于事无补，可哪里还有更好的办法呢？供水尚能维持一线希望。迪亚特洛夫已用尽招数了，这时他接到了来自布留哈诺夫的电话，对方希望能与他在地下室见一面。凌晨 4 点左右，迪亚特洛夫离开了四号反应堆。阿基莫夫还留守在那里，因为他的轮班仍没结束。[10]

看到迪亚特洛夫后，布留哈诺夫劈头盖脸地问道：“到底发生了什么？”迪亚特洛夫摊开手，表示自己不明就里。布留哈诺夫身旁坐着核电站党委书记谢尔盖·帕拉申。迪亚特洛夫对布留哈诺夫说：“我现在一无所知。”迪亚特洛夫继续说道，爆炸发生前功率急速上升，不知道发生了什么使得控制棒卡在了中间。迪亚特洛夫把四号核反应堆设备的自动记录数据交给了布留哈诺夫。布留哈诺夫接了过来，但不太想接他的话继续展开。迪亚特洛夫看起来很糟糕，他面色苍白，觉得恶心想吐，感觉他下一秒就要吐出来似的。和这两位交流完毕后，迪亚特洛夫冲出了地下室，随后被抬上了救护车。[11]

与此同时，仍然待在地下室中的人都在思考一个问题：如何将水传送至四号反应堆里。迪亚特洛夫虽然知道反应堆已经爆炸，但他还没有将这个事实说出来。帕拉申回忆道："地下室有三四十人，每个人都在用电话联系着各自的部门，现场甚是嘈杂。"帕拉申 39 岁，戴着眼镜，曾是一位核能工程师，现在党组织工作。布留哈诺夫正忙着接听从莫斯科和基辅打来的电话，帕拉申则负责解决危机，接待每一个来到地下室为他们提供解决方案，并为布留哈诺夫提建议的人，布留哈诺夫欣然接受了大多数建议。

数小时前，迪亚特洛夫还没来到地下室的时候，布留哈诺夫对于四号反应堆里的情况一无所知。他派另一位副总工程师阿纳托利·西特尼科夫和一号核反应堆的负责人弗拉基米尔·丘贡诺夫一起前去勘察。他俩曾在四号反应堆工作过，比别人更熟悉那里的情况。帕拉申对布留哈诺夫说："派他俩去吧，他们熟悉那里，只有他们能帮上迪亚特洛夫。"布留哈诺夫表示默许。西特尼科夫和丘贡诺夫主要负责去摸底，同时确保反应堆的应急冷却系统还在正常工作。他们仔细检查了损毁过半的反应堆：反应堆的一大部分已被炸飞，内部的辐射值极高，尽管他们不知道具体的数值，因为那个测量器上 1000 微伦琴 / 秒的刻度已显示无效。西特尼科夫看到地上有石墨块和红热的燃料棒的碎片，接着他爬上反应堆厂房的顶棚想去看一看核反应堆，就这一眼后来要了他的性命。几小时后西特尼科夫告诉一位工程师："我认为反应堆已经完全损毁，它一直在燃烧。虽然难以置信，但这是事实。"[12]

尽管如此，西特尼科夫和丘贡诺夫还是继续去完成他们的任务——西特尼科夫虽然知道反应堆已被炸毁了，但他仍不愿意承认事实。他们竭力去打开供水管的阀门，好让水流入反应堆。他们的任务根本不可能完成。阀门紧紧地闭合着，而两位工程师已精疲力竭，辐射中毒使他俩感到晕眩。他们此刻急需援助，于是丘贡诺夫返回来找帮手。清晨 7 点左右，当他带着三位年轻工程师再次回到这里时，他发现西特尼科夫的头倒在桌子上，正感到恶心、反胃。西特尼科夫身旁是阿基莫夫和托普图诺夫，他们没有遵循迪亚特洛夫要求撤离的命令，现在他俩状态也极其糟糕。一位过来帮忙的工程师阿尔卡季·乌斯科夫回忆说，托普图诺夫一直静静地站着，看起来既困惑，又沮丧。乌斯科夫和另一位工程师最终打开了一扇阀门，并且能听到水流汩汩地穿过水管。阿基莫夫、托普图诺夫和另一位年轻工程师负责打开另一扇阀门。当乌斯科夫他们完成任务去查看对方情况时，发现阿基莫夫和托普图诺夫一直在呕吐。

另一位刚被派到四号反应堆的工程师维克托·斯马金，撞见了正返回控制室的阿基莫夫和托普图诺夫。斯马金回忆道："他们看上去极度沮丧，面色铁青，脸和双手都很浮肿。他们的舌头和嘴唇也都肿了，几乎没法张口说话。"很显然，他们已辐射中毒，但他们最担心的还不是自己的身体。斯马金说，他们看起来十分困惑、迷茫、内疚。阿基莫夫对原本应该在早晨替换自己的值班长斯马金说："我真的难以理解。我们什么也没做错，为什么会发生事故？维蒂亚（斯马金的小名），我太受打击了，我们搞砸啦。"[13]

乌斯科夫和工人们终于把第二扇阀门也打开了，随后返回控制室，而阿基莫夫和托普图诺夫立刻冲向卫生间吐个不停。乌斯科夫看到托普图诺夫从卫生间回来，问他感觉如何，托普图诺夫回答："已经好多了，我还能再做点儿别的工作。"接着，阿基莫夫和托普图诺夫被人带到了三号反应堆。阿基莫夫手中拿着涡轮测试程序记录的副本，他一定觉得这份资料是唯一能证明四号反应堆当夜发生的事故与他无关的证据。阿基莫夫告诉一位朋友，他只是按章办事，并且嘱咐这位朋友亲手把这份文件交给他的妻子，其他任何人都不可以。阿基莫夫已经不再相信别人了。他的夜班终于结束了，阿基莫夫被救护车拉到了普里皮亚季医院。5 月 11 日，他和普拉维克中尉在同一天病逝，三天后托普图诺夫也过世了。[14]

斯马金、乌斯科夫和其他伙伴还留在四号反应堆，帮着继续打开阀门——水源源不断地流入反应堆，但是无法确定具体的水流流向。放射性水淹没了反应堆的地下隔间，那里布满了连接装置和缆线。工程师们望向窗外，他们根本无法相信眼见的一切：四号机组的反应堆厂房已沦为废墟，碎石瓦砾中夹杂着从反应堆堆芯上脱落的方形石墨块。乌斯科夫回忆："此情此景实在太可怕了，吓得我们瞠目结舌。"他们后来把地上有石墨块碎片这一情况汇报给了当班的副总工程师米哈伊尔·柳托夫，他没有理会他们的忧虑。柳托夫的职务全称是科学事务副总工程师，他声称如果有人能告诉他反应堆内石墨的温度，他就能准确地判断出反应堆的状态。乌斯科夫等人回答，石墨不是在反应堆内部，而是在外面发现的。柳托夫表示不信。斯马金回忆说:“虽然他是我的上级,但我朝他嚷道,如果那不是石墨,那他觉得还能是什么!”后来柳托夫终于承认那的确是石墨。[15]

石墨出现在了反应堆外面,这件事毋庸置疑。但它是来自哪里呢?他们检查了将要填入在建的五号反应堆的石墨,那些石墨完整无缺。这些石墨唯一可能的来源就是四号反应堆了。如此就能解释为什么核电站内的辐射值会那么高。但是,几乎无人敢挑战核反应堆不会爆炸的信条。乌斯科夫后来在他的日记中写道:“我的大脑拒绝承认,最糟糕的情况还是发生了。”在柳托夫一开始否认显见的事实时,乌斯科夫和斯马金一样感到万分沮丧。几个月后,谢尔盖·帕拉申是这样回顾当时的情况的:“当时我们的压力太大了,也都太过于相信反应堆不会爆炸了。大家都选择视而不见,现场很多人都看到了真相,但拒绝承认。”[16]

太阳照常升起,来自基辅的高官们挤满了切尔诺贝利核电站的地下掩体。基辅党委第二书记弗拉基米尔·马洛穆日是其中职位最高者,数月前他曾带领着基辅代表团前往莫斯科参加党代会。布留哈诺夫此前已打电话向他通报过事故的情况,只不过当时的信息并不具体。这时,帕拉申和基辅党委的一位领导找到布留哈诺夫,告诉他马洛穆日现在需要一份有关事故原因和电站情况的正式说明。

布留哈诺夫把这项任务交给了帕拉申。在帕拉申和几位主管的共同努力下,这份文件终于写好了。布留哈诺夫和核电站化学部负责人弗拉基米尔·科罗别伊尼科夫,共同签署了文件。这份备忘录描述了事故的大致情况,提到了四号反应堆的顶棚已经坍塌,同时给出了辐射值:核电站里约为 1000 微伦琴 / 秒,市区里是 2—4 微

伦琴 / 秒。这个数值，尤其是核电站里的辐射值，比实际值要乐观得多。布留哈诺夫也知道这一点，但由于核电站里辐射测量器可获取的最大值就是 1000 微伦琴 / 秒，他决定就采用这个数值。科罗别伊尼科夫对此表示支持。他在普里皮亚季进行过测定，测定结果显示放射性核素和不稳定核原子释放出的电离辐射，虽然会置换人体内 DNA 中的电子，扰乱其正常工作，但存在时间极短，它们的快速消散不会对人体造成伤害。看来笼罩在城市上空的因爆炸产生的放射云已经暂时“消散”了。[17]

看到科罗别伊尼科夫坚持认为辐射值相对较低，布留哈诺夫觉得他可以忽略其他警报数据了。地下室是他和各位负责人的应急指挥部，他下令打开大门。几分钟后，核电站民防部门的负责人谢拉菲姆 · 沃罗比约夫首先向布留哈诺夫汇报了他所测量的辐射数据。凌晨 2 点刚过，沃罗比约夫已打开了他的辐射测量器，这是核电站里唯一一台可检测 200 伦琴以内辐射水平的设备。他发现地下室的辐射值已达到 30 毫伦琴 / 小时——正常值的 600 倍。辐射只可能来自外部，于是布留哈诺夫命令沃罗比约夫打开通风过滤器。沃罗比约夫照做了，他来到室外，再次打开测量器。辐射值是地下室的 5 倍。他拿着测量器在核电站周围走动，走到四号反应堆附近时，测量器爆表了，证明那里的辐射值已超过 200 伦琴 / 小时。[18]

沃罗比约夫返回地下室，向布留哈诺夫汇报了他的测量数据，但这名站长并不想听。他用手推开沃罗比约夫，对唯一手持有效辐射测量器的同事说了句“走开”。沃罗比约夫又去找帕拉申，可帕拉申也帮不上什么忙，他在心理上同样没有准备好去面对更多坏消息。帕拉申后来自我反省时，试图这样解释自己当时的反应：“我为什么不相信他？沃罗比约夫这个人太过情绪化，他说那番话的时候，吓得都不敢去看……我不相信他，于是让他去找站长，并且说服他。”

沃罗比约夫于是又找到了布留哈诺夫，依据工作手册上的要求，他希望布留哈诺夫能宣布进入紧急辐射状态。沃罗比约夫事后说道：“根据标准文件的要求，如果辐射值超过 0.05 毫伦琴 / 小时，应向民众告知，并指导他们采取行动。如果辐射值超过 200 毫伦琴，应拉响警报，示意有核辐射危险。”布留哈诺夫没有听取沃罗比约夫的意见，只是让他去通知位于基辅的民防指挥部，并要求他不要把他的发现告诉其他人。[19]

沃罗比约夫在地下室内及其周边地区测量到的高辐射值是电离辐射。电离辐射产生于高能高速原子以及快速移动，能使电子脱离原子或使其电离化的亚原子粒子。电磁波也具备相同的能力。伽马射线和 X 射线都属于电磁波，而 α 粒子、β 粒子和中子都属于前者。由于核反应堆爆炸，放射性裂变产物使得电离辐射进入了大气中。裂变产物包括碘和铯的同位素碘–131 和铯–137，以及气体氙–133。爆炸后的辐射值极高，这也就解释了为什么沃罗比约夫的测量器会爆表。据事后估算，受损反应堆的废片瓦砾释放出约 10 000 伦琴 / 小时的辐射——这个数值足以杀死人体细胞或至少让细胞无法正常工作。杀掉的细胞越多，人存活的概率也就越小。人体承受约 5 个小时的 500 伦琴辐射，就必死无疑了。[20]

虽然布留哈诺夫选择忽视沃罗比约夫，但他明白这位民防部门的负责人绝不是在危言耸听。与沃罗比约夫的交谈结束后，帕拉申过来问他情况如何，他只吐出了几个字：“很糟糕”。此刻他更担心普里皮亚季城里的情况。早间在与当地党政官员交谈时，他第一个提出可以适时疏散市民的想法。市议会一名负责人斥责了他：“你为何如此恐慌？来自各个州的委员会决定这些事。”上午晚些时候，布留哈诺夫碰到马洛穆日，也和后者吐露了这个想法。对方也同样告诉他不必恐慌。布留哈诺夫知道对方比自己官职高，他不打算与对方理论，况且他早上签署的文件也指示现在无须采取进一步行动。

上午 11 点，马洛穆日召开了一次普里皮亚季党委会议，布留哈诺夫也被邀请参会，不过他在会上一直默不作声，“会上都是马洛穆日在发言。”他回忆道。马洛穆日表示现在辐射值还处于较低水平，不适合采取过激措施。事后，地方党政官员曾埋怨布留哈诺夫未能向他们提供准确数据。布留哈诺夫记得：“上级的指示还是叫我们不要恐慌，政府委员会的人很快就赶到核电站，他们会展开调查，随后决定采取哪些措施。”苏联的管理层和官僚们都倾向于逃避责任——这是他们多年来所遵循的准则。所有人都怕因传播恐慌而背上责任，都愿意听从上级所做的一切决定，都遵从苏联体制。[21]

自 4 月 26 日一早开始，共有 132 人因出现严重的放射性中毒症状被送往普里皮亚季医院。他们中有消防员、操作员和工程师。在消防车飞速驶来核电站的同时，救护车也不断将受伤的人拉往医院，克格勃切断了城际电话线以防止事故相关信息泄露到普里皮亚季城之外。4 月 26 日夜间值班的工程师和工人们在早上被放回家中，他们收到严格命令不允许向外人透露任何相关信息。但四号反应堆上方逸出的烟雾扩散至空中，在市内的公寓阳台上便可瞧见，警察忙于封锁通往核电站的道路，核电站发生爆炸成了普里皮亚季市民的公开秘密。但究竟发生了什么？意识到事态严重的人寥寥无几。当天城里还有七对新人在举办婚礼，他们在燃烧的四号核反应堆的阴影中尽情享乐。[22]

G. N. 彼得罗夫是普里皮亚季一家公司的经理，他的公司负责为核电站安装设备。在经历了痛苦的一晚后，这天他在 10 点钟醒来。凌晨 2 点 30 分左右，他开车返回城里，在这之前他看到了正在燃烧的四号反应堆。他向那边驶去，停在距反应堆 90 多米的位置，用一分钟的时间观察了反应堆的破损状况以及屋顶上消防员们的行动。紧接着他感到一阵心慌，便匆忙开车回家了。回家后，一位邻居向他证实了那里的确发生了事故，因为她的丈夫曾去过四号反应堆。她提到了核辐射，并建议他们一起喝杯伏尔加压压惊，于是他们边喝酒边开着玩笑。彼得罗夫一觉醒来，觉得刚过去的一夜也不过是寻常一夜。[23]

他回忆道："后来我去阳台抽根烟，看到街上有很多小朋友。小孩儿们在玩沙子，堆房子，做泥土派。大一点的孩子们在进行自行车比赛。还有年轻妈妈们推着婴儿车走在街上。一切看起来都很寻常。"彼得罗夫的邻居想在那个周六早上好好放松一下，便到公寓顶楼去晒太阳浴。"他曾从楼上下来拿饮料，说着想要晒黑真容易，以前从没见过，皮肤好像散发着一股烧焦的味道。他不停地说笑，像是喝多了。"这位邻居后来邀请彼得罗夫一起去顶楼晒太阳，"有了顶楼，谁还会去沙滩呢？"当天晚上，一辆救护车过来拉走了这位邻居——他一直在呕吐，直到此时彼得罗夫还没把此事与核电站的事故联系到一起。“那一天看起来很寻常。”[24]

柳博芙·科瓦列夫斯卡娅这天在上午 11 点醒来。一个月前她曾发表过一篇文章，指出切尔诺贝利五号反应堆在建造过程中存在许多问题，但这篇文章没能引起人们的关注。当晚她一直忙于创作一首题为《帕格尼尼》的诗。现在她要动身前往城里参加作家俱乐部的会议，她曾参与其组织工作。俱乐部以希腊神普罗米修斯的名字命名。这位希腊神从奥林匹斯山上为人类盗来了火种。这个名字听起来很适合普里皮亚季这座核电站之城。在路上，她看到一些不寻常的现象：“到处都是警察，我从没在城里见过这么多警察。”觉察到不太对劲，她便回到了家，并告诉自己的母亲，等她的女儿和侄女放学回来后，别让她们出门。母亲问她发生了什么，她说：“我也不清楚，但感觉不太对劲。”[25]

她的预感很准。科罗别伊尼科夫当天早上测定的普里皮亚季城本底辐射水平是 4 微伦琴 / 秒，比正常数值要高 1000 倍。到下午 2 点，这个数值又增长了 9 倍，达到了 40 微伦琴 / 秒。晚上升到了 320 微伦琴 / 秒，是正常值的 80 000 倍。那天晚些时候，莫斯科来的专家估计，在反应堆方圆 3 公里范围内活动的儿童们，他们的甲状腺受到了约 1000 雷姆（1 雷姆相当于 0.88 伦琴，也相当于 0.01 希沃特，希沃特现今更常使用）的辐射，城里其他地方的辐射也达到了 100 雷姆，而一般情况下的紧急峰值是 30 雷姆。在街道上玩耍的儿童们，他们所暴露的辐射水平至少是核电站工人在紧急情况下所能承受的危险辐射值的 3 倍。[26]

普里皮亚季医院的工作人员具备处理各种情况的知识和技能，

但放射性中毒除外。他们正忙着为源源不断的新增急性辐射病患者腾出专门病房，清洗地板，以降低医院房间的辐射水平。维克托·斯马金，这位曾帮助阿基莫夫和托普图诺夫打开阀门的工程师，中午也被送到了医院，他听到一名放射剂量检测员在走廊里命令清洁工们把工作做得再细致一些。其实他们能做的很少，因为患者们自带辐射。斯马金回忆道："发生这样的事情在世上也算是头一遭，我们是自广岛和长崎出现核辐射后第一批经历类似事件的人，尽管这不是什么值得自豪的事情。"尚能行走的病人聚到了病房的吸烟室，这群人中就有迪亚特洛夫和阿基莫夫。所有人都想知道是什么导致了爆炸发生，可惜谁也无法给出解释。[27]

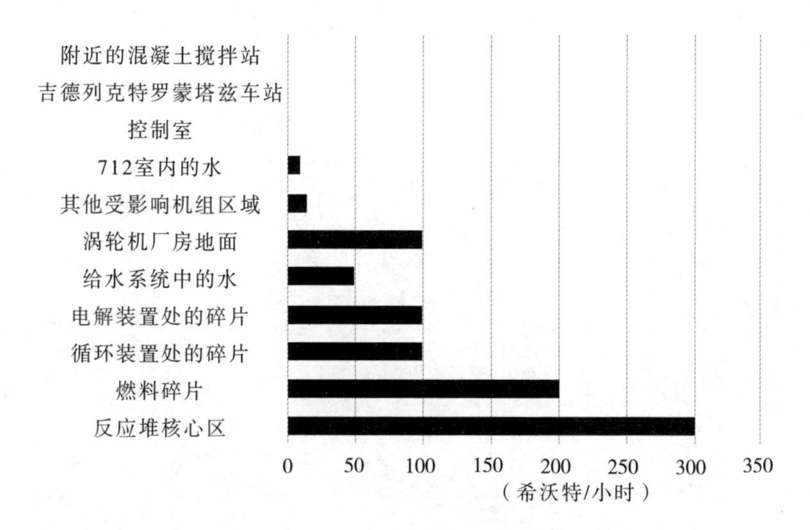

爆炸后短时间内四号机组附近的辐射水平（© Sandra Křížová）

数据来源：B. Medvedev (June 1989). "JPRS Report: Soviet Union Economic Affairs Chernobyl Notebook"

爆炸前四年的四号反应堆（© Joker345）

爆炸后的四号反应堆（© Joker345）

爆炸发生数月后，从直升机上拍摄的四号反应堆（©IAEA Imagebank）

第三部分

火山之上

第八章　最高委员会

4月26日凌晨5点左右，一通电话唤醒了这片广袤大陆上权力最大的人——苏共中央总书记米哈伊尔·戈尔巴乔夫。电话中说切尔诺贝利核电站发生了爆炸和火情，但核反应堆还完好无损。

戈尔巴乔夫第一反应是询问爆炸是怎么发生的。他回忆道：“毕竟科学家总是信誓旦旦地向我们这些领导人保证，反应堆绝对安全。亚历山德罗夫院士就说过，石墨反应堆甚至可以安装在红场上，因为它和茶炊一样安全。”除了表现出疑惑以及大清早被吵醒的不耐烦外，戈尔巴乔夫当时并没过多关注此事。他后来记得：“在爆炸发生后几个小时甚至当天，我始终无法理解为什么反应堆会爆炸，为什么大量辐射物会进入大气层。”鉴于当天恰逢休息日，他认为当时没必要再去吵醒党内其他高层或召开政治局紧急会议。戈尔巴乔夫同意成立一个政府委员会负责调查事故起因以及善后事宜，这符合处理重大事故的规范程序。最初发布的有关切尔诺贝利核电站事故的警报表示核泄漏、辐射、火情、爆炸这四种紧急情况皆可能发生。[1]

自凌晨2点40分起，苏联总理尼古拉·雷日科夫就一直与乌克兰总理奥列克桑德·利亚什科通话，向他了解事故情况。雷日科夫当时对事故了解得并不多，直到当天早上晚些时候他才知道更多具体信息。他记得自己当时并未过分担心。雷日科夫出生于乌克兰东部的矿工家庭，一生都在苏联机械制造业的管理岗位上工作，而机械制造业很容易发生技术事故。他问自己："那里能发生些什么呢？任何发电厂——核能发电厂、蒸汽发电厂、燃煤发电厂、油气发电厂里都有涡轮——装着很多刀片的轮子。"雷日科夫回忆起当天早上他的想法，"以前曾有过涡轮坏掉的情况，涡轮机出现些小毛病，有时涡轮甚至会刺入屋顶"。人们都知道该如何处理这类事故。"我们更换设备，然后继续照常工作。"在这样庞大的国家内，事故时有发生，而这次不过又是一个小事故罢了。[2]

当雷日科夫来到办公室，在与负责监管切尔诺贝利核电站的能源与电气化部部长马约列茨交谈过一番后，他才意识到这次事故远比他想象的严重得多。这次不仅仅是屋顶被涡轮发电机刺出个洞这么简单了，至少需要更换大量设备，才能使一切恢复正常。马约列茨是上任还不到一年的新部长，他可不想把坏消息告诉自己的上级。在苏共二十七大上，他曾许诺在未来五年内将新建核反应堆的数量翻倍，并创造性地提出了实现这个目标的具体办法——减少核电站的设计用时。在就职后数月内，他有几次差点完不成电能生产和电网维稳两项工作——此前由于苏联电网震荡较大，电量供应不稳。现在他又遇上了这样的事故。

事故的发生使马约列茨感到措手不及。他一直工作到凌晨5点，想尽可能掌握遥远的普里皮亚季城里事态的最新动向。谢天谢地，辐射值似乎被控制在正常范围内，伤亡数量也很少。但事故会延误今年的生产计划，也会危害电网的稳定性。要尽快让核电站恢复正常工作，否则今年的计划会无法完成，马约列茨的职业前景也将不再乐观。马约列茨所在的能源与电气化部向苏共中央委员会递呈了一份报告，报告显示他们对现在的情况基本乐观。

这份报告由第一副部长阿列克谢·马库欣签署。他是乌克兰能源部前部长，切尔诺贝利核电站也正是在他的监督下建成的。这份报告参考了布留哈诺夫提供给党内官员的那份报告。那份报告指出凌晨 1 点 21 分爆炸发生，四号核反应堆的顶部和部分墙体受损，爆炸同时引发了大火。大火在凌晨 3 点 30 分被扑灭。25 名消防员和 9 名工程师被送往医院就医，但医务人员认为现在无须对核电站内的员工采取特殊保护措施或疏散普里皮亚季城内的民众。核电站操作员正试着冷却核反应堆，能源与电气化部正调查事故原因，评估事故后果。一切都在掌控之中。[3]

一个新成立的委员会将负责调查此次事故的起因。中央委员会或部长会议中有官员建议成立一个尽可能高级别的委员会。而马约列茨的上司鲍里斯·谢尔比纳将主管该委员会。66 岁的鲍里斯是部长会议分管能源部门的副主席。他不仅看起来很强硬，说话做事也同样如此。该委员会包括马约列茨本人、能源与电气化部的部分官员和科学家，以及来自其他部委和科学院的专家。委员会派出的第一批成员——来自各个部委的中等级别专家们——于上午 9 点左右离开莫斯科前往普里皮亚季。他们先飞抵基辅，从那里转乘飞机或驱车前往普里皮亚季与核电站。当天还有多架飞机抵达基辅，许多来自莫斯科的官员和专家也将前往核电站。[4]

4 月 26 日下午 4 点左右，马约列茨部长登上了离开莫斯科的飞机。他没打算在普里皮亚季待超过两天。那天是星期六，他希望下一周早些时候一切就能恢复如常。来自苏共中央委员会的顶级核能专家弗拉基米尔·马林同样十分乐观。辐射值始终保持稳定、没有升高的消息让他深受鼓舞。他告诉同行的另一位同事："很神奇，这次事故居然没造成污染！那是个很大的反应堆。"根纳季·沙沙林是马约列茨的副手，主管核电站相关事宜，他是在克里米亚度假时被突然召回的，现在他正着手成立专家小组对事故损害进行评估，并就如何尽快修好反应堆提出建议。而施工经理们正在思考该如何修补被炸毁的反应堆顶部。[5]

就在代表团到达基辅时，事态严重的征兆已经显现了。乌克兰能源部部长告知马约列茨核电站的辐射值已经超出了正常范围。他们随后到达了普里皮亚季，颇感意外的是，核电站的管理层们并没有前来迎接他们，布留哈诺夫没来，他的副手、总工程师福明也没有来。赶来迎接他们的是核电站施工主管、永远精力充沛又坚毅果敢的克济马。当地官员负责安顿马约列茨，而马林和沙沙林随即登上了克济马的吉普车前往受损反应堆。在那里他们受到了第一次冲击。核反应堆的破损程度远比布留哈诺夫报告中所描述的要严重，从道路的情况他们就能看出这次爆炸的破坏范围有多大。马林抱怨道："我们仿佛踩在一片废墟上，啊，这真是太棒了，现在我们要和布留哈诺夫还有福明一起困在这里了。"克济马也声讨着布留哈诺夫，沙沙林记得克济马说他就没指望从布留哈诺夫那儿得到什么好消息，在他看来这一切早晚都会发生。[6]

克济马在四号反应堆墙边的碎石堆旁停下了车，大家都下了车。沙沙林回忆说："克济马一点都不感到害怕，他在周围走来走去，十分负责地观察着一切，同时也为这一切感到惋惜，他们曾费大力气才把反应堆建成，而现在他们所到之处都是这些化为乌有的劳动成果。"此情此景让马林愤怒不已，他咒骂着踢飞了一块石墨碎片。后来沙沙林才意识到那些石墨碎片每小时正释放出约2000伦琴的辐射，而地面上铀燃料的颗粒也发散着20 000伦琴的辐射。据沙沙林回忆："我们当时觉得呼吸困难，眼睛很疼，咳嗽得很厉害。内心越发焦虑不安，只想离开那里到别处去。"他们接着驶向了核电站的地下室，在那儿他们见到了核电站管理层。[7]

看到莫斯科的专家和马约列茨的助手赶到，布留哈诺夫和他的团队瞬间如释重负。他们看起来既沮丧又愧疚，却依然没能查清事故起因。这些高层和专家的到来使得他们不用再为事故的后续发展负主要责任，他们现在所须负责的仅仅是已经发生的事情。来访者注意到，核电站管理者只会按他人吩咐行事，自己从不拿主意。核电站党委书记帕拉申后来回忆道："这些领导的出现给了我们强大的心理安慰，他们表情严肃，尤其是级别最高的那几位。但他们给了我们信心，无所不知的人好像终于到了。此前我们这群人一直像没头苍蝇一样，机械地忙这忙那。"[8]

无论马林和沙沙林因所发生的一切对布留哈诺夫和福明感到如何气恼，但他们和这两人一样拒绝承认事故的严重性及其相关后果。在经历了呼吸困难，以及踢走地上的石墨块后——这些石墨显然是来自反应堆堆芯，他们依然咬牙否认核反应堆已经爆炸的事实。反应堆绝对安全的神话，是整个行业里从上到下所有人的共识。

此外，马林当天早些时候查看灾情时已经意识到，他们都要为这次事故负责。马林是苏共中央委员会中管理核能领域的重要人物，而沙沙林是苏联能源与电气化部副部长，在政府层面他们承担着相同的责任。处理一些小的事故时，他们尚可将责任推给下属，但这次事故过于严重，不能这样处理。而且他们也不可能把事故说得太大。选择相信反应堆是完整的话，事情就会变得简单，因为他们至少还知道该如何继续下一步。但如果反应堆被毁掉的话，他们就无法依靠以往的经验或知识了。

与此同时，马约列茨作为事故区域官职最高的人，在普里皮亚季党委总部召开了来自莫斯科的专家和地方党政干部参加的第一次会议。当地官员向马约列茨汇报了极高的辐射值，这是他和其他专家在莫斯科时尚不曾掌握的情况，但他似乎不为所动。他的任务没有变：数天内解决问题，使核反应堆重新联网发电，然后返回莫斯科——毕竟劳动节假期就要到了。同马林和克济马一起去检查四号反应堆的沙沙林在会议上做了主要发言。他认为现在情况都得到了控制：冷水被抽入了反应堆，硼酸能抑制火情。专家们正乘坐直升机在核电站上空检查现场情况。

在四号反应堆看到的情况令马林焦虑不安，他问在场的人石墨是从哪里来的。马约列茨把这个问题抛给了布留哈诺夫。布留哈诺夫似乎疲惫到了极点，据在场的人回忆："他面色如灰，眼皮也都肿了。"他本就不善于面对众人讲话，现在更是难上加难了。他缓缓起身，思考该如何回答这个问题，然后说道："这的确难以想象。我曾想过石墨可能来自新建的五号反应堆，但那里是完整的。这么说来，这些石墨只可能是从核反应堆里喷射出来的了。"简而言之，他的话意味着反应堆已经爆炸了。但是专家们拒绝搞清楚真相，甚至拒绝承认这个事实。马约列茨又问一直声称辐射值很高的沙沙林，到底是什么导致了事故的发生。他的首席核专家只是告诉他一切尚未可知。一位在场的政府官员弗拉基米尔·希什金后来总结道："所有该为事故负责的人都在尽可能拖延，不想太早承认事实，而真相总会一点点浮出水面的。"[9]

会议还在继续，当地的官员们一一向马约列茨这位来自莫斯科的权威部长汇报。普里皮亚季党委书记表示城里情况平稳，婚礼还在正常举办。但根纳季·贝尔多夫将军则显得忧心忡忡。他是乌克兰内政部副部长，一头银发，十分帅气。他自凌晨 5 点起就一直坚守在现场，他汇报了巡逻警察做出的牺牲，这些警察无一人离岗，坚持在污染地区巡查。他希望委员会能做些事，帮助协调铁路线路，因为火车线路距受损的核反应堆仅 500 米远。他同时还告诉马约列茨，乌克兰政府已派出 1100 辆大巴驶往普里皮亚季城，以备不时之需，协助撤离市民。此番言论让马约列茨着实吃了一惊。

还渴望赶在劳动节前回到莫斯科的马约列茨问贝尔多夫："谁说要撤离？你是想制造恐慌吗？"布留哈诺夫插话表示，他曾在清早向鲍里斯·谢尔比纳的助手建议疏散城市居民，但对方告诉他等委员会到了再做决定。布留哈诺夫的民防负责人谢拉菲姆·沃罗比约夫向委员会汇报反应堆附近的辐射值已超过 250 伦琴 / 小时——这是手中可用设备所能测出的最高值。一直不修边幅、心情沮丧的沃罗比约夫要求立即采取疏散措施。布留哈诺夫则试着让他冷静下来。

从一开始出发时被告知辐射值并不高，会议进行时大家也都表示城里的情况很稳定，再突然转向现在这番局面——马约列茨不想面对的事情还是发生了。他提出想见见机组操作员，问问他们具体情况，却得知他们都被送往了医院。在场的卫生官员告诉他这些操作员的皮肤因辐射已呈棕色，他们受到的辐射是足以致死的辐射量的 3—4 倍。作为核能领域的新手，马约列茨认为如果反应堆被关闭的话，对人体就不会再造成负面影响。但沙沙林告诉他操作员早已关闭了反应堆，反应堆现在"碘坑"内。这意味着反应堆由于短暂存在的核毒素的集聚已暂时无法工作，这些毒素主要是碘和氙的同位素。在这种情况下，核反应会慢下来。尽管沙沙林没再接着往下说，但他和其他专家也都清楚，一旦反应堆从这种"中毒"状态中恢复，核反应会加快速度，进而导致另一场爆炸，将使这座核电站、附近的城市以及在场的所有人彻底毁灭。

马约列茨并没有表现出焦虑。他的一名下属回忆："他还像平时一样穿戴整洁，头发梳得很齐，圆圆的脸庞和往常一样毫无表情。可能他还没完全搞清楚状况。"马约列茨看起来更关注疏散城市的事情，而不是可能再次发生的核爆。高层们想避免恐慌，更想逃避下达疏散指令所要承担的责任，因为发出指令就表示他们承认情况已极端糟糕了。况且自二战以来，他们从未以任何理由进行过群众撤离。这同时意味着可能终结其职业生涯。马约列茨问那些支持疏散的官员们："如果你们搞错了怎么办？我反对疏散，危险显然被夸大了。"[10]

会议暂停，大家也都得以休息一下。马约列茨和沙沙林正站在走廊里抽烟，这时两位来自莫斯科的专家——鲍里斯·普鲁申斯基和康斯坦丁·波卢什金走了过来。普鲁申斯基是能源与电气化部核电部门的总工程师，波卢什金是设计石墨反应堆的研究院的资深学者。他俩比该委员会其他任何人都更了解石墨反应堆。他们早上 9 点从莫斯科乘飞机出发，下午到达了普里皮亚季。在一家餐馆用过午餐后——巧的是这家餐馆正在办婚宴——他们做的第一件事就是去寻找直升机。他们和飞行员、摄影师一起从空中观察了四号反应堆的情况。所见所闻使他们确信委员会的设想是错误的。反应堆并不是完好无损，而是已经爆炸了。

普鲁申斯基和波卢什金把他们看到的景象告诉了马约列茨：反应堆厂房已被炸飞，同样被炸飞的还有装有主循环泵和汽水分离器的厂房。如果仅仅是蓄水箱发生蒸汽爆炸，是不会形成如此强大的破坏力的。普鲁申斯基回忆说：“极端高温把反应堆上的生物屏蔽层烤成了樱桃红色，它斜斜地罩在堆顶上。”地上撒满了石墨碎片，反应堆已不复存在，带有辐射的内部零件也都散落在外面。“可以肯定的是，反应堆彻底完蛋了。”普鲁申斯基说出这句话可能还不算什么，但波卢什金要是也这么说就意义不同了，他可是这个据称可以防爆的核反应堆的代表设计师之一，他的确认同同事的观点。

马约列茨沮丧地问他们接下来该怎么办，普鲁申斯基说：“天晓得！现在我也不清楚，但我知道反应堆里有石墨在燃烧，首先要把它熄灭。我们要好好想想用什么来熄灭，究竟该怎么办。”[11]

苏联副总理鲍里斯·谢尔比纳兼任该委员会主席，晚上 8 点刚过他也抵达了普里皮亚季。谢尔比纳中等身材，天生一副圆脸庞，发色很深却略微有些秃顶。他的眼神坚毅，处事冷静，虑事周全，令下属肃然起敬。他是乌克兰人，在工业城市哈尔科夫开启了他的从政生涯，此后常年在西伯利亚西部地区担任区委书记，在那里工作期间他见证了秋明油气产业的诞生。1973 年，他被调到莫斯科任油气企业和管道建设部部长。1984 年，他晋升为副总理，分管政府能源方面的事务。尽管现在石油和天然气在苏联工业体系中仍然至关重要，是政府绝大部分硬通货收入的来源，但是核能事务在其工作中也承担日益重要的作用。[12]

谢尔比纳是处理此次核事故的特别政府委员会主席的不二人选。只是 4 月 26 日早上他并不在莫斯科，而是在西伯利亚的巴尔瑙尔市进行视察。这是他日常工作的一部分——周末乘坐飞机在苏联境内到处视察建筑工地和企业。4 月 26 日这个星期六，谢尔比纳也在忠实地履行其日常职责，突然他的上司尼古拉·雷日科夫要求他返回莫斯科。他们在莫斯科就此次事故进行了长达 20 分钟的交谈，并认为现在最好能阻止辐射值上升。紧接着，他带领着一批专家乘飞机赶往了基辅。[13]

在飞行过程中，谢尔比纳从瓦列里·勒加索夫那里狂补了一些核灾难史。49 岁的勒加索夫，中等身材，鼻子不小，嘴唇外凸，戴着眼镜。他是库尔恰托夫原子能研究所主管阿纳托利·亚历山德罗夫的首席助理。整个周六勒加索夫都在参加中型机械制造部党内管理层会议，研究所正归属于这个大权在握的部门。

“由于我的性格及多年习惯，周六我乘车参加了党内管理层会议。”勒加索夫回忆道，他在会议前刚获悉切尔诺贝利核电站事故，不过当时似乎算不上什么大事。会议的主要发言人是 87 岁的老部长斯拉夫斯基，在 20 世纪 60 年代他和勒加索夫的上级亚历山德罗夫共同参与了石墨反应堆的设计和制造。他在会上讲了约两个小时，对这次事故只一带而过。

勒加索夫回忆："我们都习惯了听那个极能煽动气氛的老部长充满激情的演讲，他声音洪亮，自信满满地演讲了一个小时，阐述我们的伟业是如何顺利推进。这次他也和往常一样，不吝赞美核能及我们所取得的成就，但也匆匆提及切尔诺贝利正在发生的事故。切尔诺贝利核电站归我们的兄弟部门能源与电气化部管理，所以他只简单提了一下那里弄得有些糟，发生了事故，但这不影响核能的发展。"[14]

在斯拉夫斯基演讲的间隙，勒加索夫得知他被选为谢尔比纳领导的政府委员会成员，并被告知在当天下午 4 点赶到机场。他心想，这个周末就这么被打发了。他去了研究所，收集所有与石墨反应堆和切尔诺贝利核电站有关的技术资料，并向熟悉石墨反应堆的同事们了解情况，然后动身前往机场。

在飞机上，他把自己了解的核工业相关知识都分享给了谢尔比纳。有人提到了美国的三里岛核事故，勒加索夫回忆道："我试着把 1979 年发生在美国的这起事故告诉了鲍里斯·耶夫多基莫维奇。"当年，核电站非核系统的故障造成了那次事故，并造成核反应堆冷却剂外泄以及辐射值急剧上升——操作员未能准确查明最初的起因也是酿下这场事故的部分原因。核事故共七个级别，级别越高，危害越大，三里岛事故被评定为五级核事故。事故发生后，约有 14 万人自愿撤离出核电站方圆 32 公里的地区。勒加索夫认为："那次事故最具可能性的起因和此次切尔诺贝利事故没太大关系，因为两个核电站的装置构造具有本质区别。"这一点是对的。美国人用的是压力水冷反应堆，比石墨反应堆要安全得多。他们的混凝土外壳也是石墨反应堆不具备的。一个更加险峻的状况正等待着政府委员会。[15]

刚抵达基辅，眼前的景象便让勒加索夫深受震撼："一辆辆黑色政府用车，一群看上去十分焦虑的乌克兰领导者，他们统统面色沉重。他们没法提供具体的信息，却众口一词地表示核电站的情况糟透了。"勒加索夫和他的同事们坐上了等候已久的豪华轿车，先赶到了切尔诺贝利，随后去了普里皮亚季。沿途景致优美，那些白天赶到的委员会成员有机会一饱眼福，其中一位回忆道："那时正是春花烂漫的季节，果木葱茏，还有鹅在乌日河上游来游去。一路上我们都感慨大自然的恩赐是多么美好。"谢尔比纳和勒加索夫错过了这番美景，晚上 7 点过后太阳就落山了，他们看到的全然是另一番景象。勒加索夫记得，"在距普里皮亚季城还有 8—10 公里的地方，我们注意到核电站上方笼罩着一片深红色，准确说是猩红色的光芒，这样的景象着实让我们大吃一惊"。[16]

晚上 8 点 20 分，当谢尔比纳及随行人员来到普里皮亚季党委大楼时，委员会的其他成员正在马约列茨的主持下开会协商。马约列茨负责核电的副手沙沙林刚搭乘直升机巡查反应堆后回来，他立刻找到了谢尔比纳，并且告诉对方核反应堆已经彻底炸毁了，这番话让谢尔比纳错愕不安。反应堆内的温度一直在升高，普鲁申斯基看到反应堆里的石墨已被烧成了绯红色，而沙沙林看到的是黄色。辐射水平也很高。于是，沙沙林建议立即采取措施，疏散普里皮亚季城的居民。此言一出，谢尔比纳心惊胆裂，但仍然强自保持镇定。他告诉沙沙林疏散会引起比辐射本身更严重的恐慌。[17]

谢尔比纳又召开了一次委员会会议，结果演变成了集思广益的研讨会。众人都接受了几分钟，或是几小时前尚不肯接受的事实——核反应堆堆芯受损熔毁，放射性物质四散传播。现在需要想出办法抑制火情，避免产生更多放射性物质。大家的想法相互碰撞，谢尔比纳想使用水，但其他人告诉他这么做只会让情况愈加糟糕。将水引入反应堆将其冷却是一码事，而用水来扑灭核火则是另一码事——结果将适得其反，火势会变得更猛烈。谢尔比纳虽坚持己见，但也在寻找他法。有人建议使用沙土，可如何将沙土倒入反应堆呢？用直升机可以吗？谢尔比纳早已要求军用直升机和化工部门人员赶往现场，现在他们的指挥官正在前往普里皮亚季的路上。

终于，这些主政者似乎明白他们在干什么了，谢尔比纳的态度也在短短几分钟内发生了转变，他终于知道接下来该怎么做了。根据他的助手莫托维洛夫回忆："尽管已是深夜，黎明将至，谢尔比纳依旧精神饱满。"午夜刚过，基辅军区空军参谋长尼古拉·安托什金将军来到了普里皮亚季党部，谢尔比纳向他表示欢迎："将军，现在一切就拜托您和您的直升机飞行员了。"他要求安托什金立即指挥从空中向反应堆里投放沙袋，但参谋长告诉他现在不行，因为直升机尚未就位。谢尔比纳同意等一等，但他只肯等到破晓时分——其实他别无选择。[18]

推迟到早上进行的还有疏散计划。数小时前，谢尔比纳还因撤离民众会传播恐慌而拒绝接受这一建议，但在 4 月 26 日晚间，撤离计划已变成了当务之急。晚上 9 点刚过，正当委员会成员们还在讨论如何处置受损的反应堆时，反应堆突然醒了过来。三次猛烈的爆炸照亮了四号机组上方暗红色的天际，将烧得通红的燃料棒和石墨碎片炸飞到空中。来自莫斯科的专家列昂尼德·哈米亚诺夫，在党部三楼看到了这番异象，他回忆道："那景象太吓人了。很难判断到底是因为反应堆再次觉醒，还是因为水刚好落到了燃烧的石墨上而引发了蒸汽爆炸。"[19]

看来最坏的状况也不过就是此情此景。当天早些时候，专家就预测反应堆从碘坑状态中觉醒后会导致连锁反应，有人预测会发生在晚上 7 点，也有人说可能在晚上 9 点。这些预测看来是十分准确的。这一连串的爆炸可能只是接下来即将到来的更大冲击波的初始迹象，但众人除了静观其变，别无他选。即便接下来不会再有爆炸，晚上 9 点到 10 点发生的这几次爆炸已使得城里的居民们身陷巨大的危险之中，比白天的情形更危险。此前，空中的风还不足以被觉察到，但风力突然开始加大，推动反应堆上方的放射云层向北移动，逐渐遮蔽了部分城区。在普里皮亚季城区党部前方的城市广场上测得的辐射值迅速上升，从 40 微伦琴 / 秒增长到 330 微伦琴 / 秒，即 1.2 伦琴 / 小时。[20]

深夜，委员会成员阿尔缅·阿巴吉——莫斯科一家原子能研究院的主管，找到了谢尔比纳，希望他采取措施即刻疏散市民。阿巴吉刚从核电站折回，核反应堆再次发生爆炸——他和同事们不得不在金属架桥下藏身避难。阿巴吉记得，"我告诉他，孩子们还在大街上玩耍，大人们还在外面晾晒洗过的麻织物，但他们却不知道空气中都是放射性物质。这已经比人体能接受的正常辐射值高出不少了"。但是，根据苏联 1963 年制定的政府法规，除非民众每人已累计吸入约 75 伦琴的辐射，否则无法采取疏散措施。目前的测量值显示，人体一天的辐射吸入量为 4.5 伦琴。这距离 75 伦琴还很远，并且卫生部副部长兼委员会高级医官叶夫根尼·沃罗比约夫不愿为下达疏散指令而承担责任。[21]

争论还在继续，委员会有成员认为勒加索夫在这场撤离大辩论中起到了至关重要的作用。基辅地区管理局负责人伊万·普柳希回忆："勒加索夫院士，如同宣誓一般把手放于心间，开口道：'我恳请你们疏散民众，因为我不知道明天反应堆会发生什么，这是不可控的。我们向反应堆里倒水，但不知道水会流向哪里。我们当下的所作所为是以前从未做过的。作为一名科学家，今天我无法预测事故的最终结果，所以我恳求你们立即疏散民众。'"普柳希记得沃罗比约夫是反对撤离群众的。沃罗比约夫对在场的人说："按照我们的标准，只有辐射值达到了 0.25 戈瑞，才可以进行疏散。"他所用的是伦琴的生物学指标。"但现在大家都是用毫伦琴和伦琴来描述数值，我们无法确定是否有疏散的必要。"勒加索夫后来回忆时说，"他们预感事态会向不利的方向发展，坚持进行疏散，医务工作者自然会顺从物理学家的意见。"[22]

勒加索夫、阿巴吉和其他科学家最终说服了谢尔比纳。勒加索夫记得："4 月 26 日晚上 10 点或 11 点左右，在听了我们的讨论后，他做出了务必进行疏散的决定。"但谢尔比纳一个人做出决定还不够。普柳希回忆："他们把这个决定告诉了一位党委书记，对方并不赞同。于是他们去找了另一位书记，对方表示同情但依旧没有答应。求得第三位书记的认同也不可能了。"谢尔比纳只能给自己的上级雷日科夫打了电话。雷日科夫记得："谢尔比纳在周六晚间打电话向我汇报了情况，他说：'我们测量了辐射值……一定要立即疏散普里皮亚季居民。核电站就在城旁，仍在一直散发放射性物

ПРОПУСК Ф-1

№ 010737

ВСЮДУ

НА ПРАВО ВЪЕЗДА
В ЗАКРЫТУЮ ЗОНУ

(личная подпись)

Срок действия до
«31» декабря 1986г.

Организация Киевский облисполком

ф. Плющ

и. Иван

о. Степанович

前往切尔诺贝利的通行证，证件人是基辅地区管理局负责人伊万·普柳希
（©Qypchak）
来源：Національний музей «Чорнобиль»

质。而城里的人们还在按部就班地生活，婚礼还在进行……’于是我决定明天就安排撤离，今天要备好火车和大巴，告知人们只带上少量生活必需品、钱财和证件，其余东西就不要带了，家具也都不要带。”4 月 27 日凌晨 1 点，普里皮亚季地方官员收到发自谢尔比纳的紧急命令，要求他们准备好撤离人员名单。他们只有两个小时来完成这项工作，撤离工作预计在清晨进行。[23]

对于那些聚集在普里皮亚季党部会议室的人来说，这一天太过漫长。一开始收到爆炸的消息时他们都惊恐难安，到后来他们先后陷入迷茫、怀疑，继而否认现实。现在他们已经了解了事态的严重性，不再否认事实，并且预感接下来还有可能发生更糟的事情。连锁反应已经开始了吗？爆炸会继续吗？如果还有爆炸的话，会对普里皮亚季以及周边人口聚集区造成怎样的影响？毕竟乌克兰首都基辅距离核电站仅有 130 公里。这些问题他们都无从回答，此时已是深夜，他们无法采取进一步措施，只能等待黎明的到来，并默默期许他们不会陷入更多麻烦中。

第九章　离路漫漫

撤离普里皮亚季居民的决定传来，让 70 岁的乌克兰总理奥列克桑德·利亚什科着实松了一口气。虽被认为是“杞人忧天”，利亚什科还是自 4 月 26 日凌晨 2 点 40 分被雷日科夫告知事故的一通电话扰醒后，就着手进行疏散准备工作。当苏联和乌克兰的其他高层领导都冷静而自信地认为切尔诺贝利核电站的情况尚在控制之中时，利亚什科已主张要为疏散民众做好准备，连他自己也无法解释个中缘由，他认为是直觉清清楚楚地告诉他“民众将置身危险中”。[1]

在苏联的政治科层制度里，利亚什科，作为人口仅次于俄罗斯联邦的乌克兰苏维埃社会主义共和国政府的总理，虽然是个重要角色，但手中的权力也很有限。在他之上有乌克兰共产党第一书记谢尔比茨基——他是曾在位多年的苏联前领导人勃列日涅夫的盟友和门生。利亚什科向远在莫斯科的苏联政府负责人雷日科夫汇报了事故情况。雷日科夫和利亚什科都来自乌克兰东部的煤矿区顿巴斯，二人交情甚好。其实，利亚什科人缘一向很好。他严谨务实地管理着苏联第二大经济体，这为他赢得了同僚和下属的尊重。但在 4 月

26日上午10点的乌克兰最高领导会议上，当他提出应该提前备好基辅的大巴以应对普里皮亚季可能发生的人员疏散时，在场的许多人，包括谢尔比茨基都对此表示怀疑。事后，他们多数人宣称，他们当时只知道核电站发生了大火，并且火已经被扑灭了。基辅的官员们普遍认为尽量不要拉响警报，以免激怒莫斯科的高层们。[2]

包括利亚什科在内的乌克兰领导人是从莫斯科方面获悉在自己的领土普里皮亚季所发生的事故的。对此无须惊讶——切尔诺贝利核电站受身在首都的苏联官员管辖。尽管乌克兰党内领导和部长们确实能影响诸如布留哈诺夫和福明之类的核电站高层人员，可他们无法直接管控核电站。爆炸发生后立刻赶到现场的两个应急反应机构——消防系统和警察部门归属乌克兰管辖，他们都向乌克兰内政部部长汇报了事故情况。普里皮亚季和核电站附近城镇及居民区的党委和政府也都在基辅的管辖之下。辐射问题不仅是苏联权力部门的关切所在，更是其当担之责，而在当地处理事故的善后工作则直接落到了乌克兰官员的身上，随着工作的开展，这些人越来越觉得他们是被迫来收拾莫斯科当局留下的烂摊子的。

乌克兰领导层主要通过内政部来获取有关核事故的信息，内政部由基辅和莫斯科共同管辖。乌克兰内政部部长伊万·格拉杜什将军在凌晨2点被叫醒，彼时他正在哈尔科夫市一家酒店房间里休息。当值官员认为事故信息过于敏感，坚持让部长离开酒店前往党委总部，如此他便可使用内线与部长联系。基辅的内政部官员是最先得知核电站火情的人，但他们认为可以自行处理，无须惊动利亚什科。普拉维克中尉用无线电播发了警报，在爆炸发生数分钟后就动员了基辅地区全部的消防队前来支援。普里皮亚季警察局局长瓦西里·库切连科少校成功赶在布留哈诺夫之前来到了核电站，他在核电站打电话向基辅的上级汇报了爆炸与火情。电话那头传来了一片犹疑之声："你知道你在说什么吗？你身边还有别人吗？"基辅的高级警官急于证实库切连科所言是否属实。[3]

凌晨5点，乌克兰内政部副部长根纳季·贝尔多夫将军和一队高级警官已从基辅启程，赶往普里皮亚季。在爆炸发生后慌乱不安的最初几天里，贝尔多夫给人留下了深刻印象。据一名当事人回忆："贝尔多夫穿着全新的制服，制服上佩有金色的穗带及亮色的丝带，以及一枚证明他在内政部所获功绩的徽章。"贝尔多夫遇事沉着冷静，充满干劲，他随即开始指挥在爆炸发生后的几个小时内，从周边城镇和县区调来的400多位警官。他们负责管控通往核电站的公路，以及核电站附近的亚尼夫火车站。配合警察一起巡逻的不仅有军士，还有中尉、上尉、少校和上校。贝尔多夫和其他几名下属一直暴露在危险的辐射中，但在爆炸刚发生的数小时内，他们认为自己应对的不过是一次普通的技术灾难，火情才是危害人身安全和公共安全的最大威胁。[4]

乌克兰内政部第一副部长瓦西里·杜尔德涅茨在基辅负责内政部的具体行动。据他回忆，直到4月26日正午时分，他才了解到辐射值上升的消息。基辅的民防部门一直保持沉默。当天早些时候，切尔诺贝利核电站民防工作的负责人沃罗比约夫终于通过专线与民防部门取得联系，对方上来就问大火是否被扑灭了，沃罗比约夫冲电话那头大声喊道："你在说什么？火？我们这里发生的是一起综合事故！是综合事故！我们应该告知民众！"基辅的官员同样大声回应他："你在危言耸听！你要为你说的话负责，如果这么报上去的话，我们可要掉脑袋的。”沃罗比约夫继续解释事故的严重性：“辐射测量器已经爆表！辐射值已超过 200 伦琴 / 小时！”但对方依然粗暴地将他驳回。后来这通电话记录被篡改，使得沃罗比约夫的来电记录的时间比实际来电时间要晚很久。利亚什科总理回忆，后来当民防小组到达普里皮亚季的时候，他们甚至都没有能用来测量辐射值的设备。[5]

早上 9 点左右，在办公室忙了一晚的杜尔德涅茨去电向共和国的领导层汇报昨天的情况，而切尔诺贝利事故是他所须汇报的诸多事项中的一项。瓦连京娜 · 舍甫琴科是乌克兰最高苏维埃主席——这个组织后来发展成共和国议会，彼时是用来批准党务的一个机构，她同时也是最高领导层中的一员。她记得杜尔德涅茨在其简要汇报的最后才提及此次事故。他告诉她核电站发生了火灾，但火势已经被扑灭。内政部在第二天向乌共的报告中呈述，大火是在早上 8 点被扑灭的。舍甫琴科又问他民众的情况如何，对方回应：“并无异常，大家同往常一样，参加婚礼，修整花园，或去钓鱼。”[6]

舍甫琴科立即通知了利亚什科总理。总理正在办公室同一名助手讨论事故情况，并已经安排好了交通调度事宜，以备疏散之用。民防部门是受基辅和莫斯科联合管辖的，内政部同样如此，利亚什科动用了这两个部门的力量来准备交通调度。民防部门的指挥官告知总理，周六上午安排大巴司机待命有些困难，总理随后致电内政部部长格拉杜什，命令他出动警力将交通调度的事项告知在家休息的司机，格拉杜什问总理：“情况严重吗？”总理说：“我也不清楚，但请像战时那样安排好切尔诺贝利核电站的运输调度工作。”[7]

从莫斯科方面和乌克兰下级那儿得知的事故情况，让乌克兰最高领导人谢尔比茨基感到紧张，于是他在上午 10 点召开了政治局会议。通过地方官员传来的布留哈诺夫给出的消息还不太令人担忧：火已被熄灭，辐射值较高但尚在正常范围内。谢尔比茨基向已经安排了运输调度事宜的利亚什科抛出问题：“你是不是太性急啦？”利亚什科不愿收回他的指令，希望能等到局势变得更明朗一些，他回答：“委员会会给出正确评判，到那时候再采取行动吧。”谢尔比茨基又问他：“嗯，要是不需要进行人员疏散的话，你的指令将会付出多大代价？”[8]

利亚什科不愿向上级的压力屈服：“如果情况一切都好的话，我们会把这笔账记到民防部的开支里。以前就做过类似的事，我们会让民防部拨出几百万。”谢尔比茨基终于同意了这个计划，但这还不够。上午 11 点钟左右，利亚什科打电话给他的苏联上级——雷日科夫总理，雷日科夫也同意了。利亚什科回忆道：“截至下午 2 点，我获得消息，已有 1200 辆大巴和 240 辆卡车准备就绪。”

谢尔比茨基仍然有所顾虑。当天，基辅的克格勃提交了两份报告，汇报了切尔诺贝利核电站和普里皮亚季城的情况。第一份报告反映了克格勃在 4 月 26 日中午前对形势的判断，报告指出辐射值在升高，但比沃罗比约夫记录的实际数值仍低很多。据这份报告，核电站的辐射值预测为 20—25 微伦琴 / 秒，普里皮亚季的辐射值为 4—14 微伦琴 / 秒。辐射值升高是由爆炸后反应堆冷却系统逸出的“污染水”造成的。第二份报告内容则是基于当日下午 3 点克格勃所获信息，该报告估计反应堆附近的辐射值在 1000 微伦琴 / 秒左右，核电站是 100 微伦琴 / 秒，普里皮亚季是 2—4 微伦琴 / 秒。这些数据还是由最大检测范围仅有 1000 微伦琴 / 秒的那种辐射测量器测出来的。[9]

但利亚什科已经获得了准备疏散所需的各权威部门认可，当下这只是预防措施。依据一份提交至乌共中央委员会的报告，开始进行疏散的指令是 4 月 26 日晚 8 点下达的。当晚一辆辆大巴和卡车开始在切尔诺贝利地区的乡间道路上集结，两列火车已准备运送在附近亚尼夫车站等候的乘客，大巴司机和火车工程师一整晚都在待命，有的就守在核电站附近，随时等待驶进市区，尽管他们并不知道命令是否真的会下达。[10]

4 月 26 日晚间，马约列茨在普里皮亚季召集了政府委员会的第一次会议，会上贝尔多夫将军报告大巴已准备就绪，随时待命，结果却被视为危言耸听。几小时后，委员会成员们看到反应堆再次苏醒，向城市上空发射放射性“烟花”。会场气氛骤变，晚上 10 点过后，利亚什科总理收到消息，包括谢尔比纳在内的委员会成员们认为反应堆已彻底破损，并可能进一步引发放射性污染。苏联决策部门还需要一点时间来下达撤离指令。整个 4 月 27 日上午，利亚什科一直与普里皮亚季方面保持通话，以确保撤离工作正在推进。下午 2 点，利亚什科终于收到指令，疏散即刻开始。他之前的想法是正确的，绝不是在杞人忧天。疏散是当务之急，政府委员会终于决定要这么做了。[11]

在党政官员还在就疏散问题进行争论的时候，大批民众已自发

地撤离城市了。第一批撤离的是消防员的妻子和孩子们，他们在 4 月 26 日上午就已开始撤离。他们的丈夫和父亲付出了高昂的，甚至是生命的代价，才得以知晓核电站发生的不仅仅是一次火灾，而是核爆炸，核爆炸释放了大量无形的辐射，会无声无息、毫无征兆地使人丧失能力或丢掉性命。普拉维克在医院病房恳求他的父母，让他们带着他的妻子和孩子尽快离开普里皮亚季。他的父母自然无法拒绝，他们离开医院径直赶到了普拉维克的家中，带上他的妻子娜迪卡和一个月大的女儿娜塔卡，坐上摩托车，驶向火车站，让她们坐上了一辆离开普里皮亚季的火车。[12]

随后撤离普里皮亚季的是消防员本人，尤其是受到严重辐射的消防员。列昂尼德·沙夫列和普拉维克中尉是坐同一辆消防车来到核电站的，直到 4 月 26 日凌晨 5 点多，他才意识到自己竭力去扑灭的大火有些异常，此刻他被允许离开已经奋战了一夜的涡轮机厂房房顶。他点了根烟，却感到口中有股奇怪的甜味。他问身边的消防员："这是什么甜味香烟吗？" 在此之前普拉维克也说过口中曾有股奇怪的味道。医务人员向他们提供了碘化钾药片和水，接着沙夫列就开始呕吐。他回忆道："那感觉太恶心了，我想要喝水，但根本喝不下去，因为我很快就开始反胃。"医务人员希望沙夫列去医院看一看，但他没有这么做，他直接回家，接上他的妻子和小孩驾车离开了普里皮亚季。[13]

4 月 26 日傍晚时分，沙夫列把妻子和孩子安顿在附近村庄的亲戚家后，回到了城里，他直接来到医院看看同事们的状况。沙夫列的指挥官普拉维克中尉正望向窗外，他的脸已经浮肿。沙夫列问他感觉如何，普拉维克不太自信地答道："还好吧，你怎么样？"

沙夫列也同样不肯定地说："我也还好。"总体而言，他发现大部分同事的情绪尚可，普拉维克和其他队员解释，这是因为他们已经接受了静脉用药和静脉注射。他们都没再多说什么。沙夫列离开医院回到家中，他希望第二天能再看到自己的同事，可当他再赶到医院的时候，他们已经离开了。[14]

医生们花了不少时间才想出治疗辐射病人的有效办法。第一个办法就是让病人喝牛奶。一位医生对消防员瓦西里·伊格纳坚科的妻子柳德米拉说："他需要摄入大量的牛奶。"伊格纳坚科是第一批被送入医院的消防员之一。柳德米拉说他不喜欢牛奶，医生却说他现在必须喝。于是柳德米拉便和泰坦蒂亚·克别诺克——同病房病友维克托·克别诺克中尉的妻子——一起开车去郊外买牛奶。她们带着三升牛奶回来，这个量足够整个病房里的人喝，但伊格纳坚科和其他人刚喝了几口就开始呕吐。医生这才对这些病人——此前将他们视为煤气中毒——进行静脉注射，注入类似亚硝酸盐的物质，这时病人状况才开始好转。那天晚间，柳德米拉开心地看到她的丈夫已经能自己站到窗边了。[15]

斯马金是早晨 8 点左右接替四号反应堆值夜班的阿基莫夫和托普图诺夫的操作员之一，六个小时后他由于出现头疼、晕眩和不可控制性呕吐等症状也被救护车送进了医院。经过两小时的静脉注射治疗，他的状态有所好转——他记得他被注入了三大瓶液体。治疗结束后，他想出去抽支烟。但在进入医院后，病人的衣服和个人物品都被收了起来，斯马金的香烟自然也不在手边了。好在，前来探访病人的朋友乐意帮他们这个忙。其中一位将一包香烟系在了斯马金从二层房间窗户放下的绳子上。兜里揣着香烟的斯马金径直来到了吸烟室，在那儿看到了他的同事们。由于接受了静脉注射治疗，他们现在大多处在比较稳定的状态。阿基莫夫和迪亚特洛夫正讨论着爆炸的起因，其他工程师和操作员也在那里。虽然进行了静脉注射，但并不是所有人都能行走，托普图诺夫就是需要卧床休息的病人之一，他的皮肤被辐射晒成了棕色，嘴唇浮肿，说话都很困难。[16]

4 月 26 日晚间，受到最严重辐射性危害的消防员和核电站操作员被送往莫斯科接受进一步治疗。这趟转移很仓促，出发时间亦向其家属保密，因此他们甚至来不及和亲人道别。4 月 26 日下午，一批医生和科学家从莫斯科飞抵普里皮亚季，正是他们做出决定要转移这些重症消防员和操作员。他们来自隶属于卫生部的生物物理研究所和莫斯科第六医院——这家医院专治辐射病，拥有相应的专家和设备来接收、治疗这次事故的患者。辐射病科的主管是 61 岁的安格林娜・古斯科娃医生，自 1949 年起她就开始收治辐射病患者，那时的她还是一名在封闭城市车里雅宾斯克 -40 里照顾劳改营犯人的年轻医生。这座城市是苏联第一座钚设施的所在地，这些设施专为制造原子弹而建造。现在古斯科娃团队的医生们来到切尔诺贝利为消防员和核电站操作员医治。[17]

医生们正在病人身上找寻急性核辐射综合征的征兆，一般来讲，受到 50 伦琴以上辐射量伤害的病人会出现这种征兆。急性核辐射综合征的测定单位是戈瑞——每一剂量电离辐射人体所吸收的能量，1 戈瑞相当于 1 千克放射物质释放的 1 焦耳能量。戈瑞和雷姆的转换关系要看具体的电离辐射种类。在 β 辐射中，1 戈瑞相当于 100 雷姆；在中子辐射中，1 戈瑞等于 1000 雷姆；在 α 辐射中，

1 戈瑞等于 2000 雷姆。[18]

基于辐射测定、辐射吸入值及对人体的伤害程度所采用的不同计算单位，急性辐射综合征通常在人体一次性受到超过 50 伦琴辐射伤害或吸收 0.8 戈瑞电离辐射后才会出现，症状包括食欲下降、恶心及呕吐。在吸收超过 50 戈瑞辐射后，症状会立即变得明显，这时人会出现精神紧张、意识模糊、腹泻以及失去知觉等反应。吸收 10—50 戈瑞辐射的患者会在辐射发生数小时后出现食欲下降、恶心以及呕吐等症状；受到 1—10 戈瑞辐射的患者则可能在辐射发生后数小时至两天内出现同样的症状。辐射会杀死骨髓里的干细胞，而 10—50 戈瑞范围内的辐射还会杀伤胃肠道的细胞。当辐射超过 50 戈瑞时，人的心血管和神经系统也会受到影响。所有辐射患者都会经历三个阶段：第一阶段，症状开始显现；第二阶段，也就是潜伏期，病人会感觉良好；第三阶段，症状重新出现且更加严重。只有受到少于 10 戈瑞辐射的病人才有存活的可能，存活概率在 60% 左右，而其他吸收更多辐射的患者则无力回天。[19]

从切尔诺贝利送来的病人中共有 134 人被确诊为急性辐射综合征，他们被分为四组。第一组约 20 人，他们吸收了 6.5—16 戈瑞的辐射，几乎都无存活的可能。第二组也约有 20 人，吸收了 4.2—6.4 戈瑞的辐射，后来他们中有三分之一因医治无效病逝。第三组情况较好，吸收 2.2—4.1 戈瑞的辐射，他们中只有一人病逝。第四组，吸收 0.8—2.1 戈瑞的辐射，都无生命危险。在受到辐射后的头四个月内，共有 28 人死于急性辐射综合征。在接受骨髓移植的 13 人中有 12 人都没能活下来。第二、三、四组中有近 20 人在事故发生几年后去世，但医生认为他们的死因与辐射无关。[20]

当日从莫斯科赶到普里皮亚季的医生们都很有经验，懂得如何治疗急性辐射综合征患者，但他们没有合适的设备来测定患者吸收的辐射量。他们只好靠初步症状和验血来判定。古斯科娃团队中的顶级专家格奥尔基·谢利多夫金，负责判定病人的情况并决定哪些患者需要转移到莫斯科接受紧急治疗。许多人都对谢利多夫金医生的模样印象深刻，因为他留着胡子——这在 20 世纪 80 年代的苏联并不常见，胡子通常表示这个人要么颓废，要么思想自由。

4 月 26 日下午 4 点过后，谢利多夫金开始检查病人的情况。还在莫斯科的古斯科娃一直通过电话与乌克兰同事保持联系。谢利多夫金医生检查了约 350 名患者，查看他们皮肤的状况，询问他们何时开始呕吐，并查验他们血液中白细胞的数量。白细胞从骨髓中生成，更替率很高，它们是最易受到辐射伤害的细胞之一。白细胞数量减少就意味着受到了辐射伤害。傍晚时分，谢利多夫金就确定了 28 名需要接受紧急治疗的患者。这其中有普拉维克、克别诺克、伊格纳坚科以及大部分的消防员，还有操作员阿基莫夫、托普图诺夫以及副总工程师迪亚特洛夫。他们需要被立即送往莫斯科接受治疗，时间至关重要，分秒之差便是生死之别。[21]

34 岁的普里皮亚季副市长亚历山大·叶绍洛夫负责这 28 名患者的转移工作。他要保证这些病人能尽快被送往基辅鲍里斯波尔机场，然后搭上飞往莫斯科的飞机。几天前，叶绍洛夫还曾在当地报纸上汇报列宁星期六义务劳动日的成果——这个活动用来展示民众对苏联缔造者列宁及其共产主义思想的忠诚。现在他感觉这些都是十分遥远的事儿了。讴歌列宁的海报在城里随处可见，但民众们正面临一场新的挑战。4 月 26 日一大早，叶绍洛夫的第一项任务就是安排车辆洗刷掉市区街道上的放射性尘埃。接着他必须帮助那些已发现自己皮肤和肠道受到放射性尘埃伤害的民众撤离城市。[22]

民防部门调配的飞机已守候在鲍里斯波尔机场，大巴和救护车也已就位。病人要携带的证件资料却成了最大的问题。病人在4月26日一大早进入医院之前，就把自己的证件都上交了，现在要把各人的证件及检查结果重新对上号并不容易。在苏联，任何没有加盖公章的文件都不具备法律效力，可公章还留在核电站里面。于是，人们只好决定放弃公章。文书终于准备妥当了，叶绍洛夫又要面对新问题：那些被转移至莫斯科的病人家属该怎么安置？家属们被禁止进入医院，他们只好在外面围了一圈，当听说他们的亲人要被送往莫斯科的时候，他们可坐不住了。

"所有的妻子都团结起来，我们决定要和自己的丈夫一起去莫斯科。"柳德米拉·伊格纳坚科回忆道。她的丈夫瓦西里刚隔着窗户告诉她，他们要被送往莫斯科。"让我们和自己的丈夫一起去！你们无权阻止我们！我们边说边挥舞着拳头。"柳德米拉回忆着她和其他几位妻子的举动。她们被士兵推了回去，士兵已在医院周围拉起了警戒线，但妇女们并没有放弃。这时一位医生出现在了医院门阶上，他走到这些妇女身边，告诉她们医院方面的确要将她们的丈夫送往莫斯科，但丈夫们需要换上干净的衣服，此前他们穿的衣服因辐射污染都被烧毁了。女人们冲回各自家中取回干净的衬衣、裤子和内衣。此时已经很晚了，城里的公交已不再运营，妇女们只能步行回家。当她们再回到医院时，她们的丈夫已经被送走了。柳德米拉·伊格纳坚科回忆说："他们骗了我们，这样我们就不会在那儿大吵大闹了。"[23]

叶绍洛夫带着载满病人的两辆大巴和两辆救护车前往基辅。大巴里是 26 名尚能行走的患者，救护车载着两名被严重烫伤而无法行走的反应堆操作员——他们的身体有三分之一都被热水和蒸汽烫伤了。到达基辅后，车队沿着主干道克列夏季克大街行驶，一群身着与周围环境极不相称的病号服的患者望向窗外，而基辅市民们尚不知晓他们的后院发生了什么。大巴继续开往鲍里斯波尔机场，并于 4 月 27 日凌晨 3 点多到了目的地。几个小时后，莫斯科派出几辆已在内层贴上塑料用以防控核污染的救护车，在机场接上了这些病人，随后将他们运往古斯科娃所在的第六医院。古斯科娃——这位在劳改营锤炼出来的医生，已准备好接手这些病人。

叶绍洛夫完成了转移患者的工作，接着要开始撤离市民。在回程的路上，他看到上千辆大巴也正驶向普里皮亚季。这座城市的疏散工作就要拉开序幕了。[24]

在核电站和城区间的路段上静候数小时的一排排大巴早已吸收了大量辐射，4 月 27 日凌晨 1 点 30 分，它们终于开始移动了。城市里的辐射水平正在急速上升。4 月 26 日，辐射值还在 14—140 毫伦琴 / 小时，等到 4 月 27 日早上 7 点左右，辐射值已上升至 180—300 毫伦琴 / 小时，核电站附近区域更是跃升至 600 毫伦琴 / 小时。原定于 4 月 27 日上午开始进行人员撤离，但是决定通知下达得太晚，于是撤离只好改在了午后开始。[25]

对普里皮亚季城的多数居民而言，疏散并没有让他们感到意外，反倒因盼望已久而长舒了口气。市内通信网络已被切断，核电

直升机机组人员准备飞往切尔诺贝利核电站地区，向该地区提供食品、药品和其他一切必需品（© IAEA Imagebank）

从受污染地区撤离的居民搬迁到基辅附近马卡里夫的泰尔诺皮尔斯克，这是一个专门新建的村庄（© IAEA Imagebank）

站的工程师和工作人员一度被要求不得将事故情况告知其亲朋好友。但是亲人间的口耳相传和其他非正式渠道往往比国家管控的媒体更好地“服务”苏联民众，爆炸发生几小时后，城里已谣言四起。

利迪娅·罗曼琴科是切尔诺贝利承建公司的一名职员，她回忆道：“4 月 26 日早上 8 点左右，一位邻居打电话给我，说她的邻居没有从核电站回家，那里发生了事故。”这条消息很快从别的渠道得到了证实，“我的牙医朋友告诉我，他们都在深夜被紧急召回了诊所，一整晚有许多核电站的人被带到那里”。罗曼琴科是个好心肠的人，决定把消息告诉自己的朋友和家人：“我立即联系上了我的邻居和好朋友，他们当晚已经都打包好了——因为一位好友已将事故的消息告诉了他们。”[26]

整座城市逐渐意识到这里发生了一场灾难性事故。柳德米拉·哈里托诺娃是承建公司的一名高级工程师，当她和家人前往位于普里皮亚季近郊的乡间别墅时，被警察半道截停了。她只好返回城里，在路上她瞧见道路上满是泡沫——洒水车正在往道路上喷洒特殊的溶液。到了下午，军用运输车开上了道路，军用直升机和飞机也在空中密集巡逻。警察和军人都戴着口罩和防毒面具。孩子们从学校带着碘化钾药片返家，老师建议他们待在家中，不要外出。

根据哈里托诺娃的回忆，到了晚上他们越发惊恐不安：“很难说清这恐惧从何而来，可能来自我们的内心，也可能是空气的缘故，那时空气中已带有金属味了。”城里开始有消息散播，想要离开城里的人可以撤离。但官方还没有播发通知，尚未将发生的事件和下一步计划告知民众。哈里托诺娃和家人来到了亚尼夫车站，坐上了开往莫斯科的火车。据她回忆说：“有士兵在车站巡逻，车站里有许多带着小孩的妇女，她们看起来都不知所措，但行事沉着冷静……我感到一个新的时代来临了，火车缓缓进站，这一切对我而言非同寻常，我感觉它来自那个我们曾经熟悉的洁净世界，却驶进了这个已被污染的新时代——切尔诺贝利时代。”[27]

4 月 27 日上午 10 点刚过，市政府就召集企业、学校和机构代表起草撤离方案。心慌意乱的市民纷纷涌入党部。军容整肃的乌克兰内政部副部长根纳季·贝尔多夫将军来到了台阶上，想让焦急的民众冷静下来。他安排大批警察前往各家各户，逐一通知民众做好撤离准备。中午时分，政府委员会在获得莫斯科方面的同意后下达了撤离的最后通知，这时距离撤离工作开始仅有两个小时。[28]

副市长叶绍洛夫刚从鲍里斯波尔回来，就接到了新的任务：送走普里皮亚季医院内的其他病人，那里还有 100 多名核辐射中毒患者。党内官员们希望他和这些病人在中午抵达基辅鲍里斯波尔机场，这些剩下的病人也要被送往莫斯科。这时已是上午 10 点，上级的命令完全不切实际，仅仅赶往基辅大约就要两小时，更别提还要办妥所有文书手续。到了中午一切准备就绪，他们准备启程了。这次叶绍洛夫不能再要花招欺骗病人的家人了，他的确也没打算这么做。在拥抱、眼泪和哭喊声中，他成功地将病人们集合到一起，向鲍里斯波尔出发了。

出发不久，他们就不得不停了下来，因为其中一名病人需要接受紧急治疗。大巴停在了距切尔诺贝利几公里远的一个叫作扎利西亚的村子里。穿着病号服的病人从大巴上鱼贯而出，想要活动一下，再抽根烟。就在这时，叶绍洛夫听到了女人的啼哭声，他费了一会儿工夫才搞清楚是怎么回事。原来病人中有位来自扎利西亚村的年轻人正巧被他的母亲认出来了，这位母亲抑制不住自己既惊讶又悲伤绝望的情绪。叶绍洛夫回忆道："真是太巧了，这是我们不愿看到的事，我也不知道这位母亲是从哪里出现的。"年轻人不断叫着"妈妈，妈妈"来安抚他的母亲，这声音也印在了叶绍洛夫的脑海中。最终，他们还是驶离了扎利西亚。对于叶绍洛夫来说，过去 24 小时内发生了太多的事，他已经有些晕头转向了，在鲍里斯波尔机场主管的办公室里，工作人员为他从当地的咖啡店里买了几杯咖啡。当别人让他付钱时，他竟没听懂，他回忆道："我似乎是来自另一个世界的。"

两个世界之间是有界限和边境管制的。在离开鲍里斯波尔之前，叶绍洛夫和司机要先洗澡并且洗车。事故造成的高辐射已是公开的秘密了。4 月 27 日下午 4 点左右，他们启程回家。在快回到普里皮亚季时，他们看到大量大巴都在朝他们的反方向行驶，所有的 1125 辆大巴都在移动着。疏散已经开始了。[29]

下午 1 点过后，普里皮亚季城市广播开始播报通知，一位带有浓重乌克兰口音的女播报员用俄语冷静地播报着如下内容：

> 请注意！请注意！由于切尔诺贝利核电站发生事故，普里皮亚季城内的不利辐射情况正在加剧。为确保民众，尤其是儿童的绝对安全，有必要采取临时疏散措施，将大家疏散至基辅安置点。已安排好大巴来接送所有市民，4 月 27 日下午 2 点开始撤离，届时将有警察和市执行委员会代表监督。建议市民

> 带好身份证件、生活必需品以及食物以备眼前所需。同志们，离家之前，请务必关好门窗，关上电器、煤气用具以及水管。请大家保持冷静，有序进行临时疏散。[30]

广播反复播放了四遍，但大多数人还是没能意识到事态的严重性。一位名叫阿内利娅·佩尔科夫斯卡娅的市政官员回忆起当时的情景："你们可以想象一下，那时距撤离开始仅有一个半小时，大型购物中心里的儿童餐厅里还坐满了正吃着冰激凌的家长和孩子。那天是个周末，一切都平静而美好。"爆炸发生后的 36 小时内，民众都没能得到有效信息，许多人也都是自行离开的。从未有人告诉他们该如何保护自己和孩子。根据苏联的法律，当辐射值达到一定程度，民众会自动接收到核辐射警报，尽管 4 月 26 日一早辐射水平就已达到前所未有的高值，官员们却都选择了无视。最终人们只是在疏散开始前 50 分钟才得到消息，要求他们打包个人物品，然后坐在街上等待大巴的到来。这些人都是听话的市民，一切都依照政府的要求行事。[31]

就在 4 月 26 日和 27 日，当地几位摄影师用自己的镜头记录了一场婚礼，留下了这座充满放射性核素的城市的影像。镜头中，青年男女穿着轻薄的夏装，带着他们的孩子一起或在街上漫步，或在运动场踢足球，或是在户外吃着冰激凌。当和他们拍摄的其他影像摆在一起时，这些场景既梦幻又怪诞。在其他影像中，洒水车正在清洗街道；戴着防护用具的警察和士兵站在运兵车上，正在普里皮亚季的大街小巷里巡逻；人们在等待大巴将他们带离自己的家乡。还有一个镜头对准了一个摆放在公寓阳台上的洋娃娃玩偶，它仿佛

为核电站员工建立的普里皮亚季城在事故前的影像（© IAEA Imagebank）

事故后的普里皮亚季城，专家们无法确定何时才能再次在这里生活（© IAEA Imagebank）

《切尔诺贝利：普里皮亚季的最后一天》（*Chernobyl. Last day of Pripyat*，2013 © Alexey Akindinov）

还在等待主人的归来。而胶片上呈现出的斑点和白光其实是放射性颗粒飘进了厚厚的镜头里，在胶片上留下的一道道痕迹。[32]

柳博芙·科瓦列夫斯卡娅曾在近期撰写了一篇关于切尔诺贝利核电站建筑质量管理问题的报道，在那个下午她也和其他上千人一样登上了大巴，永远离开了自己的家乡。在离开的前一晚，她一直在安慰自己年迈的母亲，她的母亲在听到撤离的小道消息后始终无法入睡。现在，她们一家人——她自己、她的母亲、她的女儿和侄女，都做好了离开的准备。她们被告知只需要在临时安置点待上三天。科瓦列夫斯卡娅回忆道："在每一个入口处都有大巴，人们打扮得好像是去野营，还在开着玩笑，一切似乎都很平和。每辆大巴旁都有一名警察，按照名单核对市民的身份，帮人们拿行李，他们心里或许想着自己的家人，他们可能有一整天没见到家人了……然后大巴出发了。"在渐行渐远的车上，摄影师们透过车窗还在继续拍摄，城里依旧熙熙攘攘，而他们的镜头记录了这座城市尚有生机的最后景象。[33] 到了下午 4 点 30 分，撤离工作基本完成了。

当政者迫切地想把他们首战告捷的好消息汇报给莫斯科。谢尔比纳在电话里告诉雷日科夫总理："尼古拉·尼古拉耶维奇，普里皮亚季已完成民众的撤离，街上只有狗还在活动了。"人们不能带着宠物一起撤离，因为宠物在苏联的价值体系里地位很低。几天后，警察们会组成特别的小组把流浪狗都杀掉。但留在普里皮亚季的并非只有狗，尚有近 5000 名核电站工人留在核电站里确保按计划关闭其他核反应堆。一些年轻的恋人趁着父母离开的机会独占家中的房子，有些老人也选择留了下来。他们不明白，明明只让他们离开三天，为何还一定要走。[34]

乌克兰内政部部长伊万·格拉杜什表示“我们必须说服民众”。他对于自己的人能顺利开展疏散工作颇为自豪，第二天，他向乌共中央委员会报告，共有 44 460 名民众从普里皮亚季撤离并被安置在附近的 43 个安置点。他回忆说：“我们把群众带到村子里，并接管了俱乐部和学校，让他们寄宿在当地人家中。大家都表示十分理解。”瓦莲京娜·布留哈诺娃是切尔诺贝利核电站站长的妻子，她的丈夫还留在普里皮亚季，而她也和其他人一起撤离了城市，住进了村子里。几天后当新闻记者找到她时，她正在一家养牛场里工作。[35]

克格勃的官员们告知乌克兰党委，将近 1000 人自行离开城里，并且来到了切尔尼希夫州的乡镇里，其中有 26 人因为出现辐射病症状被送往了医院。克格勃正努力抑制恐慌性谣言和不实信息的传播，但对于辐射的传播他们无能为力。从城里撤离的民众不仅把他们身上的辐射带到了临时安置点，他们的个人物品和衣物也同样被辐射污染了。随着普里皮亚季及周边村落疏散任务的完成，大巴又开回了基辅，司机又开始按照以往的常规路线驾驶，这可能会使大量辐射在这座约有 200 万民众的城市内传播。[36]

第十章　征服反应堆

4 月 27 日的早晨，普里皮亚季。不仅那些对辐射一无所知的儿童在快乐地玩着沙土，即使是那些清楚知道事故状况及后果的大人们，也觉得这发黄的颗粒状物质具有不可抗拒的吸引力。在距普里皮亚季党部约 500 米远的地方，堆放着大量施工用的沙土。从附近高楼的窗户望下去，能看到三位 40 多岁的男士正在将沙土装入他们带来的沙袋中。这三个人中，一位身着将军制服，另两位穿着昂贵的正装，他们挥汗如雨，衣服也因汗水和泥土变得不再干净，他们身旁装好的沙袋越积越多。

这位将军正是尼古拉·安托什金，基辅军区空军参谋长兼直升机部队指挥官，当日早些时候，他曾将直升机降落在党部前面的广场上。另两位身着正装的一位是苏联中型机械制造部第一副部长亚历山大·梅什科夫，效力于大权在握的叶菲姆·斯拉夫斯基麾下；另一位是苏联能源与电气化部核电部门的总工程师根纳季·沙沙林。他们正努力填装着沙袋，然后用安托什金的直升机把沙袋投进受损的反应堆里，目的是封堵住反应堆，阻止辐射进一步扩散。

沙袋空投的计划早在前一晚就已经决定，但推迟至 4 月 27 日黎明时分才开始执行。这是因为安托什金需要时间将直升机飞行员调配过来，留出停机坪的位置，并侦察好往返反应堆的飞行路线。当直升机和飞行员都已就位后，安托什金将军找到委员会负责人谢尔比纳，希望他能提供工具并安排人手填装沙袋，然后再将沙袋运上直升机，因为飞行员已经就位了。谢尔比纳听到后难掩怒火，他希望那些飞行员来干这活，他认为这不是委员会的职责。安托什金坚持多找些人来帮忙。谢尔比纳便让将军去找梅什科夫和沙沙林来装沙袋。这两位高级官员服从了安排。沙沙林回忆道："谢尔比纳很不耐烦，直升机的引擎一直在轰鸣，他也扯开嗓门骂我们，说我们干活差劲，一无是处。他就像对待牲口一样驱使我们，无论是部长、副部长还是将军，他统统不放在眼里，其他人就更不用说了。他认为我们'有能耐'把反应堆搞爆炸，却连沙袋都装不好。"

谢尔比纳行事粗暴。不过到了 4 月 27 日早晨，他已经从之前震惊且迟疑的状态中清醒过来，那时他还不明白到底发生了什么，也不知道该如何应对。现在的他有了明确的目标，便又开始以威吓的方式行事了。这种对待下属的方式在以前是惯用的，策略就是通过恫吓属下使其服从，并要求他们完成不切实际的生产任务。除非安托什金、梅什科夫和沙沙林能找到别人一起帮忙，不然他们只能亲自上阵了。[1]

好在，过了一会儿他们就找到了帮手，也找来了许多铁铲。"我看到有连长和下级军官一起赶来装填沙袋，然后将沙袋运上直升机，当飞机靠近目标时，将沙袋投掷下去，然后再折返重复上述动作。"勒加索夫回忆说，他对这次行动感到有些失望，"4 月 27

日和28日两天，能源与电气化部和地方政府都没能很好地组织工作，也没有备好投放物资。这项工作任务很明确也很紧急。29日开始，工作慢慢有了头绪。我们找到了采石工人，铅也备足了。人们各守其岗，工作有序推进。与此同时，直升机飞行员们十分高效地执行他们的任务，他们还在普里皮亚季党委大楼的屋顶上设了瞭望岗，用来指挥四号反应堆上方的飞机靠近投放位置。”[2]

最终，填沙袋的工作交给了共青团普里皮亚季支部的领导。他们来到工人宿舍请求协助。工人们都很积极，但是物资还是不够充足，铁铲、沙袋以及系沙袋的编织绳都不够用。他们先是找来了为五一劳动日游行而准备的红色织带，市民被疏散后，他们又从邻近的村落找到许多沙袋。和战时一样，大部分的劳动力都是妇女。瓦连京娜·科瓦连科就是其中一位，她是切尔诺贝利的居民，她记得“有人过来找我们帮忙，说发生了事故，需要我们去沙堆填沙袋……那里基本都是妇女，她们从白天干到晚上”。[3]乌克兰方面负责提供劳动力，莫斯科提供经济支持。

当共青团领导和当地官员接过了调动工人装填沙袋的任务后，安托什金将军又做起他的本职工作——协调飞行员向核反应堆里倾倒沙袋，从而将其封闭。在谢尔比纳安排安托什金去装沙之前，安托什金就已和他的军官们飞到受损反应堆上空，规划好了路线。目前有两个难题：一是飞行员并不熟悉核电站布局，一开始很难确定反应堆的位置，而反应堆不断向空中释放看不见摸不着的辐射云，几乎没有烟尘；二是从空中接近反应堆难度极大，因为高耸的排气管在爆炸中侥幸保存了下来。安托什金和飞行员们克服了两大难题，规划好飞行线路，在接下来的几天内飞行员们将沿着这条线路进行数千次飞行。

很快，伴随着震耳欲聋的轰鸣声，一架架直升机先后从普里皮亚季中心广场起飞，飞往距离不到三公里远的受损反应堆。当直升机到达目的地后，工作人员会打开舱门手动投放沙袋。这项任务几乎不可能完成，因为受损反应堆的开口——没有被“叶连娜”罩住的部分——只有五米宽。在他们关上舱门前，由于投放沙袋而产生的辐射云会将放射性气体和颗粒带入机舱内，每次投放都会使舱内的辐射值从 500 伦琴 / 小时增长至 1800 伦琴 / 小时。一天内，安托什金的飞行员们共出动 110 架次，投放了 150 吨沙袋。这已经很了不起了，可还是不够令谢尔比纳满意。

4 月 27 日晚间，已经精疲力竭的安托什金将军将成果汇报给谢尔比纳，可这个副总理却未流露丝毫感谢之意。他反而不断朝安托什金和沙沙林大声责骂，说工作看上去没完没了。谢尔比纳不再让沙沙林负责沙袋运输的工作，并要求飞机增加架次投放更多沙袋。乌克兰设计者们很快设计出了一种可挂在直升机上的挂钩，将沙袋包置于降落伞内，如此便能多载几十包沙袋。他们一共制造了 3000 多个挂钩，挂钩可从舱内自行脱落，无需飞行员打开舱门，这样就不会带入辐射气体及颗粒。同时他们还用铅板加固飞机地板，这两项改进措施拯救了许多飞行员的生命。但他们的任务依然难如登天，因为反应堆的开口过窄，只有不足 20% 的沙袋能掉入反应堆里。[4]

还有辐射问题。起初飞行员们并不知晓辐射场的威力，但他们很快就意识到形势严峻，不光是辐射测量器的数值。一位名叫瓦列里 · 什马科夫的飞行员回忆道：“天气很好，阳光灿烂，一切都生机勃勃的。但我们注意到有一只乌鸦由于身体太虚弱已经飞不起来了。我们才意识到情况有多严重。”许多同事开始呕吐，还有一些人皮肤受辐射照射而损伤。什马科夫觉得异常疲惫——许多在爆炸后就赶到普里皮亚季的人也出现了这种放射性中毒的症状。什马科夫和他的同事们觉得他们无处可逃。他回忆道：“当我们开始在反应堆上空飞行，接受消毒，当我们的设备和衣物接受特殊物质处理，我们才开始讨论这次飞行任务的危险性，我们或许应该首当其冲，成为牺牲者，既然我们现在已经身涉其中了。”[5]

第一批飞行员，包括安托什金将军在内，在核反应堆上空飞行时都没有穿戴防护装备。为了投放沙袋，他们要在反应堆口的位置停留四分钟左右。一次单程飞行会使飞行员受到 20—80 伦琴的辐射，也就意味着他们应该在返程后立即被送往医院接受治疗。然而事实上，他们已不舍昼夜地飞行了八天，体内已吸收了极高的辐射量。他们吸收的辐射量是根据他们衣服上的辐射量估算的，而不是反应堆上空的辐射值。5 月上旬当他们完成这项工作后，所有在 4 月 27 日下午执行第一次投放的飞行员都被送往了基辅的医院接受治疗。[6]

谢尔比纳想将沙子放入反应堆内，现在这个想法已经实现了。但是他这个想法真的正确吗？他听从了首席科学家勒加索夫的建议，但如果勒加索夫和其他科学家的想法是错的呢？库尔恰托夫原子能研究所的一些同事认为勒加索夫的想法完全错误。没人知道是什么原因引起了接二连三的爆炸，也无法说清反应堆内究竟发生了什么。用沙子来封闭核反应堆是否会引起新的爆炸，而不是起到灭火的作用呢？

4 月 27 日夜，不再负责沙袋运输工作的沙沙林和包括勒加索夫在内的几位顶尖科学家，坐在一起讨论当下的情况。勒加索夫回忆："目前最困扰我们的问题是，核反应堆或核反应堆的某一部分是否还在工作？短时存在的放射性同位素是否还在不断产生？"必须立刻进行检测。科学家们让载有测量伽马和中子活性设备的装甲车尽可能靠近受损的反应堆。结果令人沮丧：计数器显示中子辐射值很高。这意味着核反应还在继续，反应堆还在运转并且有可能引发更剧烈的爆炸，比起之前摧毁四号反应堆及令政府委员会下令疏散普里皮亚季市民的那次爆炸，再次爆炸将猛烈得多。它不仅会毁灭整座核电站，还将释放大量辐射云，欧洲大部分地区将因此不再适合人类居住。

勒加索夫钻到装甲车内，命令装甲车驶向反应堆。他很快意识到中子的测量结果可能会受到强伽马场的影响。中子是一种电离亚原子粒子，能反映反应堆内的状态；伽马场是电离辐射中另一部分。于是他想出了另一种测量反应堆内辐射量的方法："我们通过测定碘–134 和碘–131 这两种短寿命和长寿命同位素的关联性和辐射化学测定法来获取有关核反应堆状态的最可靠信息。"他们很快就意识到"短寿命的碘的同位素已不再生成，也就意味着反应堆不在工作，而是处在亚临界的状态"。该结果让他们如释重负。他们向莫斯科汇报，委员会成员的测定值是每秒每平方厘米约 20 个中子。沙沙林说："必须承认，我们是在离反应堆尚有一段距离，且隔着水泥的地方测量的。"[7]

勒加索夫的下一项任务是将反应堆内燃烧的石墨保持在一个特定的温度内，以防铀燃料靶丸释放更多辐射。他建议使用硼，一种可以吸收中子的稀有化学元素，来防止反应堆过热。但首先他要说服莫斯科和普里皮亚季的上级领导接受这个想法，还需要收集足够多的铅来完成这项工作，核电站的仓库内存有足量的硼。莫斯科的上级们，尤其是苏联科学院院长兼库尔恰托夫原子能研究所所长阿纳托利·亚历山德罗夫，并不支持该项建议。亚历山德罗夫建议使用黏土而不是硼。谢尔比纳决定黏土和硼两者都用，他只需要知道一共需要多少铅、硼以及其他材料。勒加索夫说需要 2000 吨铅，但不一定完全够用，于是谢尔比纳订了 6000 吨铅。这可是大手笔，但谢尔比纳毫不在意，因为整个苏联经济都任由其调配。[8]

直升机飞行员们开始往反应堆内投放沙、黏土、硼还有铅。沙子用来扑灭石墨上的火，铅用来降低石墨的温度，硼和黏土用来防止连锁反应发生。谢尔比纳和委员会同意采用此方案。但有些科学家想说服勒加索夫连锁反应只是在理论上会发生，因为燃料管道已经毁坏，反应堆内只有石墨在燃烧，因此硼不会发挥作用。原子能研究所的顶级科学家瓦连京·费杜林对石墨反应堆了如指掌，他于 4 月 27 日下午抵达普里皮亚季，认为沙子、黏土以及铅都没有必要。

石墨反应堆的缔造者之一亚历山德罗夫将费杜林派来，是请他给勒加索夫提供科学建议，因为化学家出身的勒加索夫没有经过专业物理训练，也未曾有这方面的学术兴趣，甚至从未参与石墨反应堆的相关工作。4 月 27 日晚上，在费杜林到达普里皮亚季的第一晚，他拜访了康斯坦丁·波卢什金——第一位从空中观察核反应堆的科学家，也是他首先认定反应堆已经毁坏了。波卢什金向费杜林及其他几位科学家展示了他在直升机上拍下的反应堆画面。从屏幕上，费杜林看到巨大的“叶连娜”还在原位，罩住了大部分反应堆，使得飞行员们很难将材料通过开口投放进去。

费杜林认为目前基于勒加索夫所采用的策略不仅无用，甚至是起反作用的。飞行员们冒着生命和安全危险，将材料投放下去，然而其中大部分都没能掷入反应堆里，而每一次投放都会造成小型的辐射爆炸，使辐射值上升。费杜林是这样描述一次空投后的场景的：“一秒后，一朵黑色的蘑菇云从破损的反应堆上空升腾起来。里面满是燃料和石墨灰尘，和原子爆炸产生的蘑菇云看上去极像，但小很多，颜色也非常黑。三四秒内，这朵不祥的蘑菇云的顶部上升到排气管三分之二的高度，然后呈黑色带状开始缓缓下降，在暗灰色天际的衬托下，仿佛是雨从云层里落了下来。10—12 秒后，蘑菇云消失了，天空又恢复了晴朗。风把蘑菇云吹走了。”[9]

费杜林反对继续进行空投，但勒加索夫并未采纳其意见。勒加索夫告诉费杜林：“空投沙土和其他材料后，辐射活动的确明显加剧了，但可能只是短暂的。如果我们什么也不做，民众是不会理解的。”的确，空投计划是获得苏联最高权力部门认可的。他们最关心的不是空投可能会导致辐射扩散，而是如何避免再次发生爆炸。这是 4 月 27 日晚间分管能源部门的苏共中央委员会书记弗拉基米尔・多尔吉赫告诉科学家们的。[10]

4 月 28 日早上，多尔吉赫亲自告知戈尔巴乔夫及整个苏联领导层，四号反应堆已在爆炸中毁坏，需要进行填埋，目前已向堆体投入沙子、铅、黏土和硼。戈尔巴乔夫问他：“是从空中进行投放吗？”多尔吉赫回答：“是用直升机。”接着他报了一个较低的数目，

“已经投放了60袋，还需要1800袋，但直升机也不够安全”。该数据可能反映了截止到前一天中午的状况。戈尔巴乔夫又问苏联陆军参谋部参谋长谢尔盖·阿赫罗梅耶夫元帅，当下应该采取什么措施。对方答道：“唯一现实的做法就是用沙子和硼把反应堆封上。”[11]

谢尔比纳已倾尽全力尽可能快地填埋反应堆。投放到反应堆的沙、铅和硼的数量在逐日增加：4月28日300吨，4月29日750吨，4月30日1500吨。5月1日达到了高峰，当天投放了1900吨的沙子。后来由于担心材料堆积面积太大，分量太沉，便停止了空投。反应堆承重过大会压垮核电站的地下结构，从而引发地下水放射性污染。最后共约5000吨不同材料被投掷到反应堆里，其中大部分是沙子。堆积如山的材料竟没有压塌机组简直是个奇迹。[12]

飞行员们的付出是否值得？勒加索夫认为答案是肯定的。反应堆周围的辐射值下降了。后来他和其他几位科学家估计，4月26日事故发生后24小时内，爆炸产生的辐射有25%已经消散了。到了5月2日，辐射的释放量仅为事故后第一天的六分之一。勒加索夫认为这应归功于委员会所采取的行动，尤其是用沙子及其他材料来填埋反应堆的空投行动。[13]

对于住在乌克兰、白俄罗斯和俄罗斯西部的居民来说，这样的改善既不充分，又姗姗来迟。直升机进行空投时，原本在事故发生后的最初几日向西、向北吹的风变成了向东、向南吹，将辐射扩散到了更多地方。弗拉基米尔·皮卡洛夫将军指挥的化学武器小分队，在事故发生后就立即来到了现场，他们负责辐射值的测定以及辐射区域的划定，检测点分布不广，面对迅速恶化的情况他们也无能为力。[14]

4 月 28 日，即普里皮亚季疏散后的第一天，谢尔比纳及其委员会在获得莫斯科方面的同意后，决定将反应堆方圆 10 公里的范围划为禁区，并重新安置从该区域撤出的人口。委员会还决定放弃普里皮亚季这座城市——因为那儿的辐射值一直在上升。委员会成员和核电站的操作员——近 5000 人留在了城里以确保反应堆的安全关闭，再加上被调配过来的警察和军人，他们都没有足够的装备来应对如此高的辐射。

防毒面具的数量远远不够，辐射测量器也供应不足，一些能用的测量器也因没有电池而无法使用。碘化钾药片也很难得到，等到手时也为时过晚——居民们的甲状腺里已吸收了不少放射性碘。有关高辐射场的警告标示也未张贴，高级官员的办公室均设在城内污染最严重的地区，办公室和走廊里铺的羊毛地毯变成了吸附放射性颗粒的储藏室。在警察局总部，人们花了四天时间才搞清楚状况，然后才把地毯移除。[15]

从莫斯科飞来负责处理此次事故的科学家都知道自己面临的危险，但仍然经常忘记采取保护措施。有男子气概的“担当”精神影响了留在普里皮亚季的众人。费杜林是这样描述他在破损反应堆周围看到的景象的：“当班的年轻人在现场边抽烟边聊天。这时一架将材料搭在网内的直升机飞了过来。高度不是很高，视野很清晰，它在反应堆上空盘旋了一会儿，投下材料，随即飞走了。豁口附近的工作人员看起来都很冷静，他们表情轻松，且都没有戴防毒面具。我摸到了口袋里的防毒面具，想起自己也有面具，却不好意思将它戴上，因为所有人都没有佩戴。”和其他人一样，费杜林也没采取保护措施。他和反应堆之间唯一的屏障就是几百米远处一座建筑物的水泥墙。[16]

普里皮亚季城里的辐射值徘徊在 1 伦琴 / 小时左右。根据后来苏联警方在辐射区采用的标准，在此种情况下警官最多只能待 20 个小时。政府委员会的成员们在普里皮亚季已停留了近 60 小时。终于，委员会成员和在第一次疏散后留下来的所有工作人员被告知可以离开普会里皮亚季，前往更安全的地方。[17]

和之前的疏散不同，这些人明白他们这次不是仅仅离开三天，而是永久地离开这里。费杜林记录下了令人难忘的大撤离一幕：“在路上，我们在之前填沙袋的地方停留了一会儿。上级们在谈论着什么事情，我被眼前的一幕深深打动了……在车站灰暗的背景下，500 米处的一片小村庄的农舍依稀可见，篱笆后面有一位农夫持着犁，在果菜园里耕作，他面前还有一匹马。乡村田园式的画卷出现在这片被辐射侵染的大地上，这一幕我将长久铭记于心。”[18]

在普里皮亚季最后的居民离开之前，他们为这次事故第一名登记在册的殉难者弗拉基米尔·沙希诺克举办了一个简单的葬礼。沙希诺克在涡轮测试时一直在记录辐射值，后来爆炸导致水管爆裂，蒸汽大量逸出。4 月 26 日早上 6 点左右，沙希诺克由于严重烧伤不幸去世。他被送往医院时，已几乎无法讲话，他的妻子在这家医院做护士。他告诉别人他之前在反应堆里工作，并拜托周围人和他保持距离。他去世后，核电站没有空闲的车来将他的尸体载到墓地，而叶绍洛夫最后一次行使了他作为普里皮亚季副市长的权力，他征用了一辆路过的大巴把尸体送到墓地，尽可能让沙希诺克体面地离开。[19]

这批刚从普里皮亚季疏散出来的人在城市以南 35 公里处一个名为“斯卡佐基尼”的童子军营地安置了下来，这个名字的寓意是“童话”，然而这个营地，以及居民们面临的辐射状况，可不像童话一般美好。他们在此地安置好后，这个地区的辐射值也跟着上升了，但还没有超过 1300 微伦琴 / 小时。和普里皮亚季城 1 伦琴 / 小时的辐射水平相比，这个状况已经算很“好”了。[20]

随着政府委员会成员的移动，高辐射也在向南扩散，距离基辅越来越近了。

4 月 28 日，51 岁的乌克兰最高苏维埃主席瓦连京娜 · 舍甫琴科驾车前往基辅北部地区，因为很多来自普里皮亚季的居民暂时安置在那里。她是自己决定过来的，在此之前没有和乌克兰最有权力的人谢尔比茨基商量过。她回忆道：“我感到有灾难发生，但在头几天里没有人知道这次事故有多危险。我想知道怎么能安置下那么多从普里皮亚季过来的人，他们最需要什么，于是我在 4 月 28 日一早向切尔诺贝利出发了。”她看到人们住在学校和公共建筑里，也有些住在附近集体农户的家中。这些人都各不相同。大多数人都是城里的居民，来到农村后他们有些不太适应。但无论他们背景如何，都得参加工作。这其中就包括曾经的普里皮亚季第一夫人——核电站站长的妻子瓦莲京娜 · 布留哈诺娃。[21]

作为一名记者，柳博芙 · 科瓦列夫斯卡娅在 3 月份时写过一篇反映切尔诺贝利核电站施工问题的文章，现在她暂时住在波利斯克镇附近的马克西莫维奇村。大家很快知晓那里的辐射值也很高，于是被疏散的民众又一次坐上了大巴，孕妇和儿童可以优先。放射检测员排查时，发现他们都已经受到了辐射污染。科瓦列夫斯卡娅回忆说："这对一位母亲来说该多难过啊！看到她的孩子接受检测员的检查，结果孩子的鞋、裤子和头发上都带上了辐射。"撤离工作仓促进行，许多家庭也因此被拆散了：孩子们和他们的父母、祖父母可能并不在同一个村子里。村子大广场上的扩音器开始播报新闻和通知，其中有很多都是有关父母寻找孩子的广播。[22]

舍甫琴科发现住在附近村落里的撤离群众还不太清楚到底发生了什么，许多人拿这次事故与二战时期德军的占领相比，觉得情况并不危险。她记得："我在附近的民居逛了逛，想看看人们的状态，发现他们大多很冷静，都期待着能尽快回到自己的家中。每个人都跟我说：'这算什么危险？当年德国人占领的时候，才是真的危险。现在风和日丽，我们还要在花园里养花呢。'"作为对事故情况没有可靠消息的政府高官，舍甫琴科也怀有同样的感受，她和她的司机中午在户外吃了午饭，还品尝了当地人提供的食物。

当天晚上，她才意识到辐射造成的危险，在回基辅的路上，她的车在维尔切村被截停了。一个早上还不存在的辐射控制岗哨正检查所有过路人的情况，而她的凉鞋也被检出携带了高辐射。舍甫琴科不得不把鞋脱了下来，留在那里。这位乌克兰最高苏维埃主席只能赤脚回到了家。第二天，放射检测员测出基辅的辐射值达到了100 微伦琴 / 小时——是正常值的 5 倍。而这仅仅是个开始。[23]

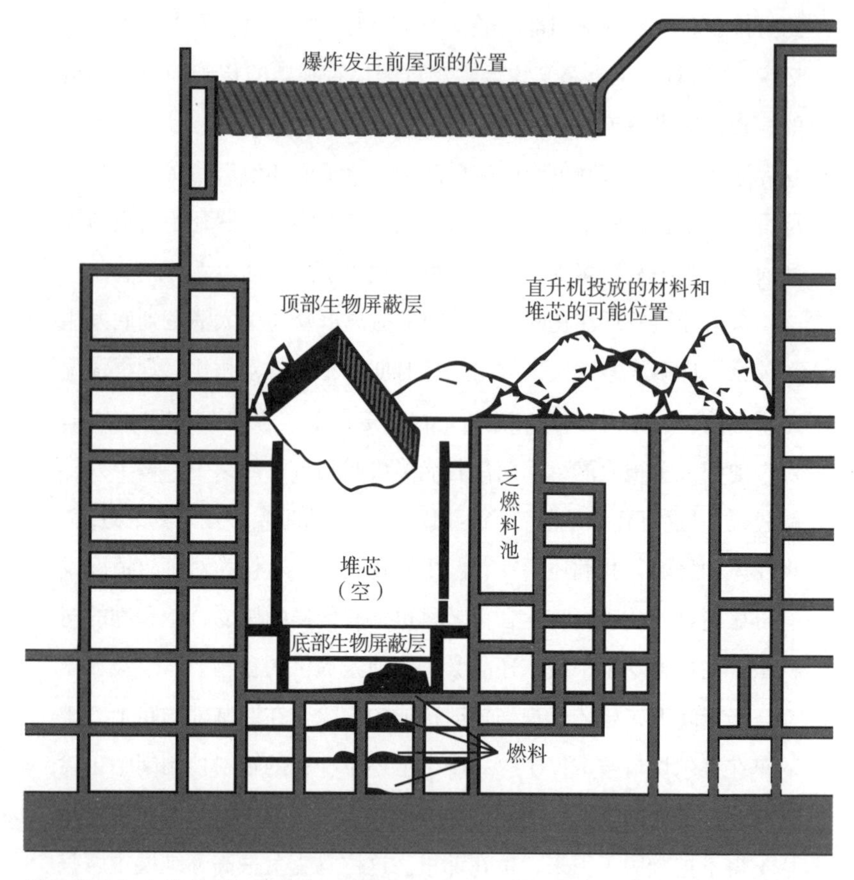

爆炸后的切尔诺贝利四号机组示意图

第四部分

潜藏之忧

第十一章　死寂

在普里皮亚季发生的都留在普里皮亚季，这是事故发生前就定下的准则，在事故发生后的数日里依然有效。尽管有数万人从普里皮亚季疏散至附近村落，苏联政府还是拒绝向本国民众和世界其他地区透露详情。无论是电视、广播还是报纸，都对此次事故保持缄默。

克里姆林宫此前就成功地严守了大型核事故的秘密，对核污染及其对苏联市民和整个世界造成的危险三缄其口。1957 年，那起事故发生在乌拉尔地区一座名为奥焦尔斯克的封闭城市里，但苏联领导层更熟悉的是这座城市的代号——车里雅宾斯克 -40，它是苏联第一座生产武器级钚的核燃料工厂的所在地。1957 年 9 月 29 日，一个地下核废料槽爆炸，将覆盖在钢筋混凝土结构上重达 160 吨重的水泥顶盖震破，并向大气层释放出 2000 万居里的辐射。政府不得不重新安置了 1.2 万名居民，他们大多来自附近 23 个被认为已不再适合人类居住的村落。这些居民的房子和农业设备都被填埋了，受灾最严重的地区被划为禁区。

苏联的领导人拒绝公布奥焦尔斯克事故的相关消息，此举置数十万市民的生命于危险境地。他们继续着日常生活，并不知道该如何最大限度降低事故带来的风险。尽管辐射云并未飘到苏联境外，但如此大规模的辐射泄漏事故完全不被外人知晓也是一件不可能的事。美国军方与政府官员获悉了本次事故，但决定不以此展开宣传攻势来对付其冷战对手。双方都希望为这次事故保密，这样就不会让民众因过度担惊受怕而拒绝将核能视作一种廉价能源来使用。[1]

在奥焦尔斯克事故中，当政者想出了很多应对之策，这些办法都可以应用于近 30 年后的切尔诺贝利事故中。这些办法包括：利用征兵手段对核爆炸进行善后处理；采用消除核污染的技术，如填埋受污染设备、用混凝土覆盖核电站受污染区域；重新安置大批人员；划定禁区；处置大批出现急性辐射中毒的患者；等等。苏联核工业的掌权者斯拉夫斯基及其属下曾负责过 1957 年奥焦尔斯克事故的处理，他们将被召回处理这次核爆炸事故。

和奥焦尔斯克事故如出一辙，切尔诺贝利事件发生后，苏联政府最初对国内外都保持沉默。1986 年的戈尔巴乔夫、雷日科夫及其在莫斯科和基辅的属下都有处理核事故的先例可循，究竟是公开说明还是闭口不谈，他们同样可以仿效。在爆炸发生后的最初几日，官方都很明显地在对事故装聋作哑，秘而不宣，这不仅是由于核计划本身就具有保密性，也是因为当苏联宣布成为世界上第一个建成核电站并且可以和平利用原子能的国家后，官方不愿承认自己的失败，在此之前他们把失败都归咎于美国和资本主义世界。此外，官方也不愿意恐慌情绪在民间散播，使国家无法调集应对灾难所需的人力物力资源，所以只能保持沉默。

事实证明，想要控制这次信息的流通将困难得多。奥焦尔斯克事故释放了 2000 万居里的辐射，而切尔诺贝利事故则释放了 5000 万居里的辐射。此外，奥焦尔斯克处于苏联中心地带的乌拉尔地区，切尔诺贝利则不同，它位于西部边境地带，风会传播辐射，也会将事故的消息带到北欧和中欧。在 20 世纪 70 年代参与普里皮亚季建设的建筑师曾指出该地区盛行向西和西北方向吹的风。这在事故发生后头两天得到了证实。4 月 26 日夜间，吹向西北方向的风携带放射性尘埃越过乌克兰边境，吹向了白俄罗斯，之后到了立陶宛，经过波罗的海后又到达瑞典、芬兰和丹麦。[2]

第一个拉响警报的是距切尔诺贝利 1257 公里之外的瑞典乌普萨拉附近的福斯马克核电站的放射检测员。正如前文所述，福斯马克的辐射控制官员克利夫·鲁宾逊在 4 月 28 日早晨穿梭于核电站各个区域后，于 7 点左右拉响了辐射警报。到了中午，该核电站的工人已被疏散，其他核电站的辐射水平经检测也都已经超出了正常范围。瑞典核专家很快查明这些辐射是经由风从波罗的海另一侧吹过来的。瑞典外交官联系了三家与核能有关的苏联机构，希望他们能给出解释，却都没能得到回应。于是瑞典人失去了耐心，环境部部长布里吉塔·达尔发出声明表示，隐瞒放射性物质泄漏的信息是违反国际准则和协定的。这一次苏联领导人无法像 1957 年那样瞒天过海了，他们的秘密已经公开，并演变成了一宗国际事件。[3]

4 月 28 日，星期一晚 9 点，苏联媒体终于打破沉默，发出了切尔诺贝利事件的官方声明，此时已是事故发生后的第三天，距

离瑞典在国内探测出高辐射也已超过了 12 小时。在晚间新闻节目《时代》中，一名播音员用沉闷的声音宣读了苏联塔斯通讯社的新闻稿。内容如下："切尔诺贝利核电站发生了事故，一座核反应堆受损，政府正采取措施消除事故带来的影响，给予受害者援助。相关政府委员会已成立，以查明事故起因。"新闻稿就这些，一切看起来都在控制之下，并没有提到辐射值上升以及普里皮亚季居民撤离的消息。当天和次日，没有一家苏联报纸刊登这条新闻。[4]

即便新闻只寥寥数语，将它播报出来对苏联领导层来说也并非易事。他们仍将苏联重视保密的传统奉若玉律，同时宣称为了追求更高的利益和更好的未来，有时需要一定的牺牲。在事故发生后召开的政治局第一次会议上，官员们进行了长时间的辩论，之后才做出决定，播报这条简短的新闻。

4 月 28 日清早，在瑞典探测出高辐射值数小时后，分管能源部门的苏共中央委员会书记弗拉基米尔·多尔吉赫向戈尔巴乔夫和政治局同僚们做了汇报。他提出四号反应堆必须被填埋，而且沙袋已经投掷到反应堆上了。政治局委员们勉强接受了这个想法——沙袋填埋是唯一可行的能防止辐射扩散的办法。事故原因尚未查明。假设是氢气爆炸，但无人知晓确切的原因。戈尔巴乔夫说："这只是目前的猜测。"多尔吉赫报告称有 130 人已入院就医，被疏散的人也都安置妥当，分配了工作。而安置灾民被视为乌克兰政府的职责。克格勃首脑维克托·切布里科夫报告称："目前尚无值得忧虑之事，居民们都很平静。但要考虑到事故至今仅在小范围内被人知晓。"

戈尔巴乔夫问了一个关键的问题："我们该如何进行通报？"多尔吉赫告诉众人："我们要先确定辐射的范围。"但戈尔巴乔夫不愿继续等待了："我们要尽快做出声明，不能再耽误了，我们要告知大家核电站发生了爆炸，政府正采取措施将影响范围控制在局部地区。"叶戈尔·利加乔夫虽然后来领导保守派反对戈尔巴乔夫，但彼时他仍是戈尔巴乔夫的左膀右臂，当时他是第一个表示赞成戈尔巴乔夫意见的官员。戈尔巴乔夫的自由派支持者亚历山大·雅科夫列夫也附议："我们越快发表声明越好。"其他人也纷纷表示赞同。作为负责国际关系的中央委员会书记，阿纳托利·多勃雷宁此前一直担任驻美大使，他亦有自己支持戈尔巴乔夫的理由，他告诉同僚们："无论如何，美国都会查明爆炸以及辐射云扩散的真相。"

多勃雷宁的前上司、苏联外交部前部长安德烈·葛罗米柯，现担任苏联最高苏维埃主席一职，他同样没有排斥这个建议，但提醒大家要谨慎一些。他认为"声明要注意避免引发民众恐慌"。几分钟后，他又提议道："或许我们应该先通知我们的朋友，毕竟他们是从我们这里学习的核能技术。"这个提议遵循了苏联旧有的"消息分配"传统：不向政治局委员公开全部真相，有选择、有重点地透露信息。首先告知社会主义阵营的"盟友"，然后是西方世界的"敌人"，最后才告诉本国民众。但戈尔巴乔夫不希望这样，他告诉葛罗米柯："必须先告知我们的人民。"

4 月 28 日上午晚些时候，当政治局委员们在讨论是否应该将事故信息向民众公开时，他们普遍认为核污染只出现在苏联境内，因此此次事件属于苏联内政。多尔吉赫认为放射性污染范围的直径为 60 公里。雷日科夫总理表示辐射已到达波罗的海附近的维尔纽斯，苏联总参谋长阿赫罗梅耶夫元帅则估计辐射云的影响半径为300公里。然而委员们全然不知，辐射云已越过苏联边境，已经对其他国家造成破坏。[5]

4月28日晚间，当苏联电视台播报这则简短声明时，一起国际事件已在酝酿中了。苏联政府仅仅承认了西方政府早已知道的事实，而大部分苏联民众通过口口相传也已知晓此事。事后戈尔巴乔夫进行了辩解，声称当时他和政治局都没有掌握足够全面的信息。他在回忆录中写道："有人说苏联政府刻意隐瞒切尔诺贝利事故的真相，我坚决反对这一指控。我们那时并不知道真相。"事实上，他们知道的要比承认的更多。即便戈尔巴乔夫和雷日科夫当时准备摒弃苏联旧有的保密传统，他们也害怕事态会变得难以控制。雷日科夫后来沉思道："我能对人们说些什么呢？难道跟他们说'大伙儿，反应堆爆炸了，辐射值已经爆表了，赶紧自救吧'？"[6]

4月29日，苏联发表声明后的第二天，美国驻苏联大使乘坐泛美航空公司的飞机抵达了莫斯科，一架苏联国家航空公司的飞机也同时降落在华盛顿杜勒斯国际机场。对于两国来说这都是不同寻常之事。1981年12月，里根政府为抗议波兰的军事管制，取消了美苏直航，里根总统同戈尔巴乔夫于1985年12月在日内瓦举行第一次会晤后，航班才恢复开通。当时两位领导人审时度势，终于做出决定——尽管双方存在意识形态和哲学理念的差异，但还是可以合作的。[7]

民用航空部副部长率领苏联代表团乘坐苏联国航的飞机抵达美

国，他向美国记者表示，希望恢复直航能促进两国合作。他还打算聊一聊未来，但记者似乎对切尔诺贝利事件更感兴趣，不断问他这次事故的规模以及遇难人数。这位高级官员变得不知所措，因为他所知道的可能比这位记者更少。[8]

同一天，美国民众获悉了大量有关切尔诺贝利事件的信息。美联社驻莫斯科记者谢尔盖·施梅曼在《纽约时报》的文章中写道："事故的严重程度目前不得而知，但可识别的辐射物已在斯堪的纳维亚半岛扩散。塔斯通讯社提供的简短声明稿以及晚间新闻的播报都表明这是一次重大事故。所用措辞表示核电站的灾情尚未得到完全控制。" 施梅曼报道了大众对斯堪的纳维亚半岛所面临的不断升高的辐射的焦虑，并指出苏联的声明是在"瑞典、芬兰和丹麦发现辐射异常升高的数小时后"才发表出来的。[9]

也是在 4 月 29 日这天，里根从他的外交政策与国家安全团队那里得知了切尔诺贝利事件。他当时正搭乘空军一号从关岛飞往巴厘岛参加一个南亚峰会。政府当即决定成立一个工作小组，负责监控事故动态以及其可能对美国带来的影响。工作小组由副总统乔治·布什负责监督，环境保护局局长李·托马斯担任组长。

美国中央情报局也在同一天提供了首份有关切尔诺贝利事故的情报备忘录。中情局专家称此次事故是史上最严重的核灾难，还提到了一则谣言说，即使没有数千人，也至少有上百人死于核爆炸。他们承认了这次情报工作的失败，因为他们未能在瑞典探测出高辐射值以及苏联发表事故声明之前就收集到相关信息。这份备忘录写道："未能在瑞典公开信息以及苏联几乎同时发表事故声明前就收集到有关情报，让我们深感不安。事故发生后三天才得知此事，让我们深感不安。事故发生在北约‘战争警报’的核心地区，尤其令我们不安。我们需要查明事故原因。”[10]

基于卫星监测数据，这份中情局备忘录的撰写者推测首次核爆毁坏的反应堆内的石墨还在继续燃烧，并不断向大气中释放辐射。中情局专家预测：“辐射源下风向的大部分地区将由于人员疏散、工厂和设施的关闭以及去污行动而受到影响。”他们还预见到了“辐射会对农业，特别是对乳业产生影响；对水源造成污染，尤其是第聂伯河流向基辅的下游区域”。中情局断言苏联掩盖事故信息会对他们产生不利的国际影响：“由于苏联未能发出预先警报（他们可是有三天的时间），东西欧国家都会长久地与之疏远。这会让苏联不再那么可信，当他们与别国进行各种协商时，从军备控制到经贸合作，以及他们的宣传造势，效果都会大打折扣。”[11]

得知切尔诺贝利事故后，里根政府的首次公开回应是向苏联提供援助。4 月 29 日，一位苏联外交官前往美国国务院商讨有关核武器控制的问题，美方也向其表明上述意愿，同时希望他能提供更多事故的相关信息，但对方什么都没说。随后，美国国务院首次指责了苏联方面不愿提供事故细节。一位国务院官员告诉媒体：“苏联人一贯如此，迟迟不谈此次事故，只提供给我们一些碎片化的信息。”据推测，苏联实际上不太可能接受美国援助，因为切尔诺贝利核电站可能是军方项目，尽管这一推测并不准确。[12]

第二天，即 4 月 30 日，苏联外交官向里根传达了戈尔巴乔夫的口信，承认确有事故发生。白宫新闻发言人拉里 · 斯皮克斯告诉媒体：“苏联方面告诉我们，由于放射性物质发生泄漏，紧邻事发地的人员已被部分疏散。辐射目前得到了控制，已探测到污染扩散到了核电站的西部、北部和南部地区。污染水平略超出标准范围，但无须对民众采取特殊防护措施。”斯皮克斯表示美国政府正在敦促苏联政府提供更多信息。[13]

美国情报机构和媒体将这次事故称为史上最严重的核灾难，一时间谣言四起，真相难觅。4 月 29 日，美国合众国际新闻社驻莫斯科记者卢瑟·惠廷顿发表报道称，爆炸造成 80 人当场死亡，另有 2000 余人被送往医院。他援引了一则对基辅某不具名人士的电话采访，该人士还表示有 1 万—1.5 万人已从普里皮亚季撤离。前一项数据很显然是一个过高的估计值，而后一项数据则远低于实际从普里皮亚季疏散的人员数量。但许多西方媒体采信并转载了这篇报道。芝加哥证券交易所甚至迫不及待地做出预测——苏联农作物会受到大面积污染，因此美国农作物出口将大幅增加以弥补潜在的粮食缺口。美国农作物不仅仅会出口到苏联，还会销往北欧和东欧受到事故及放射性尘埃影响的国家。[14]

苏联方面对此愤愤不平。苏联记者弗拉基米尔·弗罗宁，在 4 月 29 日跟随苏联代表团一起到访美国。看到美国主流媒体报道切尔诺贝利事故的消息后，他感到既焦虑又惶恐。他认为事故会对苏美间的合作带来不利影响。不久后，他在苏联媒体上发表文章表示，“苏联政府向民众隐瞒事故真相”这一说法十分可笑。他将美国媒体对苏联的敌意与苏联在美国七位宇航员遇难时的表现相对比。1986 年 1 月，这七位宇航员因一起太空爆炸事故而不幸遇难。弗罗宁写道：“如果我们还记得‘挑战者号’的话，我们会觉得更加心痛，因为当时我们的媒体和我们的内心对于美国人的遭遇都十分同情。”[15]

弗罗宁和他的国家显然都处于防御姿态。他没有提及美国向苏联提出了援助的提议。苏联宣传部门的领导则对切尔诺贝利事件闭口不提，反而在媒体上大量播发国外核灾难的消息。谢尔盖·施梅曼在《纽约时报》刊登的文章中写道："苏联官方提供切尔诺贝利事故的简短说明后，塔斯社发表报道称美国也曾发生过许多事故灾难，还提到了宾夕法尼亚州哈里斯堡外的三里岛事件，以及纽约罗切斯特市附近金纳核电站的事故。塔斯社称，根据美国一个反核组织的记录，美国在 1979 年共发生 2300 起核相关事故、故障或问题。"[16]

4 月 30 日，苏联重要的报纸《真理报》终于打破沉默，在该日报纸第二版底部刊登了一则短小的事故声明。声明内容和 4 月 28 日塔斯社的声明基本一致，但多了一些新内容，声明指出鲍里斯·谢尔比纳被任命为政府委员会负责人，并承认普里皮亚季的撤离工作，但把普里皮亚季称为一个"定居点"，而不是"城市"。该声明还向民众担保官方一直在密切监测辐射值的变动情况。戈尔巴乔夫、雷日科夫及政治局其他同僚，自发布事故信息后便面对这样一个挑战：如何维持苏联作为负责任的世界公民的可信形象，同时又不会对事故失去控制，继而在受灾地区引发民众恐慌。[17]

4 月 28 日，乌克兰克格勃向基辅的党领导汇报，核电站附近的民众对辐射的扩散日益焦虑。在距反应堆仅 130 公里的基辅地区，情势也变得格外紧张。官方动员了大批核专家、警察以及大巴，基辅医院也收治了许多辐射病患者，这一切使得一些谣言开始在乌克兰首都居民之间传播。但政府尚未告知事故范围到底有多大，也没有通知民众采取必要的保护措施。乌克兰知名作家奥列西·冈察尔在日记中写道："整座城的人都感到很惶恐，医院也人满为患，但从广播中听不到有关事故的任何信息，只有激昂欢快的歌曲。"[18]

4 月 30 日，乌共中央政治局召开会议研究当下的情况。当日会议的主要议程是讨论 5 月 1 日将在基辅市区举行的游行活动。对苏联来说，有两个很重要的具有政治意义的节日，其中一个是 11 月 7 日，1917 年的这一天布尔什维克夺取了政权；另一个则是官方确定的五一国际劳动节，这个节日可追溯至 1886 年 5 月 1 日，当天在芝加哥秣市广场，警察开枪射击了示威工人。这个节日会使人想起共产主义的国际渊源和崇高理想。通常 5 月 1 日当天，苏联政府都会组织大规模游行活动。许多苏联市民将这一天视为一个非政治性的春日假期，会和朋友、同事一起参加游行——这是政府唯一许可的公众集会活动。

4 月 29 日，乌共中央政治局会议的前一天，乌克兰克格勃的负责人斯捷潘·穆哈向乌共中央第一书记谢尔比茨基呈上了一份简报，概述了克格勃为这次重要的公共假期所做的准备工作。克格勃也调查了切尔诺贝利事故是否属于人为破坏，并加强了对核电站其他区域及邻近地区的监控，以防"危言耸听的谣言或倾向性信息的散播"。[19]

一切似乎尽在掌控之中，仅仅如此并不够。辐射还在散播，克格勃对此也无能为力。风向已变，辐射云正逼近基辅地区，乌克兰领导层面对的最大问题——是否还要举行游行。4 月 28 日，克格勃的报告显示市区的辐射值尚在正常范围内，即低于 20 微伦

琴 / 小时，但到了第二天，辐射值就跃升至 100 微伦琴 / 小时。乌克兰的领导人很困惑，因为他们搞不懂辐射值到底意味着什么。谢尔比茨基在克格勃关于辐射水平的报告上不停地批复："这是什么意思？"[20]

莫斯科的领导们认为这些数据不算什么，至少辐射值基本还在正常范围内。乌克兰最高苏维埃主席舍甫琴科记得在政治局召开会议之前，他们曾收到莫斯科的指示，要求继续举办游行。基辅的劳动节游行可以向世界昭示这里的一切都很正常，人民既安心又安全，西方媒体则在散布爆炸造成严重毁坏、上万人员伤亡的不实新闻，以此掀起一场舆论战。快乐的基辅人民在市中心游行的形象经由电视和报纸的报道，可以告知国内外人民：此地一切安好，一切尽在掌控之中。[21]

乌克兰的领导层与专家商量过后，决定继续举行游行，但要缩短游行时间、减少参加人数。按照传统，基辅的十个地区都会派 4000—4500 人参加活动，而此次名额减少至 2000 人，而且参加者大多是年轻人。谢尔比茨基希望政治局委员和市领导们也能与家人一同参加游行，包括他们的子女，以此告诉市民基辅安然无恙。[22]

5 月 1 日上午，《真理报》在报纸头版打出了标语："五一劳动节万岁！国际工人团结日万岁！全世界无产者联合起来！"报纸第二版的最底部则刊登了政府关于切尔诺贝利及周边最新情况的声明。声明表示情况有所好转，同时抨击了试图在苏联境内制造恐慌的西方媒体："一些西方机构正散播谣言，谎称核电站事故造成了数千人遇难。事实上，正如我们已报道的那样，目前有两人遇难，共有 197 人入院接受治疗，其中 49 人经过观察已离开医院。企业、国有农场以及各类机构都在正常运转。”[23]

从技术层面说，《真理报》提供的数据是准确的。受到爆炸和辐射影响最严重的消防员及核电站操作员还在莫斯科和基辅医院里勉强维持生命，而事故带来的中长期后果目前还不得而知。政府已经决定在这场舆论战中先发制人，但不会透露过多的信息。5月1日，由雷日科夫总理牵头的政治局行动小组通过决定：“调集一批苏联记者前往切尔诺贝利核电站周边区域收集报纸和电视的新闻材料，向民众展示该区域的日常状态。”[24]

与此同时，基辅地区的辐射水平变得愈加危险。乌克兰原子能研究所专家采集到的数据显示，4月30日早间乌克兰首都地区的伽马辐射值急剧上升。到中午时，辐射值达到1700微伦琴/小时，但之后又有所下降。截至晚上6点，乌共中央政治局会议结束时，伽马辐射值降到了500微伦琴/小时。这是一个好现象，夜间辐射值也都保持稳定。但5月1日早8点，正当人们准备前往市中心游行时，辐射值又急剧上升。灾难已悄然酝酿。

克列夏季克大街既是基辅的主干道，又是五一游行所在地，此地的辐射值上升很快。这条大街位于城市两座小山之间地势较低的地带。据基辅市市长瓦连京·兹古尔斯基回忆：“所有参加游行的人都面临严重威胁，空中的辐射气流从第聂伯河那边直接向克列夏季克大街的方向流动。”[25]9点过后，乌共中央政治局委员和市政府的高官都聚在克列夏季克大街中心城市主广场上的弗拉基米尔·列宁纪念碑旁，等待着乌共中央第一书记谢尔比茨基前来宣布游行开始。此刻的辐射值已蹿升至2500微伦琴/小时，即当天的最高值。然而谢尔比茨基依旧不见身影。

1986 年 5 月 1 日，乌克兰首都基辅街道上，消防车正在用水清除污染
（© IAEA Imagebank）

快到10点时，聚集在列宁像前的人群终于望见谢尔比茨基的车向广场开来。豪华轿车停在了为游行而搭建的高台前，谢尔比茨基骂骂咧咧地从车上下来。兹古尔斯基听到他说："我早就和他说过不能在克列夏季克大街举行游行，它不像红场，这里类似山谷，辐射很容易在这里集聚。但他和我说'继续举行游行！'"谢尔比茨基的妻子拉达后来说，戈尔巴乔夫曾威胁她的丈夫，要将他开除党籍："如果你取消游行的话，你就退出这个党吧！"谢尔比茨基和同事们说着这些，虽然他没提这是他与谁之间的对话，但一些人猜测他指的就是戈尔巴乔夫。他又说道："随他去吧，咱们准备开始游行。"[26]

他们都站到了台上，谢尔比茨基立于中间，乌克兰最高苏维埃主席舍甫琴科在他的左侧，乌克兰总理利亚什科则站在他的右侧。利亚什科记得："所有人都没佩戴防护装备，我的孙子孙女也在游行队伍中，我的妻子与其他领导人的妻子一起待在宾客区。毕竟，那时我们没有人对危险有全面的了解，正相反，人人都在试图弱化危险。"没有谁比莫斯科政要和核工业负责人对此更上心了。利亚什科回忆："我接到中型机械制造部部长斯拉夫斯基打来的电话，他所在的部门正是与核能打交道的部门。他对我说：'你怎么这么大惊小怪？我要亲自过去把你们的反应堆关掉。'"[27]

活动当天的照片显示，谢尔比茨基、利亚什科、舍甫琴科和乌克兰其他领导人朝游行队伍中的民众挥手致意，此刻城里的辐射也达到了峰值。与站在台上的人所不同的是，游行者对危险毫不知情。照片中，民间表演团体的演员们穿着乌克兰传统服装，年轻人们高举着马克思、恩格斯和列宁的肖像照，也有些人举着苏共中央政治局委员们的照片，戈尔巴乔夫的照片摆在前面。游行者们都穿着轻便——因为这是个阳光和煦的春日早晨。许多人都带着年幼的孩子，有些父亲还让孩子坐在自己的肩头。儿童们也都以自己的队形行进着。其中一位参与者回忆："儿童——我们未来的接班人——走在队伍的最后面，他们想要追上我们的步伐，边笑边跳。"[28]

游行的参与者纳塔利娅·彼得里夫娜事后回忆，她记得游行刚开始和以前并无异样，当她和人群走入主广场后，她望向主席台。通常，台上会站满各行各业的代表，有企业高管，也有劳动能手——因严格遵守规定或工作效率高而作为模范表扬的工人们，而现在整座台子空了一半，她不敢相信看到的画面，她回忆道："我疑惑地问道：'这些精力充沛的人都去哪了？'"这些精力充沛的人指的是她在以前游行时见到过的核能部门工作者。随后一位穿着便服的男士找到了她，此人的举止说明他是一位克格勃。彼得里夫娜记得那位男士"对我耳语道：'快点离开，快点离开。'他抓着我的胳膊把我带离了游行队伍"。克格勃不希望人们破坏主席台前有序的行进秩序，也不会容忍任何可能造成恐慌的提问。[29]

彼得里夫娜回忆道，游行结束后，"我坐在长椅上休息，觉得虚弱无力，头晕眼花。我的喉咙很干、很痒"。这些明显是受到辐射影响的反应，但好在后期她没有出现更多不良反应。另一名游行参与者纳塔利娅·莫罗佐娃，特意从敖德萨来到基辅参加这次活动，她可没彼得里夫娜那么幸运了。乌克兰议会成立了一个特别委员会来调查切尔诺贝利事件的善后工作，那些曾在主席台上向群众致意的领导都收到了这名女士满是咒骂的信件："让他们都下地狱吧！"她接着写道："我是一名孕妇，4 月 24 日我来到基辅拜访一名女性亲友。我参加了这次游行，在第聂伯河上划了船。5月12日我才离开基辅，到了7月我的孩子就胎死腹中了。”[30]

5月1日，奥列西·冈察尔在他的日记中写道：“民众在克列夏季克大街上举行游行，高兴地呼喊着口号，好像无事发生过一样。” 克里姆林宫中的苏联领导人虽然一直在努力防止出现公众恐慌，但这次“带辐射”的大游行却产生了出乎意料的后果，苏联政府原本希望借此巩固政权，结果适得其反。基辅工人格奥尔基·拉尔后来写信给乌克兰议会委员会：“政府欺骗和背叛了我。切尔诺贝利事故发生后，我只能从外国政府那里得知消息。”的确，在得知瑞典高辐射警报后，西方媒体首先播报了新闻。“美国之音”和“自由电台”最早用俄语和乌克兰语通知苏联民众做好辐射预防措施。与此同时，克格勃工作人员还在不断查抄传单，他们认为那些传单中含有“有关切尔诺贝利核电站事故影响的虚假信息”。[31]

戈尔巴乔夫没有为基辅那天发生的事情承担责任，但他后来承认继续举行游行是个错误。事故过去20年后，当2006年戈尔巴乔夫接受访问时说道：“5月1日我们没有取消游行，这是因为当时我们还没掌握事故全面信息。的确，我们不想制造恐慌——想象一下吧，在一座有着几百万人口的城市中，如果发生了大规模恐慌，那后果该多么可怕！现在我们知道了，当时那就是个错误。”[32]

第十二章　禁地

名叫阿纳托利·舒马克的年轻克格勃工作人员幸运地控制住了货车方向盘，否则他和其他九位同事可能会掉到沟里，甚至丧命。这时已是5月1日深夜，然而指挥官仍不愿透露他们最终要去哪里，这项任务要求高度保密。货车沿着基辅的道路摸黑前进，指挥官不断告诉司机：右转——左转——直行——再右转。刹那间，姗姗来迟的指令让司机不知所措，慌乱之下，他双手脱离方向盘，紧抱着头。舒马克一跃而起，牢牢把控住了方向盘，这才阻止了一场车祸。

直到此时此刻，指挥官才告诉他们此行的目的地是基辅的鲍里斯波尔机场。他们的任务是接收一辆特殊防辐射车辆，这辆车是专为苏联领导人应对核攻击而设计的，他们需要将这辆车运到切尔诺贝利。指挥官告诉他的属下，这种防辐射车在苏联仅有一辆，因此他们务必尽职尽责地保护好这辆车，将它送达目的地。他们不辱使命，于5月2日中午将这辆车送到了切尔诺贝利核电站。有传言称戈尔巴乔夫要亲自视察这座已损毁的核电站。[1]

戈尔巴乔夫并没有来——直到近两年后，1988年2月，他才

苏联总理尼古拉·雷日科夫前来了解事故后清理工作的最新进展（© IAEA Imagebank）

每天都有新的报纸抵达灾区，报上刊登着有关切尔诺贝利核电站的信息（© IAEA Imagebank）

第一次亲临切尔诺贝利。但在舒马克以及同僚运输车辆的当日，戈尔巴乔夫的两名亲密助手——尼古拉·雷日科夫和苏共中央委员会二号人物叶戈尔·利加乔夫——莅临了切尔诺贝利。他们在 5 月 2 日上午从莫斯科搭乘飞机来到基辅。在乌克兰两位领导人谢尔比茨基和利亚什科的陪同下，他们搭乘直升机来到了核电站。包括政府委员会的首席科学顾问勒加索夫在内，许多参与事故善后工作的人都认为此次视察是由于基辅及乌克兰一些机构提供的报告都显示辐射值一直在升高。[2]

在通知基辅的游行活动继续进行之后，领导们现在亲自从莫斯科来到现场评定事故状况。他们带来了自用的辐射测量器，但对于受损反应堆所带来的危险仍知之甚少。当直升机逐渐靠近核电站时，雷日科夫命令飞行员降低飞行高度，盘旋于反应堆上空。与雷日科夫、勒加索夫一同搭乘直升机的利亚什科记得："警报声越来越频繁，渐渐变成令人抓狂的、持续不断的尖鸣声；仪器上的读数一路狂飙。"他回忆直升机没有任何的辐射防护装置，但雷日科夫记得飞机底部有一块铅板，除此之外什么也没有。看到反应堆后，这些人才第一次清楚爆炸带来的破坏范围有多大，但后果的严重程度究竟几何，他们依旧一知半解。[3]

在切尔诺贝利，克里姆林宫的全权代表们召开了政府委员会会议，他们慢慢认识到那些亟待解决的问题。苏联能源与电气化部部长马约列茨是会议的主讲人之一，他对核电站未来的乐观展望溢于言表。他的发言是这样结尾的："我们将采取一切必要措施使四号反应堆在 10 月恢复正常工作，五号反应堆在 12 月投入使用。"他希望以此满足在场高官的预期。核电站负责人布留哈诺夫虽已无权做任何决定，但也参与了这次会议。听闻此言，他倍感震惊。事后，他记得当时自己想："为什么没有人告诉马约列茨'你的发言荒谬至极？反应堆已经无法修复了！'在场的核能专家都不置一词，我也不好再多说一个字，我怕会被赶出这个会场。"乌克兰政府负责人利亚什科虽没有保持沉默，但也未能大声说出自己的想法，他小声地问雷日科夫："他在说什么呢？反应堆 10 公里范围内的区域都被高辐射污染了，在这样的情况下，怎么可能恢复正常工作？"雷日科夫没有回应他，会议继续进行。[4]

当天是 5 月里一个炽热炎炎的日子，室内的窗户都大开着，谢尔比茨基坐在一扇窗旁，一根接一根地抽着烟。由于春季过敏，他一直在用手帕擦去眼角的泪水，而在当下严峻的形势面前，就算真的流泪也不是件奇事。并非所有发言人都像马约列茨一样乐观。化学部队指挥官弗拉基米尔·皮卡洛夫将军报告了辐射水平，在场的顶尖科学家也都认为辐射值很高，且每天都在不断升高。苏联气象局负责人尤里·伊兹拉埃尔展示了一幅核电站附近受污染地区的地图，污染范围延伸了 30 公里，爆炸当时及接续几天的风向和风力决定了辐射热点区的具体方位。政府委员会此前曾定下半径 10 公里的禁区，现在多名委员都认为要扩大禁区范围。[5]

雷日科夫慢慢才意识到辐射扩散使问题变得越发严重，他问各位委员该如何重新划定禁区范围。有人建议禁区的半径应为 30 公里，尽管这样划分，区域内会掺杂一些未受污染的地方。雷日科夫回忆道："意见纷杂，有来自生态学家、地质学家、气象学家的，还有来自军方和民防部门的。我们比对了各种地图，分析出为何有些数据互相矛盾。我们把地图叠放在一起，找到了重叠的地方，它覆盖了乌克兰、白俄罗斯和俄罗斯所有受污染的地区……我沉思了许久，必须做出决定。”迟疑片刻后，雷日科夫同意了划出半径30公里禁区的建议。这个禁区将覆盖超过2000平方公里的国土面积，禁区内80个定居点的4万多名民众需要被疏散。[6]

这与利亚什科的记忆略有不同。在切尔诺贝利的会议结束后，高官们驾车来到附近的村落，视察疏散者情况。利亚什科正和一名从普里皮亚季疏散出来的妇女谈话，这时一位民防部队指挥官拿着皮卡洛夫将军和下属绘制的污染地区地图找到了他。利亚什科看了看地图，发现他们所在的这个村落也在辐射区内，距离核电站约20公里远。他便让雷日科夫也看了看地图，最终雷日科夫决定将核电站周边半径30公里范围内定居点的所有居民撤走。

利亚什科继续向这些被疏散的群众了解情况。刚才那名妇女接着控诉，称她和家人被安置在当地一名体育老师的家中，这名老师将其视为辐射携带者，要求他们搬到避暑小屋去住。一个念头在利亚什科的心中一闪而过：“这名对疏散群众并不友善的老师，如果第二天也被下令离开自己的家，他会怎么说？”[7]

政府委员会成员对苏联高层这次到访切尔诺贝利视察情况，以及开会商讨对策的做法甚为满意。勒加索夫认为，“这是一次重要会议，因为他们读懂了我们的意见。作为发言人之一，我感到身负重责。他们对事故情况有了进一步了解，慢慢意识到这不仅仅是一次地区事故，而是一个将产生长远影响的事故。他们认识到要想将受损反应堆产生的不良影响控制在一定范围内，需要付出艰巨的努力；为了将反应堆钝化要做大量准备工作；此外，还须给四号反应堆设计并搭建一个新的顶盖”。无人再言在年底前使四号反应堆恢复正常工作之类的话。莫斯科的最高领导开始意识到事故所造成的严重后果。[8]

乌克兰的官员们则对于莫斯科上级的到访五味杂陈。作为高层领导，雷日科夫担负着普里皮亚季撤离工作以及禁区范围扩展工作的政治责任，他明明白白地告诉了地区官员谁才是真正的领导。事故发生后，医疗救助行动既迟缓，又不到位，雷日科夫为此痛斥了当地的官员。乌克兰卫生部副部长抱怨医院里救护车的数量不够，雷日科夫差一点就将他撤职。他告诉那位担惊受怕的乌克兰官员："你真无能，全苏联一切应有尽有。"这正是苏联式的管理方法，斯大林执政时就经常通过威吓下属来使他们完成生产目标。核电站是由苏联政府亲自管理的，这让这名地方官员觉得他们是在替苏联政府的失误买单，因此愤愤不平。[9]

党内"空想家"叶戈尔·利加乔夫同样以不合时宜的方式惹怒了许多地方官员。乌克兰规划局负责人、政府委员会成员维塔利·马索尔认为利加乔夫对于事故地区的日常情况并不十分了解。此前曾有一名工人找到利加乔夫，问他在污染地区工作的人是否可以饮用伏特加，因为据说伏特加能帮助清除体内的放射性颗粒。利加乔夫回应道："伏特加是绝不允许的，我们要严格遵守苏共中央政治局的决定。"几个月前，全苏联进行了禁酒活动，而利加乔夫正是活动的发起人。马索尔回忆："当时我便对他失去了耐心，并决定告诉工人'别担心，在餐厅你们每人可以喝 100—200 克的伏特加'。"

利加乔夫对于当地人的遭遇毫无同情之心，这一点令基辅地区农业部门负责人瓦西里·森科深感震惊。他记得利加乔夫曾说过：

“事故发生的确是太不幸了，但我们或许能从这次事故中吸取点经验教训。”森科回忆道：“这句话刺痛了我的心，难道这次灾难的意义就在于让苏联吸取点经验教训？”他认为莫斯科方面把乌克兰人当成了实验的小白鼠，于是多年后他才会写道：“正因如此，撤离的命令才迟迟没有下来！很显然，莫斯科的高官们想看看辐射究竟会对人体产生怎样的影响。”[10]

切尔诺贝利事件正慢慢损害着乌克兰官员与其莫斯科上级之间的关系。前者虽然没有核电站的管理权，却要负责事故的善后处理；而后者只是巡视了现场，然后斥责并解雇一些没有掌控好局面的人。就连克格勃的官员也满腹牢骚。他们中的许多人为了保护领导不被攻击或暗杀，在污染地区的草丛里埋伏良久，吸收了大量辐射。[11]

5 月 3 日，克里姆林宫的代表们离开乌克兰后，利亚什科召开了乌共中央政治局切尔诺贝利事故善后委员会会议。苏联的政府委员会负责防止反应堆释放更多辐射，利亚什科的委员会主要负责难民安置工作以及保护民众不受辐射伤害。执行这项任务绝非易事，因为乌克兰委员会受制于莫斯科方面信息保密的相关政策，因此他们不能告知民众发生了什么，与此同时还要想办法保护好他们。

对于利亚什科和他的同僚们来说，辐射值不断升高是目前最头疼的事。自事故发生后，乌克兰克格勃和卫生部便每天向乌共中央汇报辐射病患者的数量，每天都有新增的成人和儿童患者。据克格勃汇报，4 月 28 日，有 54 人因出现辐射中毒症状被送往乌克兰医

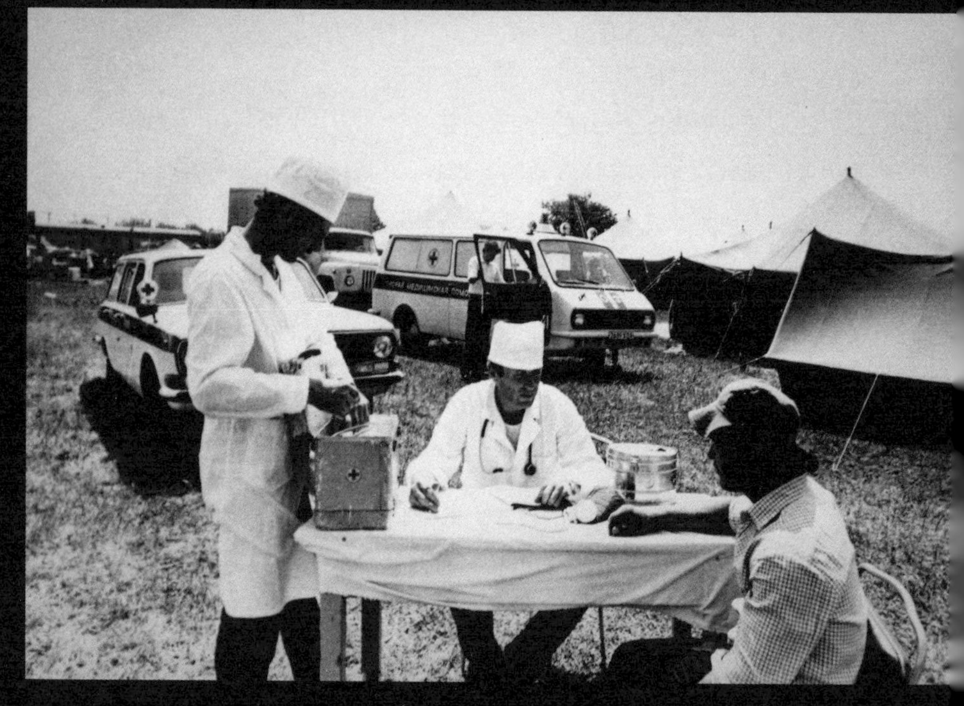

核电站附近，昼夜不停工作的急救站（© IAEA Imagebank）

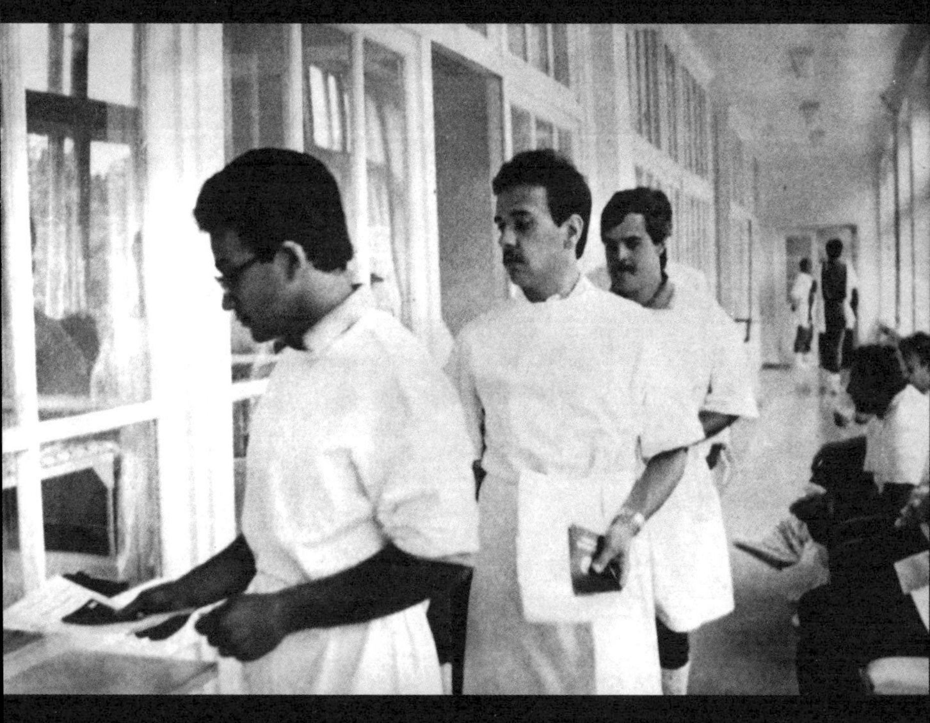

灾后，大量来自基辅的医科学生被派往灾区，图中是献血的学生（© IAEA Imagebank）

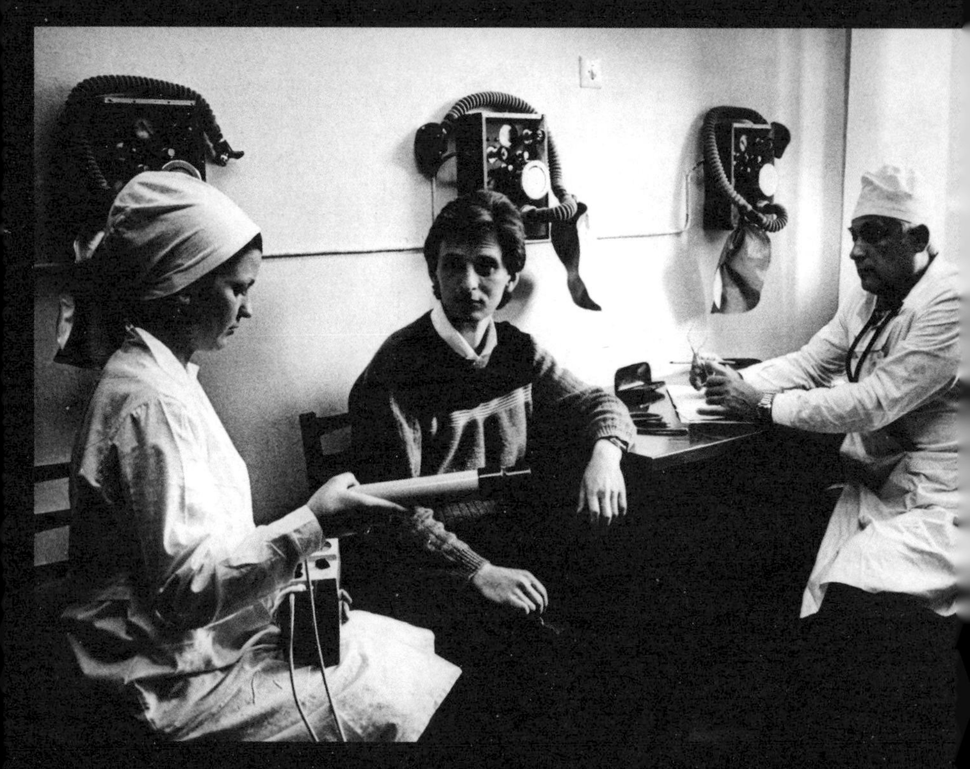

救灾工作轮班后的强制体检（© IAEA Imagebank）

院。同一天，位于莫斯科的苏共中央政治局了解到全苏联共有 170 例相关病例。5 月 1 日，《真理报》刊登消息有 197 人被送往医院。到 5 月 3 日上午，仅乌克兰就有 911 名此类患者，到了第二天患者数量增加到 1345 名。出现辐射中毒症状的儿童患者数量也在不断增加，5 月 3 日共有 142 名，到了 5 月 4 日，数量增长到 330 名。基辅各医院内辐射病病房已大部分接近满员，医疗部门决定在基辅市外的医院再接收 1680 名患者。[12]

乌克兰卫生部部长阿纳托利·罗曼年科希望乌克兰的事故善后委员会中所有曾前往切尔诺贝利地区的官员在政府诊所内做健康检查。他汇报称共有 230 支医疗小分队已赶赴切尔诺贝利地区负责应对持续上升的辐射。由于人手不足，成员中有不少人是基辅各医科学校的学生。克格勃曾报道一些学生父母抗议，不希望政府将护理学院的年轻女学生派往事故禁区，因此这次动员活动只针对六年制或七年制医学院的男学生们。据一名被派遣的学生马克西姆·德拉奇——乌克兰著名诗人伊万·德拉奇的儿子——回忆："5 月 4 日上午课间，我们收到了前往禁区的通知，坐上大巴时我们都感到很开心，还不时打趣逗乐。" 马克西姆和他的朋友们被派往禁区边界的放射量检测控制站。在那里，他见到的情景令其心痛："来这里的大多是老人，他们都弓腰驼背，身边跟着幼童。" 马克西姆和他的朋友们没有采取任何防护措施，他们在禁区巡查了数日后，也被送入了医院。[13]

乌克兰官员们对于该如何向民众告知事故始终举棋不定。莫斯科方面安排的持续的消息封锁在禁区更为严厉，事故发生后普里皮亚季的当地报纸停止发行，切尔诺贝利地区的《胜利旗帜报》虽还在出版，但被要求不得刊登任何与事故有关的消息。尽管该地区的人们都已染上了辐射病，也都依据疏散指令纷纷打包准备启程，但无论是 4 月 29 日爆炸发生后发行的第一期报纸，还是 5 月 1 日的后一期报纸都对事故只字未提。5 月 1 日当天报纸的头版依旧是一幅列宁照片以及一段口号标语，其中一部分节选自戈尔巴乔夫在苏共二十七大上的报告："苏联人民尽可放心，党深知要对国家的未来所肩负的责任。"[14]

在利亚什科召开的委员会会议上，阿纳托利·罗曼年科希望将信息公开。他告诉大家："我们应该告诉民众真相，但我们一直反其道而行之。" 利亚什科忌惮于莫斯科方面对信息的管控，不愿公开发表事故声明。有人提议制作电视报道，向民众告知核电站的毁坏情况，利亚什科否决了这项提议，并希望能在第二天对情况更为了解之后，再继续讨论这个话题。乌克兰克格勃负责人斯捷潘·穆哈未有异议，但他最在意的是该如何与莫斯科方面协调好相关信息政策。他说道："莫斯科方面未与我们协商好便发布了消息。他们报道有 17 人病重，而我们写的是 30 人。"委员们决定先不作为。到了第二天，也就是 5 月 4 日的会议上，利亚什科让罗曼年科起草好文件，告诉民众该如何防范核辐射。"明天，我们要把这份文件上报给乌共中央政治局，如果他们批准的话，当天晚些时候就将其公布。"[15]

服从莫斯科的管理是乌克兰政要精英的历史基因。尽管乌克兰官员认为官方声明对保护民众健康十分必要，还是将其推迟发布，他们低估了辐射对生态环境造成的严重影响，这一切都是因为他们不想被上级斥责。他们还下决心要使受污染最严重的地区完成政府规定的农业生产指标。苏联政府在喂饱老百姓的问题上遇到了麻烦，仅 1985 年就进口了 4500 万吨粮食和近 100 万吨肉。莫斯科需要乌克兰提供稳定的农业产品供给，因为它是全苏联的粮仓。

利亚什科的委员会安排警察和军方在禁区巡逻，尚未决定该如何处置田里的庄稼。从禁区撤离出来的农民不仅舍弃了自己的房屋，同时还抛弃了自己的农田——约 1 万公顷的冬播作物、1.3 万公顷的春播作物，以及 4.5 万公顷的土豆。由于并不十分了解辐射的影响，政府便决定尽力抢收受灾农作物。过于乐观的乌克兰农业部部长亚历山大·特卡琴科曾在 5 月 4 日向委员会汇报："目前，放射性污染对作物的生长几乎没造成影响。辐射达到 80 伦琴时，冬播作物会损失 25%—30%，辐射达到 330 伦琴时，冬播作物才会完全受损。"而目前的辐射数值显然要比这低很多。乌克兰集体农业部门的领导认为，辐射只要不对作物造成即时致命损伤，这些作物就都可以放心消费。

直到莫斯科官员拒绝产自乌克兰的蔬菜流入市场时，乌克兰政府才开始质疑自己的政策。莫斯科方面暂时还接收以受污染的牛奶为原料的黄油，尽管产奶的牛是以被放射性物质污染的牧草为食的。由于国内长期短缺食物，他们无法拒绝任何农产品，即便它们产自禁区。[16]

利亚什科和同僚们还在就采取哪些措施、如何公开事故信息辩论不休时，新划定的半径 30 公里禁区内外的辐射情况开始急剧恶化。爆炸后辐射水平曾有所回落，现在又开始不断上升。4 月 27 日，反应堆释放了约400万居里的放射性颗粒；到了5月1日，释放量减少了一半；但5月2日雷日科夫和利加乔夫视察这片区域时，数值又回到了400万居里；5月3日，放射量增长到了500万居里；5月4日，又蹿升至700万居里。

是什么造成了辐射值急剧增长？又将产生什么后果？核科学家们对此困惑不已。有一种解释是：此前被投放至反应堆的5000吨土、铅、黏土和硼在阻止堆芯和外界空气进行热传导的同时，却使氧气进入反应堆内部，加速了堆芯中石墨的燃烧。空投虽然停止了，但里面的情况在持续变糟。人们担心这过热的反应堆将在重负载下下沉，熔断混凝土地基，并穿透至四号反应堆的地下室，而地下室布满了事故发生后最初几小时内被水泵抽出来的水。这会引发另一场爆炸，比4月26日的那场爆炸还要剧烈。有人认为反应堆堆芯的10%已被释放到大气当中，确实如此的话，余下的90%会被抛掷至距切尔诺贝利几千公里远的地方，那早前的一次爆炸不过是一场全球性灾难的小小序曲罢了。[17]

科学家们茫然不知所措，而地方政府更是被可能会再次发生的爆炸给吓住了，因为这会夺去上万民众的性命。管理层密切监控着情况日渐棘手的反应堆。反应堆的温度是一项重要指标。基辅地区农业部门负责人森科回忆："人们找不到让反应堆降温的办法，每隔24小时，反应堆的温度就上升100℃。"森科此前参与了政府委员会的会议，也完全了解现在情况有多么危急。"事故发生时，反应堆的温度是1200℃。2200℃是一个临界点，超过这个温度，反应堆就可能会引发新的爆炸，爆炸威力较之前剧烈几百倍。预言成真的话，乌克兰以及整个欧洲都会变成一片荒芜。"[18]

5月2日深夜，森科参加了政府委员会的会议，在这次会上他了解到反应堆正不断释放危险信号。他回忆道:“3日凌晨3点左右，在会议结束后，我一路朝办公室走去。路上我看到装满人的大巴疾驰而过，卡车也塞满了家畜，它们嘶吼着，尖叫着，哞哞地哼着……我算了一下，从4月26日到5月3日，仅仅8天反应堆的温度就升高了800℃，温度计显示达到了2000℃。之前设想的可怕的情况随时可能发生，当然理论上讲，距离临界点还有两天时间。”[19]

那一晚，森科成功地解救了上千名群众，使他们远离了辐射。数日前，军方在德斯纳河上架起了一座浮桥，用于疏散河北岸的居民和家畜，但同时也影响了船只的正常航行。到了5月3日，已有十几艘无法将货物运至白俄罗斯港口的船停靠在桥的附近。政府委员会负责人谢尔比纳于是下令暂时拆除浮桥好让船只通过。森科对此感到十分恐慌，因为这意味着载满居民和家畜的车辆无法过河，无法到达尚且安全的南岸。森科回忆道:“如果人们无法过河，他们就要在大巴上过夜，继续吸收着辐射。那些饥肠辘辘的牲畜会做些什么呢？想想都让人害怕。”最终，森科和地区党委书记说服了谢尔比纳，让居民和家畜先过河，然后再拆除浮桥让船只通过。森科长舒了一口气。[20]

在5月的头几天撤离切尔诺贝利地区的群众中也包括周边克拉斯诺村里的一座东正教教堂里的教区居民。对于列昂尼德神父来说，疏散的命令来得很突然，他一直信奉上帝，也相信苏联的科技实力。爆炸发生后他告诉自己的妻子:“我们国家科技实力雄厚，他们会解决所有问题的。”5月2日，正好也是耶稣受难日，列昂尼德神父对国家科技实力的信心受到了打击。下午2点左右，他正在教堂里进行礼拜仪式，教区居民前来告诉他，党委的人来切尔诺贝利视察情况，要求召集村里所有的成年人开会，于是仪式不得不被叫停了。

官员告诉村民们只有四个小时来收拾行李准备撤离，因为核电站距离他们太近了，他们不宜在这里久留。的确，从山上的教堂里，列昂尼德神父和教区居民们都能看到反应堆上空的直升机在投掷东西。和普里皮亚季的居民一样，克拉斯诺村的村民们得知他们只会短暂地离开三天，并且只能携带些生活必需品。但村里的撤离和城市不同：村民们坚持要求带上他们的家畜——牛、猪、鹅、兔子。5 月 3 日凌晨 2 点，派来运送家畜的卡车终于开到了村里。列昂尼德神父回忆道："你真应该看看这一言难尽的场面！工作人员记录下来每人带了多少只家畜、每只家畜的重量，然后把家畜装到卡车上，运往指定的地方。"

到了太阳升起时，家畜们终于都被运走了，大巴抵达村子来接被疏散的村民。列昂尼德神父说道："我和其他人一起帮助身体不太好的人，为有需要的人提供圣餐。村里有很多上了年纪的老人，也有患病多年的人。"有些人不想离开这里，他们告诉牧师："我们要留在这里，神父，我们哪儿也不去，无论怎样我们都会死的。"列昂尼德神父极力说服长者们和家人一起离开这里，最终他们勉强同意了。牧师关上了教堂大门，想着很快就能回来，他便留下了自己的衣服和圣像，把钥匙交给了教区负责人，随后登上了大巴。大巴开动了，列昂尼德神父回忆说："我们要离开克拉斯诺村了，每个人都伤心地哭了。大家互相祝福，画着十字祈祷很快就能回到这里。"

形势愈加紧张，前途未卜，此刻连村委会的党员也开始关注起牧师和教堂。其中一位官员向列昂尼德神父提议当他们再回到村里时，要一起喝杯酒。神父说他不喝酒，官员回复他："没关系。你是神父，我们是党员，等我们再回来的时候，我们就什么都不用怕了，我们每人喝上二两酒，好好庆祝一番。只要我们能回来。"可惜此言成空。由于此前的仪式被打断了，列昂尼德神父便在切尔诺贝利举行了复活节礼拜仪式。守夜活动在5月4日凌晨3点结束，早上9点列昂尼德神父和他的儿子，以及其他还留在切尔诺贝利地区的居民登上了大巴，离开了这里。复活节大逃亡就此拉开了帷幕。[21]

农业部门负责人森科暂时抛开了自己共产党员的身份，以一种传统的东正教方式庆祝复活节。5月3日晚间，政府委员会的会议结束后，回到自己同事那里的森科既沮丧，又不屑。一场全球性的灾难近在眼前，森科决定不再遵从上级那些可笑的指令。他让属下不要再为民防部门编辑资料了——民防部门试图记录从禁区运出的家畜数量——还叫管事的上校从他的眼前消失。上校威胁森科要将其不服从领导的表现向上级汇报，但森科毫不在意。他相信自己在为更高的权力工作。东正教的复活节就要来了。

森科回忆起他和同事们的复活节聚餐："我们从地下贮藏室拿来了土豆和腌蘑菇，在桌上放了瓶酒，吃了顿欢乐的晚餐，确切地说其实是顿早餐，因为那是复活节当天的早晨。尽管那时我们都说自己是无神论者，但事故发生后，我们想起了睿智的祖辈们关于世界末日的预言，便仰望天空，虔诚祈祷。我们相信那儿是有人的，他比苏共更强大，更有影响力。他掌控着一切。"在灾难面前，无神论者都变成了信徒，共产主义思想的力量随着辐射的扩散正慢慢被削弱。[22]

复活节这一天反应堆释放的辐射量达到了最高值，从前一天的500万居里增长到了700万居里。据克格勃的报告，到5月4日，反应堆附近的辐射水平从5月1日的60—80伦琴/小时增长到210伦琴/小时。此外，科学家们发现反应堆里钌–103的辐射值也在上升。当温度达到1250℃时，钌就会熔化，这意味着反应堆内的温度已经高得出奇了。到了星期一，5月5日，辐射值又再次急剧增长，据估算达到了800万—1200万居里。[23]

乌克兰政府无法参与核电站的善后处理，只好尽量加快禁区的疏散行动。克格勃当日的报告显示："5月3日从半径为10公里范围的禁区内共疏散了9864名居民，他们被安置在波罗的斯克郡，还运走了12 180头牛。预计5月4日至5月5日完成半径为30公里的禁区内的疏散工作。"还要撤走3万余人，说易行难。森科回忆道："疏散困难重重。人们以为要发生战争，都感到恐慌、困惑，许多决定也都欠缺考虑。即便如此，工作人员都展示出了强韧的毅力、勇气和自我牺牲精神来帮助民众撤离。大家都知道，每在禁区里多待一个小时、一天，都会对人的身体机能产生致命影响。"[24]

许多对二战还记忆犹新的当地人，无论是官员、普通工人还是农民，都在将这次大撤离与他们战时的经历做比较。那时人们为躲避德军的报复行动，要么是被苏联政府送到东边去，要么就自己躲到森林里，但这次情形不同。那时人们知道敌人是谁，也知道森林可以供他们躲避兵灾。现在危险无处不在，森林——曾在1932年至1933年乌克兰大饥荒及德军报复行动时帮人们渡过难关的福

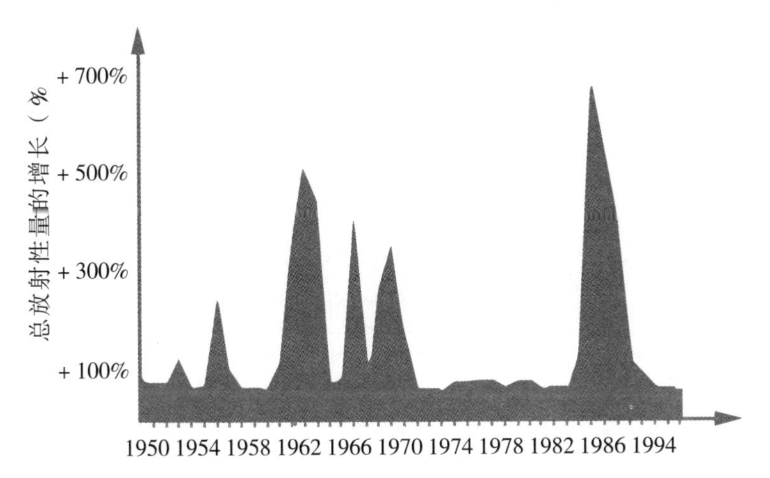

1950—1994 年，在俄罗斯西北部城市彼得罗扎沃茨克一棵松树的年轮中测得的总放射量（© Lamiot）

数据来源：D'après Yablokov (Radioactive Impact on Flora) d'après: Rybakov, D. S. (2000). Featuresof the distribution of industrial pollutants in annual rings of pine.Third International Symposium on Structure, Characters and Quality of Timber,September 11–14, 2000, Petrozavodsk (Karelian Scientific Center, Petrozavodsk); pp. 72–75

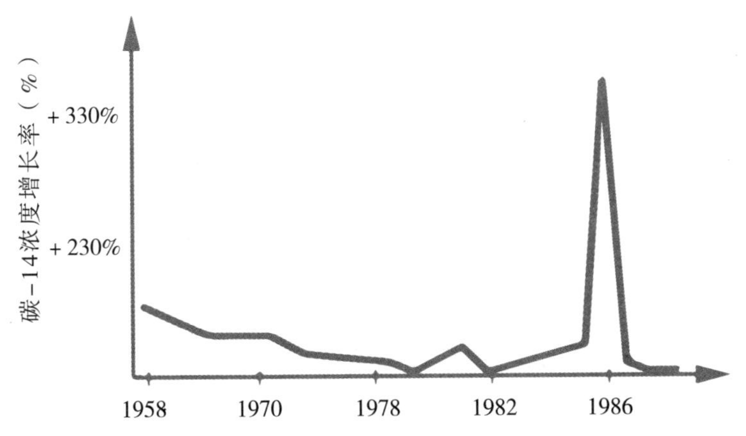

切尔诺贝利核电站附近 10 公里区域松树年轮中的碳 –14 浓度相对于 1950 年水平的增长（© Lamiot）

数据来源：Grodzinsky, D. M. (1995). Ecological and biological consequences of Chernobyl catastrophe. 4. In: Bar'yakhtar, V. G. (Ed.), Chernobyl Catastrophe: History, Social, Economics, Geochemical, Medical and Biological Consequence ("Naukova Dumka," Kiev)

地——变成了最危险的地方。树上和草丛里的树叶都集聚了大量的辐射。普里皮亚季附近的一处森林很快就变成了赤色森林：由于高剂量辐射污染，苏格兰松树都变成了红色。附近的村落斯特拉霍利西亚，又被称为“可怕的森林”，这个名字现在有了新的可怕的含义。

第十三章　穿透地下

1986年5月5日，苏共中央政治局召开了会议，当天会议的日程十分紧凑。戈尔巴乔夫和同僚们听取了有关劳动节游行的汇报——包括基辅在内，全国各地都举行了游行——但除此之外，再没有别的事情能让领导层们感到精神振奋了。他们认为现在苏联正处于内忧外患之中。

外患——持续不断的阿富汗战争给苏联带来巨大的财政负担，也损害了苏联的国际形象。这天上午，戈尔巴乔夫告诉他的同僚们："显然战争要以失败告终了，尽管我们派兵无数，也不可能赢了。我们没能在阿富汗推进社会革命——从这个意义而言，一开始我们的失败已然注定。我们不但没能使南方的'脆弱地带'变得强大，反而让那里的局势动荡不安，内部冲突不断。我们刺激了美国扩大在该地区的存在，让伊斯兰世界与我们对立，巴基斯坦则变成了我们公开的敌人。总而言之，这是一场彻头彻尾的败仗。"[1]

内忧——切尔诺贝利核电站的爆炸使苏联财政再次受到冲击，也让苏联及其新任领导人的国际威信大打折扣。更令人不安的是，尽管政府不断释放消息称情况有所好转，但目前还没有人真正了解事故原因，事实上情况也在一天天持续恶化。5 月 5 日，雷日科夫总理得到新的人员伤亡情况汇报："共有 2757 人住院接受治疗，其中 569 名为儿童。有 914 人出现辐射病症状，18 人情况危急。"此前一天，住院人数只有 1882 名，新的数据显示，仅仅一天之内，就医人数就增加了 46%。不仅仅是消防员、反应堆操作员和当地民众出现了辐射病症状，就连国家的骨干力量——莫斯科派来负责处理善后工作的领导人和政府委员会成员也受到了影响。他们回到了莫斯科，不但反应堆的问题愈加严重，他们自身的健康也变得岌岌可危。[2]

5 月 4 日晚上，政府委员会主席谢尔比纳及其众多副手和助理（包括政府各部门部长和负责人）搭乘的飞机降落在莫斯科伏努科沃机场。随后，谢尔比纳和同事们乘坐大巴直接来到了接收切尔诺贝利事故辐射病患者的第六医院。病患们剃光了头发，净身接受了放射测试员的检查，他们中的许多人还要等待进一步的检查和治疗。两天前，雷日科夫总理来到事故现场视察后就做出决定，出于健康安全的考虑，将谢尔比纳和他的团队召回莫斯科。[3]

谢尔比纳还没来得及顾及个人健康，便被召至政治局会议上汇报工作情况。他汇报给上级们的全部是坏消息，形势十分严峻。反应堆释放的放射性颗粒数量在 5 月 2 日前曾有所下降，现在又反弹回来，并在不断增长。官方已不知道该如何就此事表态，因此 5 月 3 日便没再发布新的声明。向反应堆投放沙子和铅似乎没起到什么效果，执行这项任务的直升机数量也在不断减少，到 5 月 3 日，这项工作被彻底叫停。

许多科学家现在都担心会发生新的爆炸，此外还潜在另一种危险——“中国综合症”，即堆芯熔毁。此前有一部电影曾以此为名，这部电影由迈克尔·道格拉斯制作，杰克·莱蒙、简·方达和道格拉斯本人担纲主演。电影于 1979 年 3 月在美国上映，1981 年登陆苏联院线。影片的名字源自在核科学家之间流传的一则关于核反应堆堆芯熔毁的玩笑，讲的是破损反应堆释放的放射性燃料能烧穿地壳，穿越地心，出现在地球另一面——中国。影片中最忧虑的情景是放射性燃料到达地下蓄水层。在切尔诺贝利事件中，有些科学家担心反应堆释放的辐射会污染第聂伯河流域，并最终污染全世界的海洋。这不仅是一场地域性灾难，甚至不仅是一场席卷整个欧洲的灾难，而将成为一场全球大浩劫。[4]

除谢尔比纳外，戈尔巴乔夫还把政府委员会首席科学顾问勒加索夫请来参加政治局会议。勒加索夫 5 月 5 日一早飞抵莫斯科，在去克里姆林宫之前，他来到自己的研究所，洗净自己所携带的辐射后，又在家中停留片刻，尽力安抚了自己的妻子。他的妻子一直很担心他，因为勒加索夫和其他人一样，都不能从切尔诺贝利往外打私人电话。克格勃采取的这项安保措施意在防止事故信息外泄，因此对所有人都一视同仁：无论是赫赫有名的学者还是普通工人都要遵守这项规定。

勒加索夫于上午 10 点来到克里姆林宫，随后被带往核桃厅——自斯大林时代起，政治局会议都在这个厅召开。所有参会者都在思考下一步该采取什么措施。勒加索夫后来回忆，戈尔巴乔夫“随即说道，他此刻并不想对事故进行追责，也无意于搞清事故原因。他关注的是事故的发展态势，以及该采取什么必要的，或者额外的措施来应对当下的情况”。经过讨论，政治局发布了一则声明：“切尔诺贝利核电站事故规模较大，后果复杂，所采取的应对之策数量有限，力度不足，与实际情况并不匹配。”随后，戈尔巴乔夫命令所有人都回去继续工作，但究竟怎么做才能明显改善情况，无人知晓。[5]

戈尔巴乔夫和他的智囊都十分迷茫。此前采取的措施没有起到效果。事故发生几小时后灌入反应堆的水已使得下层被完全淹没，如果反应堆四分五裂或基座熔毁，将可能引发一场更猛烈的爆炸。许多人现在认为此前将沙子和铅投入反应堆内的方法，不但使反应堆内的温度升高，还增加了爆炸发生的可能性。谢尔比纳试过了诸多方法，但都无济于事。此刻，黔驴技穷的谢尔比纳不能在切尔诺贝利地区过多逗留了，否则他的身体健康将面临更大威胁。于是他被命令留在莫斯科，等待接受治疗。

切尔诺贝利事件善后工作的担子转移到了伊万·西拉耶夫肩上。时年 55 岁的西拉耶夫，头发灰白，他是苏联政府的副总理，也是未来俄罗斯政府的领导人——1991 年 8 月他将与鲍里斯·叶利钦一起抗衡俄罗斯议会政变领导者。西拉耶夫处事冷静、沉着自信、行事高效，他于 5 月 4 日接替谢尔比纳成为政府委员会的临时主席。虽然像谢尔比纳这样的高层都被他人取代了，但科学家的角色却是无法替代的。西拉耶夫急需科学建议，便又将勒加索夫召回。于是，勒加索夫仅在首都待了几小时后就又返回了切尔诺贝利。[6]

西拉耶夫希望通过清除四号反应堆下方的放射性水源来降低爆

炸发生的可能性。这使人们想起灾难当日那可怕的场景：操作员向反应堆上浇水以避免其破损，但为时已晚。于是消防员们又被调来前线，这次需要用他们的设备将地下室的水都抽出来。反应堆下方约有 2 万吨被放射污染的水，并且水温在不断上升。科学家对这个办法表示认同，勒加索夫回忆："我们担心熔化的燃料会混入水中，产生蒸汽，进而向外释放出更多的辐射。"[7]

想要完成这项任务，就必须通过被水浸没的地下走廊，打开阀门。勒加索夫记得："想要接近水池真是难如登天，之前人们试图用水来冷却反应堆，于是这里现在布满了水。水位很高，水里的辐射也很高——有一次，我们在某个地方测得水中的辐射值达到了每升 1 居里。"这项任务无异于自杀，西拉耶夫心里也很清楚。于是他决定向工作人员提供激励，在获得莫斯科领导层的同意后，他承诺向愿意承担这项危险任务的人提供奖励，奖励包括向本人及其家属提供免费车辆和公寓。[8]

熟悉核电站布局的操作员率先站了出来。三位身着潜水服的工程师下潜至被淹没的水池阀门前，随后打开阀门，让受污染的水流入了调节箱，之后消防员就能将水从那里抽出来了。勒加索夫回忆起，当此次任务的一位执行人在公共集会上被授予金钱奖励时，他的表情极为复杂。"我注意到那个男人的面庞，一方面，他为自己能在异常险峻的情况下完成这项艰巨任务而感到自豪；另一方面，他揉搓着口袋里的那笔奖金，仿佛那不是奖金而是烫手山芋——他们无法拒绝这笔奖金，但同时物质奖励让他们并不舒心，事实上，当时所有人都在竭尽全力处理事故的善后工作，他们倾心尽力，所图的不是任何奖励，无论是物质上的还是精神上的。"所幸，做出英勇事迹的三位工程师并没有因此牺牲。[9]

四号反应堆下层的水被清除后，发生爆炸的可能性也随之大幅降低了，但地下水辐射中毒的可能性依然存在。放射性水可能会流入第聂伯河流域，接着流入黑海、地中海，并最终汇入大西洋及其他海洋。《圣经》里曾预言一颗名为苦艾的星星会像火把从天上落下来，全世界三分之一的江河将化为苦水，水将有毒。而这次事故就可能会导致类似的后果。科学家们都希望将放射性物质从地下水层中清除出去，但究竟该如何行事，众人各执己见。

勒加索夫认为当下最大的威胁来自反应堆下层抽出来的放射性水，如果不采取措施的话，它们可能会流回地下。因此他建议安装过滤器将水净化，并且这个建议已经付诸实践。5 月 4 日，军方开始抬高普里皮亚季河及其他河流的堤岸，并用化学手段来防止由降雨带来的放射性颗粒渗入河流水系。长路漫漫，此行艰难，而这只是一个开端。

叶夫根尼·韦利霍夫院士是勒加索夫的一位同事，他于 5 月初来到切尔诺贝利。他有着不同的想法，他认为最大的威胁是过热的反应堆会一直熔穿至地下水层。因此他建议冻结反应堆下方的土壤促使反应堆冷却，并在反应堆基座下方搭建混凝土平台防止地下水受到污染。勒加索夫对此表示怀疑。两种不同的意见让政府委员会的新任负责人西拉耶夫很困惑，他不知道该采纳谁的建议。

新的政府委员会总部驻扎在切尔诺贝利以南 50 公里处的伊万科夫城里，勒加索夫和韦利霍夫同处一室，但并没有更多的交流，因为他们不仅仅是同事，更是竞争对手。勒加索夫是研究所的第一副所长，一位训练有素的化学家，他的地位比韦利霍夫要高。韦利霍夫是一位专攻热核反应堆的物理学家，是研究所诸多常务副所长中的一员。他虽然只比勒加索夫年长一岁，却比勒加索夫早七年成为苏联科学院的院士，并于 1978 年起担任苏联科学院副院长。1979 年，一颗小行星以韦利霍夫的名字命名，1985 年他被授予苏联最高荣誉——社会主义劳动英雄金星奖章。虽然勒加索夫没获得过如此殊荣，但他的国家十分需要他。事实上，勒加索夫认为西拉耶夫之所以把他召回就是想让他来制衡韦利霍夫。[10]

据韦利霍夫回忆，他是在事故发生后第四天，在偶然的情况下，被派到切尔诺贝利的。在雷日科夫召集的头几次政治局会议中——那几天，政治局每天都要召开会议来协调苏联各部门做好切尔诺贝利事件的善后工作——韦利霍夫也参加过一次。韦利霍夫当时参会是为了替他的美国朋友弗兰克・冯・希佩尔来向政治局提供建议的。冯・希佩尔既是普林斯顿大学的物理学教授，也是美国科学家联合会主席。1945 年，曼哈顿计划的参与者成立了该联合会，意在通过科学力量促进和平与安全。在听说了切尔诺贝利事故之后，冯・希佩尔发电报给韦利霍夫，建议政府向儿童提供碘化钾药片。韦利霍夫把这则电报带到了政治局会议上，他回忆道："雷日科夫告诉我，曾到过切尔诺贝利的人，包括谢尔比纳和勒加索夫，都服过药片，所以他们就无须再担此重任了。"于是韦利霍夫被派往切尔诺贝利帮助控制局势，而其他人准备暂时休息一下。[11]

到了切尔诺贝利之后，韦利霍夫决定谨慎行事，对于自己不擅长的事情便不做决定。作为一名物理学家，他越来越担心反应堆的活性区域会烧穿地基，直至地下水层。勒加索夫不认同他的想法，认为韦利霍夫的担心毫无依据——或许他看太多美国电影了。勒加索夫认为反应堆不会一直烧到底层，他回忆："发生这种情况的概率微乎其微，但韦利霍夫坚持要在反应堆基座的厚板下再铺一层混凝土板。"韦利霍夫从未公开质疑过勒加索夫的建议，但其他人曾有过。尤里·安德烈夫负责降低核电站的活性，他后来认为勒加索夫"一直在积极地安装过滤器来清除水中的放射性核素，但他却没想过要确认有多少核素是可以在水中溶解的。他不了解核工程学，一直在做无用功。韦利霍夫对反应堆多少还有点了解，勒加索夫则懂得很少"。[12]

看到面前的两位科学家各执己见，西拉耶夫最终决定同时采用他们的建议。勒加索夫可以继续安装过滤器，韦利霍夫开始研究如何冻结反应堆下的地基，并在那里铺建混凝土平板。这是一项浩大的工程：首先要在反应堆边上打钻，再将 -100℃的液氮灌入管道中。据计算，每天需要 25 吨液氮来冻结反应堆周边土层、冷却反应堆。无人知晓这方法是否真的管用。反应堆的温度还在升高，不断释放出带有放射性尘埃的辐射云。5 月 4 日，有 700 万居里的辐射灰尘进入大气中，这些辐射云将把污染传播到整个欧洲。[13]

5 月 6 日晚间，乌克兰卫生部部长罗曼年科终于获准通过电视向基辅及周边地区人民播报强辐射的危险。他向基辅市民担保，城里的辐射值还很低，不会造成伤害，但他同时提到"由于风向和风力的变化，城里会出现本底辐射值升高情况"。接着他提出应对辐射值升高的建议："为减少辐射物质对人体产生的不良影响，卫生部向基辅城的居民提出如下建议：尽可能减少儿童和孕妇在露天场合的停留时间，因为放射性物质主要以浮质的形式传播；尽可能关闭窗户和通风窗，防止气流进入。”[14]

苏联人对气流的恐惧司空见惯，不过现在在乌克兰，这种担忧有了新的意义。在爆炸发生十余天、污染物质在城中扩散一周后，卫生部才终于向民众发出建议采取措施应对辐射。但人们无法相信他们的政府，此前一直被认为是谣言的信息得到了官方的认证，这使得人们认为现在的情况又有所恶化。由于此前官方没有提供可靠的信息，民间流言四起，扰得人心惶惶。

维塔利·马索尔是乌克兰计划委员会主席，也是政府委员会的成员之一，他认为5月初整个基辅城和那个30公里半径的禁区都处在危险当中。马索尔回忆道：“5月2日，在切尔诺贝利核电站召开的第一次委员会会议上，人们认为将发生新的爆炸，这将影响到爆炸点周围半径500公里以内的地区，而在距爆炸点半径30公里范围内的‘死亡地带’内，将寸草不生。坦白讲，我们已经私下计划疏散基辅城了。”乌克兰政府不希望这样的事情发生。“这不仅仅会带来恐慌，基辅也将变为空城：所有的商店会被洗劫一空，公寓、博物馆也都不会幸免……成百上千人会拼了命地赶往火车站和机场。”[15]

拥有超过250万人口的基辅城位于事故中心以南130公里处——并不在半径30公里的禁区内，但如果再发生新的爆炸，基辅就会处于距爆炸点500公里的范围内。有关爆炸和疏散的消息如燎原之火快速传播，消息来自科学家、工程师、管理人员、官员以及其他了解切尔诺贝利情况的人。乌共中央委员会书记鲍里斯·卡丘拉记得，“有许多专家坐在中央委员会大楼的屋子里商量着疏散计划……参与者众多，有科学家、医生，他们了解这些情况，也可能会告诉其他人”。[16]

克格勃报告称乌克兰科学院的一名科学家曾预测反应堆完全熔解后会发生新的爆炸，爆炸后放射性物质会渗入地下水。基辅在等待一系列新的灾难发生，一如《圣经》中的预言。人们冲到了机场和火车站的售票室，却发现机票、火车票、汽车票都已售罄，他们便朝售票室大声喊骂。[17]

5月6日，由利亚什科总理主管的切尔诺贝利事故善后委员会听取了一则报告，报告称此前一天共有超过5.5万人离开基辅城——这是日均经由铁路出城人数的两倍。近2万人乘坐大巴和汽车离开，约9000人坐飞机离开。基辅市民正尽可能地进行自我保护，而儿童的健康是最值得关注的。基辅市有关方面向党委汇报，5月4日有约3.3万名学生未能正常到校，占基辅学生总数的11%。5月6日，缺席学生总数增加到5.1万名，占学生总数的17%。到了5月7日，有8.3万名学生缺席，约为学生总数的28%。同一天，在基辅城列宁区，62%的学生都未能到校。这一地区居住着许多党政精英，他们容易获得各种信息，因此他们比其他人早一步离开基辅城。[18]

看到越来越多人离开基辅，乌共最高领导人谢尔比茨基坐立难安，决定召开政治局会议。会议主要议程是讨论将小学生从深陷恐慌的基辅城疏散出去的问题。会议开始，谢尔比茨基向大家介绍了两名来自莫斯科的客人：58岁的生物物理研究所主席、苏联驻联合国核辐射效应科学委员会代表列昂尼德·伊利英院士，以及56岁的国家水利和气象委员会负责人尤里·伊兹拉埃尔。他们应乌克兰政府邀请，被谢尔比纳派到了基辅。

鲍里斯·卡丘拉参加了这次政治局会议，他后来在回忆录中写道，谢尔比茨基首先向伊利英和伊兹拉埃尔问了如下问题：“我们获得的信息并不完整，因此我希望能从你们那里得到准确的答复——在什么情况下，在具体什么区域，我们需要进行疏散？人们在哪儿会遇到危险？”卡丘拉记得，这位乌克兰领导人从莫斯科派来的科学家口中得到了一个模棱两可的答案：“我们无权做出决定，因此我们也不能多说什么，情况一直在变化中。”谢尔比茨基不愿接受这个回答，他向客人们说道：“我得到了米哈伊尔·谢尔盖耶维奇·戈尔巴乔夫的许可，如果你们不给出建议的话，我是不会让你们离开这里的。”他把这两位客人当作人质对待。

后来谢尔比茨基向助理承认这不过是在吓唬他们：戈尔巴乔夫对他们的会面毫不知情。但伊利英和伊兹拉埃尔却把他的话当了真，问题是他们无法立即给出答案，他们需要时间来思考。据卡丘拉回忆：“这两位科学家待遇很好，有一个房间空出来给他们用，一切都安排妥当，他们将和卫生部部长罗曼年科一起负责起草文件。”最终，他们签署了一份声明，声明表示“半径 30 公里禁区外的地区没有危险，因此无须疏散基辅市以及乌克兰其他城市的居民。只须密切留意牛奶的来源，因为牛奶中含有大量放射性核素”。[19]

乌克兰最高苏维埃主席、政治局委员舍甫琴科对这个答复并不满意。她回忆道：“当提到是否需要把儿童带出城外时，他们摇了摇头。他们认为完全没必要这么做。我哭着问他们：‘如果你们的孩子、你们的孙子孙女就在基辅，你们会把他们带出城吗？’他们仍默不作声。我们因此认为有必要将儿童带离基辅。”利亚什科总理认为伊利英和伊兹拉埃尔“不愿为我们提出的激进的应对举措承担责任，因为他们知道这些举措需要投入大量经费”。最终，他们同意将居住在切尔诺贝利核电站邻近地区的儿童疏散出去，但他们本来就已被疏散了。

莫斯科派来的这两名科学家以及他们逃避责任的官僚作风使乌克兰领导人失去了耐心。谢尔比茨基对利亚什科说：“我们还是要自己做决定，只要不再加剧人们的恐慌就可以了。”对于15岁以下的学生们来说，他们的学年将提前结束，从6月底提前至5月下旬，而这些学生将被送往苏联南部的先锋营。舍甫琴科打电话给其他苏联加盟共和国的最高苏维埃主席，希望他们能照顾好这些来自基辅的学生，对方同意了。但当乌克兰政府官员向苏联请求增加火车班次来运送这些学生时，他们遭到了莫斯科方面的负面答复。谢尔比纳怒气冲冲地亲自发电报给基辅，要求基辅当局停止制造恐慌，并取消部分疏散计划。[20]

在莫斯科方面，由于苏联对事故善后处理不当，戈尔巴乔夫十分担心事故造成的不良国际影响。当勒加索夫从切尔诺贝利回来之后，戈尔巴乔夫打电话给他：“那里到底发生了什么？我很关心现在的情况。只要提到‘戈尔巴乔夫’这个名字，全世界人民都会将它与切尔诺贝利事故联想到一起。一种大规模的精神错乱正在世界蔓延。现在情况到底怎么样了？”勒加索夫对总书记坦言，他认为最糟糕的时刻已经过去了：“反应堆已基本上不再向外释放辐射了，情况已得到了控制。总体上看，我们对核电站附近和全球范围内的污染程度有了大致的把握。”的确，5月5日，反应堆突然减少了辐射的释放量，就像前几天辐射量突然增多一样。5月6日，辐射量据估计在15万居里左右，是5月5日辐射量的百分之一。戈尔巴乔夫对此感到十分满意。[21]

5月9日，苏联的卫国战争胜利日，重获自信的戈尔巴乔夫打电话给谢尔比茨基想了解基辅城里的情况。他很关心疏散计划。谢尔比茨基决定不要引火上身，便告诉戈尔巴乔夫：“是瓦连京娜·塞梅尼娜·舍甫琴科引起了大众恐慌，我们只是按她的意见行事罢了。”谢尔比茨基此举有性别歧视的意味，但在苏联领导层大男子主义的文化下，这个方法并无不妥。谢尔比茨基后来把这通对话告诉了舍甫琴科，舍甫琴科眼中噙泪地问接下来该做什么。谢尔比茨基说：“我们会把儿童带离城市，没人会因为这而指责我们。”政府原本决定在5月底前，将基辅及周边地区共98.6万名儿童带出基辅城。现在当局希望能即刻终止混乱的儿童及家长的疏散计划。同一天，谢尔比茨基带着他的孙子来到基辅城区参加卫国战争胜利日的纪念活动。尽管政府也心存疑虑，但还是决定告诉基辅市民，让他们安心：如果共和国最大的领导都能安心将子孙留在基辅城的话，市民也大可放心地将孩子留在城里。[22]

当天晚上，在政府委员会伊万科夫区总部，勒加索夫心情很好，他正准备庆祝卫国战争胜利日。此前一天传来了更多好消息：从反应堆下层抽出了近2万吨水。加上此前得知辐射值已经有所下降的消息，人们有理由相信情况正在变好。勒加索夫和其他人正准备花上数小时，好好享用一顿丰盛的晚餐来庆祝节日。当晚，勒加索夫和乌克兰政府驻切尔诺贝利的代表维塔利·马索尔待在一起。根据马索尔的回忆，那晚“一道火焰突然从反应堆上方掠过，接着发出淡红色的光辉。我们不知道发生了什么”。勒加索夫在他后来的回忆录中也难掩失望之情，他写道：“我们感到很苦闷，这个节日就这么被破坏了。”[23]

二战胜利的美好回忆需要暂时搁在一边，此刻就庆祝切尔诺贝利事故善后工作的胜利为时尚早，反应堆显然还处在失控的状态中。没人知道为什么释放的辐射量突然减少了。后来人们提出三种可能性：一、5 月 4 日至 5 日，裂变产物的急剧释放使得反应堆内该物质数量减少，造成反应堆内温度下降；二、同时期内，不稳定的放射性核素被全部释放，使得放射性水平连续数日下降；三、在那几天中，反应堆内的高温造成燃料元件熔化成液体，并渗入反应堆坑室的下层，反应堆下方的液氮造成的低温又将液体凝固。只有第三种情况能证明科学家、工程师以及工人们此前采取的措施是起作用的。[24]

叶夫根尼·韦利霍夫院士和他的许多同僚还执着于堆芯熔毁并向下穿透这个假设。在他们看来，反应堆可能一直熔烧，直至地下水层。为防止出现上述情况，他们想尽快冻结反应堆下方的土壤。

第十四章　辐射之殇

5月9日，勒加索夫、韦利霍夫与苏联能源与电气化部部长马约列茨在政府委员会伊万科夫区总部进行了会谈，参与这次会谈的还有一位刚从莫斯科远道而来的客人——格里戈里·梅德韦杰夫。梅德韦杰夫是一位核专家，也是政府官员，早在20世纪70年代他曾担任切尔诺贝利核电站副总工程师，在爆炸发生前几周，他还曾到核电站进行视察。

现在他被请来帮助控制这已破损的反应堆，诸事烦扰，梅德韦杰夫心神不安。首先就是谈话的主题：科学家们正尽全力说服马约列茨来负责核电站的善后工作，这个核电站本就归他的部门管理。爆炸发生两周后，整个事故善后工作混乱无章。事实上毫无组织：政府委员会像救火队一样不断处理一处又一处的险情。马约列茨告诉梅德韦杰夫："目前有十多个部门都参与了进来，能源与电气化部无法协调好所有人。"韦利霍夫认为马约列茨有责任并且有能力协调好各部门的工作，他力争道："切尔诺贝利核电站归你管，所以你必须组织好一切……现在，阿纳托利·伊万诺维奇，你要清点好人数。”

后来梅德韦杰夫才懂得在当时的语境下，“清点好人数”究竟指的是什么。他回忆道：“在政府委员会的晨会和夜会上，一谈到某项任务的执行部署，比如像收集爆炸喷射出的燃料和石墨、进入高辐射区、打开或关闭阀门及其他工作，政府委员会的新主席西拉耶夫就会开口：‘做这项工作，我们需要安排两到三人，那项工作需要一人。’”爆炸发生两周后，大家都已坦然面对这样一个残酷的现实：执行任务时，不仅要算好工作人员在高辐射区停留的时长，还要考虑到会有人在工作中殉职。勒加索夫现在本应接受辐射中毒治疗，但他又来到了切尔诺贝利。梅德韦杰夫觉得韦利霍夫看起来疲惫不堪，面色苍白——韦利霍夫比勒加索夫晚几天来到切尔诺贝利，他已吸收了50伦琴的辐射，是容许剂量的2倍。他们认为自己别无选择，因为牺牲自己和他人是控制核电站的唯一方法，任务至高无上，人员的安危都是其次。[1]

在当时的苏联词汇里，他们这一群人被称为“事故清理人”。这些人有几十万，大多数是男人，都是爆炸发生后应政府征召，负责清除切尔诺贝利核电站事故造成的后果。他们当中有一些人也被叫作“仿生机器人”，他们负责清除现场的放射性碎片。约60万男男女女被党组织、政府部门和机构——大部分由苏联预备役部队——派遣到切尔诺贝利进行清理工作。尽管苏联政府没能保障好核电产业的安全，但在派遣人力进行事故善后工作上倒是做得相当出色。

韦利霍夫告诉《真理报》记者："一切工作都井然有序地展开：只须打一通电话，就能做好一个决定。"勒加索夫也在苏联电视上赞扬新的工作流程为科学家和工程师免去了繁琐的手续，他们无须为获得复杂的政府批准而劳心劳力。"此前，需要花费数月才能让各方达成一致，现在只要一个晚上就能真真切切地把问题搞定。谁也不会拒绝干活，大家都在无私地工作着。"现在，做出决定、执行决定都要雷厉风行，只有这样才能避免一场更大浩劫的发生。大家心知肚明。负责切尔诺贝利事故善后工作的乌共中央委员会书记鲍里斯·卡丘拉回忆："那时的工作作风从未这般严谨。"[2]

全苏联的人力和物资都被调集了起来，尽管善后工作的后勤中心在乌克兰，但莫斯科高度集中的指令性经济使其可以从全国调集资源。报纸上刊登了消防员的英勇事迹以及成功消灭辐射源的好消息，还夸赞了英勇无畏的苏联各族人民之间的友好情谊。《真理报》上引用了一位"事故清理人"德米特里·茹拉夫廖夫的话，他曾协助在普里皮亚季河上搭浮桥："我们秉承着一条神圣的原则，那就是兄弟情谊至高无上。来自白俄罗斯的专家们和我们并肩工作，我还看到来自莫斯科、列宁格勒，以及来自祖国其他城市的人们，事故发生后，他们都愿意帮助乌克兰尽快渡过难关。"[3]

尽管科学家们有时也会不知所措，但好在人手充足，总有人被派到最危险的前线去。苏联最不缺的就是人力。事故发生后，最先派往核事故中心的就是军人。履职尽责，竭力扑灭核火的消防员们隶属于内务部队，直升机飞行员们属于苏联空军，而化学部队的官兵则属于苏联陆军。陆军中绝大多数人都是应召入伍的，他们多为18—20岁的大男孩。

事故发生后，1985 年秋征召的新兵被抽调参加清理工作（© IAEA Imagebank）

参与事故清理的两位士兵（© Vgenze）

清除污染活动中的预备役人员（© IAEA Imagebank）

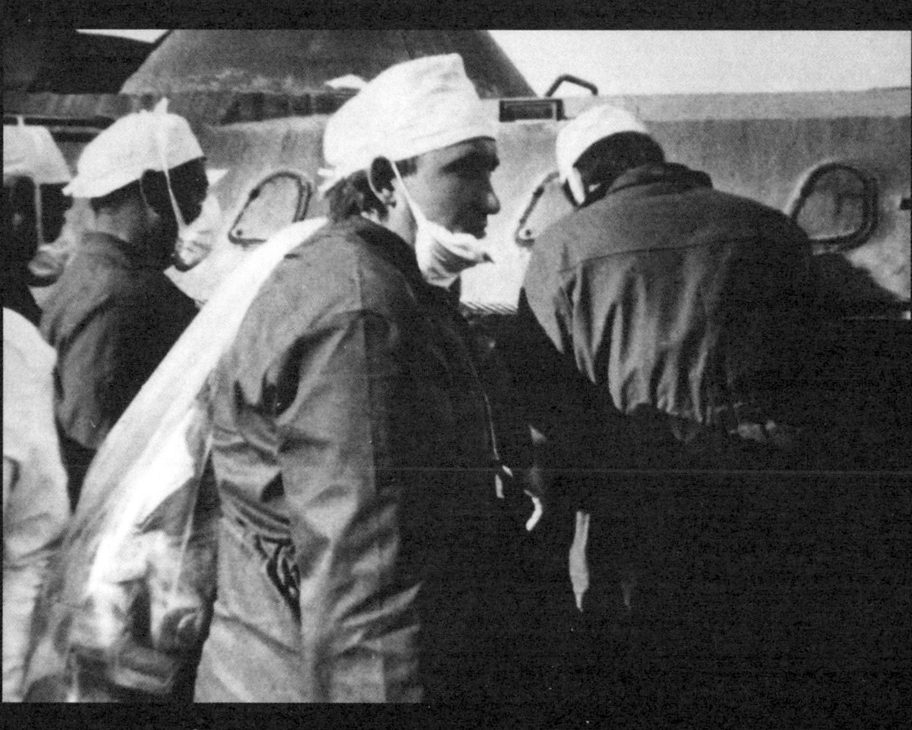

灾后清理人员领取特殊口粮：炼乳和鱼罐头（© IAEA Imagebank）

◇◇◇

自苏联核计划启动伊始，政府就开始征用军人——多数为应召入伍者——来执行计划中最危险的工作。在科学家、工程师和专业技工们吸收了所容许的最大剂量的辐射之后，军人们就会被派遣去执行最危险的任务。来自中亚的应召入伍者既不怎么懂俄语，也对核工业潜在的危险一无所知，因此他们很容易响应号召。核电站工作人员准许吸入的最大辐射剂量为 25 雷姆，而士兵们则要在吸收 45 雷姆的辐射后才能从前线回来，这几乎是正常容许剂量的 2 倍了。[4]

1957 年秋天，一个满载放射性废料的储料罐在封闭的乌拉尔奥焦尔斯克市的马亚克大楼附近爆炸，使得驻扎在储料罐附近的士兵们深陷放射云的笼罩之中。这些士兵是苏联第一次大规模核事故的受害者。军人们被派遣过来清扫放射性碎片，不少人拒绝服从命令，但大多数还是按照指令行事。从这次事件中，苏联人获得了处理核事故的经验，也学会了让军人来做清污工作。[5]

切尔诺贝利核事故比苏联此前经历的所有核事故的规模都大，远超乎人们的预期。化学部队的士兵迅速出动执行污染净化的任务。政府史无前例地决定召集预备役军人——只有这种办法能召集足够数量的男性劳动力以及有能力的干部来参与工作。5 月末，苏联政府发布命令："由于污染净化任务艰巨，涉及范围广，因此将加快调拨现役和预备役部队，并征用适量应服役人员执行时长不超过半年的特殊指令任务。"没人知道"适量"到底是指多少。总计约有 34 万名军人——其中大部分是预备役军人——在 1986 年至

1989 年间参与了切尔诺贝利核事故的清理工作。每两名“事故清理人”中就有一人为现役军人或预备役军人。

1986 年 5 月，第一批预备役军人抵达切尔诺贝利，此时，没有任何既有法律允许征用预备役军人参与技术性灾难的善后工作。而第二年通过的法律也只允许此类征用的期限不得超过两个月。许多人收到命令后，便被派往切尔诺贝利，部队政委还向这些应征者保证他们将得到比正常补贴高出 5 倍的工资，他们本人及家属还将享受各种特权——以上种种均未经政府官方授权。政委需要完成自己的指标，有一些被征用者在上班时被叫走，都没来得及和亲人们告别。就像战时一样，有些人想尽办法逃避征用，而有些人则出于公民义务而成为“事故清理人”。[6]

切尔诺贝利核电站的清污工作成了军人的任务和职责，他们尽全力去完成这项工作。勒加索夫回忆道：“在核电站以及 30 公里范围的禁区内，军人承担起了各类清污工作，他们净化了村落、房屋和道路，任务繁重。”直升机飞行员往下投放一种叫作“水汤”的净化物质，能使放射性尘埃附着在物体表面上，之后地面上的化学部队用一种特殊的除污方法来清除建筑物、地面和植被上的灰尘。工程部队负责摧毁和掩埋建筑物、各类构件以及那些无法做净化处理的机器。在所有的填埋物中，最有名的当属红森林。这是一片占地 10 平方公里的松树林，在受到辐射影响之后，树体都变成了红色。对于年轻的士兵来说，将核电站周围半径 30 公里禁区内的所有村庄都完全推平，这不仅仅是个体力活，也让他们心里倍感煎熬。

在整个清理工作中，核电站三号反应堆屋顶的清扫工作是世人最熟悉的。在尼古拉 · 塔拉卡诺夫将军的指挥下，共有 3000 名士兵、预备役军人以及军校学员完成了机器无法完成的一些工作——捡拾四号反应堆邻近的其他反应堆屋顶上的放射性石墨碎片。这些人穿着自制的铅制防护服，包括铅制围裙和“泳衣”，生殖器上也罩着铅制物，他们只能在屋顶上待上几分钟，有时不过是几十秒。他们的任务是爬上屋顶，用铲子铲起一块碎片，然后跑到屋顶的边缘，将碎片扔下来，再跑回反应堆建筑内相对安全的地方。这样做是为了降低三号反应堆屋顶处的辐射值，使它能再次正常运转。[7]

塔拉卡诺夫将军和他的士兵们都依令行事，但一些专家认为清扫屋顶并不能达到理想的效果——辐射值还是保持在极高的水平。另一些人则为执行任务对士兵的生命安全造成的威胁感到担忧。乌克兰能源部部长维塔利·斯克利亚罗夫后来曾写道：“我被这些年轻的士兵深深地打动了，他们赤手去捡拾屋顶上的放射性碎片和燃料。那上面的辐射值高得令人不可想象！是谁派他们去做这项工作？是谁下的命令？这种疯狂的犯罪行为怎么能被称为英勇事迹呢？而整个过程还在电视上转播，全国人民都看到了这么可怕的画面。”类似塔拉卡诺夫将军这种“仿生机器人”的行动——牺牲士兵的性命来执行一项不太可能成功完成的任务，这在当时既不是第一次也不是最后一次，那时人们并不知道何种方法会奏效、何种无效。[8]

军队可以调集大量人力、专家和技术，但并非无所不能。核能产业有自己的动员措施，也把更多人派到了事故现场，同样，建筑业、煤炭、石油产业和水资源管理部门的领导者也纷纷动员了自己

1986 年，一架直升机在切尔诺贝利反应堆附近喷洒去污液体
（© IAEA Imagebank）

对三号、四号机组屋顶的放射性尘埃进行中和（© IAEA Imagebank）

人。政府委员会忙于尝试采用不同办法来稳定住反应堆，这也就意味着需要调动更多的专家、人力以及机械设备。

5月9日晚，反应堆意想不到地“苏醒”了，这不仅中止了勤加索夫和同事们的卫国战争胜利日庆祝活动，也让人们意识到，尽管在5月5日辐射强度有所下降，但反应堆仍然处于危险的活跃状态。5月10日，勒加索夫坐上直升机从空中检查反应堆状况。他回忆道：“无法确定那些燃烧物是不是用来空投铅和其他物质的降落伞，但在我看来绝不是降落伞，最有可能的是一团红色发热物质。许久之后，事实正如我所想的那样，这团火红色的混合物，包含了沙子、黏土以及其他被投放进去的物质。”这一天，乌克兰总理利亚什科告诉乌克兰的事故善后委员会的成员们：由于此前几天投入反应堆里的物质堆聚，造成反应堆顶部的外壳坍塌，从而引发爆炸，而外壳因高温已熔化受损。但好消息是在经历了一个短暂的激增之后，反应堆的辐射释放量持续下降。[9]

尽管如此，依然没人能预测接下来反应堆会发生什么变化。堆芯熔毁的忧虑尚未消散，如今人们又开始担心燃烧着的反应堆和放射性燃料迟早会影响到地下水层。一开始政府委员会决定向反应堆下方输送液氮来冷却反应堆，但当工人和钻井队带齐设备来到核电站时便发现这个方法不可行。由于四号反应堆辐射值过高，工人们无法靠近现场，而从三号反应堆后方相对安全的地带进行水平钻孔又十分困难。以现有的钻孔装备，工人们只能在反应堆下方冻结一小块区域，而不是整个平台，这样不足以将反应堆冷却。

尽管勒加索夫对这项工程持怀疑态度，政府委员会新任主席西拉耶夫还是准许韦利霍夫去搭建一个混凝土平台，之后再用水合铵导管将其冷却。要搭建这样一个平台，需要在反应堆下方挖出一条隧道和一个储藏冷冻装置的房间。这样才能引入管子，在反应堆下方浇灌混凝土。支持这一想法的人们认为，无论用何种方法，一定要在反应堆下方搭建一个混凝土平台，他们向在维也纳总部关注着切尔诺贝利核电站状况的国际原子能机构的官员解释称，这个平台还可作为地基，在此基础上建造包围反应堆的围栏，以保障其安全。[10]

于是，钻孔装备从现场撤出，矿工开始工作。第一批到达现场的矿工来自乌克兰东部的顿巴斯矿区，接着来自俄罗斯和苏联其他矿区的工人们也陆续到达。共有约 230 名来自顿巴斯的矿工和 150 名来自图拉地区——位于莫斯科以南 240 公里——的工人参与这次工作。苏维埃各矿区党委会都收到了选派最好的工人的任务。弗拉基米尔·瑙莫夫，30 岁，是俄罗斯图拉区的一名矿工，他于 5 月 14 日来到普里皮亚季。据他回忆，每名被派到切尔诺贝利工作的工人都是经过党委会认可的。

科学家们担心重型机械会造成反应堆的地基移位甚至坍塌，从而将堆芯的放射性物质释放到土壤中，进而对地下水造成影响。因此矿工们不得使用任何重型设备。他们要徒手挖地，再徒手把装满泥土的手推车推出隧道。他们一直重复着这样的劳动。瑙莫夫回忆道："当我们终于挖出一个小房间后，便用在隧道当场组装的四轮车运走挖出的泥土。我们用的是一种载重半吨的四轮车。想象一下吧，每个班组要运 90 次，最多的一班运了 96 次！现在让我做点数学计算——每班三个小时就是 180 分钟，这就意味着每两分钟就要运一次。要将车装满，推着走 150 米远，倒空后再原路返回。每两个人推一辆车，装满一车沙子需要五六个人一起上，他们用手或铲子来装沙。”

矿工们每三个小时轮一班，据瑙莫夫说工人们都很愿意做这份工。虽然后来按照苏联标准，他们都得到了丰厚的报酬，但在当时他们对政府在 5 月 7 日颁布的“事故清理人”奖励规定一无所知。他回忆道：“为了多干活，人们从对方的手里抢过铲子！接班的工人们赶到现场，但上一班的工人认为他们来得太早了。接班工人便会说：‘早在两分钟前我们就应该接班了。’工人们热情高涨，毕竟他们接受的都是苏联式的教育。那时人们都展现着‘舍我其谁’的精神。”[11]

赫姆·萨尔加尼克是一名二战老兵，也是乌克兰知名的纪录片制作人，他在事故发生后带领团队来到切尔诺贝利核电站。后来他十分怀念待在禁区里的那段日子：“总而言之，那段时间很美好，尽管这么说是种罪过。在那里我想起了战争，还有我全副武装着的同志们。我不想离开那里——那是我们之间的纽带。每个人都专注于工作，别无其他。”不难理解，禁区内的人将他们与辐射的对抗比作一场战争，唯一的不同是在这场战争中他们看不到敌人。在战争时期，会有人擅自离开前线，自然也就有人挺身而出，甘于牺牲奉献。[12]

那些在危险面前毫不退缩的人往往会先牺牲。爆炸发生两周来，事故中遇难的人数一直停留在两人，但到了 5 月 7 日，这一数字开始增加。这一天，奥列克桑德·列利琴科，47 岁的电气部门副主管在基辅病逝。此前他在普里皮亚季医院住院接受治疗，但未经允许便离开医院来到核电站和同事会合，最终吸收大量辐射而病逝。

列利琴科的去世只不过是接下来的悲剧的开端。弗拉基米尔·普拉维克和维克托·克别诺克，两名中尉均为23岁，他们负责切尔诺贝利消防部队的指挥工作，于5月11日相继离世。瓦西里·伊格纳坚科中士的妻子柳德米拉·伊格纳坚科与普拉维克在同一病房，她记得在普拉维克去世前，他的母亲曾向上帝祈祷，希望能用自己的命换儿子的命。虽有孕在身，柳德米拉还是愿意牺牲自己和未出生孩子的健康来病房陪伴丈夫，她的丈夫身上携带大量辐射。虽然柳德米拉也病倒了，但她还是活了下来，得以叙述那些甘愿牺牲生命去扑火救援的消防战士生命最后时刻的故事。

4月26日晚间，在瓦西里刚被转院到莫斯科之后，柳德米拉也赶到了此地。她在莫斯科火车站向警察打听医院的地址，她给了一名值班老妇人几卢布，才得以混入了医院的辐射病房区。她恳求一名工作人员告诉她自己丈夫的病房号，不想却找到了放射科主治医师安格林娜·古斯科娃的办公室。这位医生看起来并不太友好。古斯科娃问她是否已生育。柳德米拉一心希望古斯科娃允许她去见自己的丈夫，她认为如果说自己已经有孩子的话更容易得到医生的理解，便谎称自己育有一儿一女。而实际上，她还没有孩子，也决定不告诉医生自己怀有六个月身孕。古斯科娃听到后舒了口气，因为她认为，以瓦西里的身体状况，这对夫妇以后很难再有孩子了。柳德米拉心里默想，如果瓦西里的身体健康因这次事故而受到影响也没关系，当下最重要的是要见到自己的丈夫。最终，医生允许柳德米拉去探望。[13]

瓦西里看起来好多了。在普里皮亚季时，他的脸都是肿的，现在则正常多了。他和其他几位消防员住在同一间病房，包括普拉维克和克别诺克，这几位在爆炸发生后就被送入了医院。见到柳德米拉后，瓦西里开玩笑地说妻子总是能找到他。其他几位病友见到柳德米拉也都很高兴，向她询问普里皮亚季的情况。他们还是对事故的起因捉摸不透，大部分人认为这次事故是一次恐怖袭击或是有人蓄意破坏：有人故意引爆了反应堆。

柳德米拉不仅负责照顾丈夫的起居，还悉心照料其他几位病友，这些人的家属都还没抵达莫斯科。她住在朋友的公寓里，为这些消防员做饭，后来他们无法咀嚼了，她就把食物磨碎了给他们吃。后来为了更方便照顾自己的丈夫和病友们，她搬到了医院里住。她穿着医院的制服，经常有人把她错认为医院的护士。她也在自学放射医学的基本知识。古斯科娃告诉她，急性放射病是分阶段发展的。4 月末的这几天，这些转到莫斯科接受治疗的消防员和反应堆操作员们身体感觉还不错。[14]

阿尔卡季・乌斯科夫是其中一位反应堆操作员。他在爆炸发生几小时后来到四号反应堆，从亚历山大・阿基莫夫和同伴的手中接过接力棒，负责操作反应堆。他在日记中写到他自己感觉还不错。后来在 4 月 26 日晚上，他作为第一批患者之一，也从普里皮亚季转移到了莫斯科第六医院。那天他总是感觉口渴，并因抽血而感到身体不适，这位 32 岁的反应堆操作员在日记中写道："抽指血并不算什么，但采静脉血实在是太痛苦了。" 5 月 2 日，他又写道："我感觉很好，胃口好到能吃下一匹马。"

在那时，比起自己的身体健康，大多数病友更关心核电站爆炸的起因以及事故的后续进展。许多人认为自己有责任回到核电站参与善后工作。乌斯科夫在 5 月 4 日的日记中写道："我们经常想起自己曾经工作过的地方，我的伙计们，在这里结束多么糟糕，此时此刻，我们应该在核电站。" 两天前，他曾与 4 月 26 日事故的关键人物迪亚特洛夫有过交流。乌斯科夫在日记中写道："我们一直在谈论事故的起因究竟是什么。"

直到 5 月 6 日，乌斯科夫才注意到身边几位病友的病情有了变化——医生告诉他们辐射病的"隐形期"已经结束。迪亚特洛夫的脸上和腿上出现了可见的烧伤痕迹，右手上也有一大片灼痕。维克托・普罗斯库里亚科夫是在爆炸发生后不久被迪亚特洛夫派去反应堆厂房调查情况的两名实习生中的一位，他的身体情况尤其糟糕。一些人开始支撑不住，陆续死去。乌斯科夫在 5 月 9 日卫国战争胜利日那天记录道："人在壮年时期就英年早逝，这实在太让人惋惜了。这天晚上我们看了节日的庆祝仪式，但怎么都高兴不起来。" 5 月 11 日，乌斯科夫发现他的身上也出现了放射性灼伤的痕迹，是从手指上开始的。幸运的是，乌斯科夫渡过了这次难关，最终得以出院回到切尔诺贝利核电站，他是为数不多的幸运儿之一，大多数病友都没能挺过来。[15]

5 月 9 日，瓦西里・伊格纳坚科最后一次为他的妻子柳德米拉送花。他睁开双眼看到他的妻子也在病房里，他问她："现在是白天还是晚上？" 妻子告诉他是晚上 9 点左右。他让妻子把窗户打开，空中有美丽的烟火。瓦西里说："我答应过你，要带你来莫斯科的。" 此前他在苏军服役时驻扎在莫斯科，他向妻子承诺日后一定要带她来苏联首都逛一逛。瓦西里从枕头底下掏出三束康乃馨，他对妻子说："我也答应过你，在每个节日都为你送上鲜花。"柳德米拉奔向自己的丈夫，抱住他深情拥吻。瓦西里想要拒绝，因为他知道他的身体吸收了大量辐射，他不想传染给怀有身孕的妻子。这一晚，柳德米拉一直陪在丈夫身旁。按照计划，瓦西里在几天后要做骨髓手术。他的骨髓受到辐射影响无法再产生白细胞了，而这严重危及他的生命安全。他 28 岁的姐姐将她的骨髓贡献出来，想要挽救弟弟的生命。姐姐在手术中接受了麻醉，她的一部分骨髓会被提取出来移植到弟弟的体内。柳德米拉期待奇迹能够发生。

5 月 13 日，瓦西里·伊格纳坚科还是离开了这个世界。同一天，普拉维克中尉和克别诺克中尉的遗体被安葬在莫斯科米季诺公墓。他们的尸体在裹上一层塑料袋之后才被放入棺材中。棺材外面也套了一层塑料，之后又被放入一个更大的镀锌棺材中。这双层棺材最终被放入铺满水泥的坟墓里。工作人员告知逝者的家属们，因为尸体携带大量辐射，因此不能交给家属们处理，也不得以其他方式安置。家属们签署了协议，以表示同意这项安排。他们的亲人成了英雄，意味着他们现在属于整个国家，而不再只属于各自的小家。国家有权决定如何安置和纪念他们。

伊格纳坚科的葬礼是在极其保密的情况下进行的。现在人们担心的不再是辐射的扩散问题，而是要封锁住人们陆续因辐射病而去世的消息。一位苏联的陆军上校负责这次葬礼的安排，他开车载着伊格纳坚科的尸体以及伊格纳坚科的亲属们在莫斯科走了好几个小时才最终抵达墓地。他告诉家属们："现在还不能进入墓地，墓地周围有很多外国记者在蹲守，我们还要再多等会儿。"柳德米拉无法控制住自己的情绪，她大声质问："为什么不能光明正大地让我的丈夫下葬？他算什么？杀人犯还是罪犯？你们是在为谁下葬？"这位上校扛不住这番质问，他告诉属下："我们还是进入墓地吧，这位妻子已经歇斯底里了。"进到墓地后，这些人很快被士兵们包围了。柳德米拉回忆说："其他任何人都不得入内，只有我们几个人在场。他们把我丈夫的棺材放入土里，动作很快，军官还喊着：'再快些！再快些！'他们都不允许我再抱抱那个棺材。很快我们就又回到了车上，一切都进行得很隐蔽。"[16]

许多消防员因这次事故而遇难，但政府不允许将这样的消息扩散给外国媒体以及苏联的民众。死亡人数还在不断地增加，几个月内，就有 28 人死于急性放射病。而在接下来的数年里，还有更多人因高辐射的并发症而去世。在禁区工作的约 60 万名"事故清理人"平均吸收了 12 雷姆的辐射，这是国际辐射防护委员会认可的全年安全剂量的 120 倍。在接下来的几十年中，"事故清理人"的死亡率和致残率均比一般民众要高得多。[17]

第五部分

风波再起

第十五章　口诛笔伐

5 月 14 日，事故发生 18 天后，戈尔巴乔夫终于选择打破沉默。他发表了全国电视讲话：“同志们，晚上好！大家都知道，最近在我们身边发生了件很不幸的事情。”他并没有称呼民众为“兄弟姐妹”，1941 年，当德国入侵苏联时，约瑟夫·斯大林曾用过这个称呼。随后，他用了“我们”一词，试图增进苏联社会成员彼此间的信任与团结，这种信任与团结因切尔诺贝利事故中政府处理相关信息的方式而被严重削弱了。

戈尔巴乔夫不认为讲实话是最好的治国之道。“这是有史以来第一次我们感受到核能的危险性，这股力量失去了控制。”他继续说道，仍然选择对 1957 年奥焦尔斯克事故缄口不言。但他诚实地向民众保证，政府正全力以赴，日夜不停歇地做好事故的善后工作。他还播报了截至当时受事故影响的伤亡人数：共有 299 人患上了辐射病，死亡人数由 2 人增至 7 人。他念了头两位遇难者的姓名，他们在事故当天就牺牲了，但没再多提及其他几位于 5 月初在莫斯科和基辅医院病逝的人员。

戈尔巴乔夫指出政府已尽全力以最快速度将人员从受影响地区疏散出来，他声称“我们一得到可靠信息就将其传达给苏联民众，并通过外交渠道通告外国政府”。这后来成了他和政府的统一借口。然而，“可靠”信息到底如何定义则是另外一回事了。很显然，戈尔巴乔夫与普里皮亚季、基辅民众，还有外国政府对这个词的定义截然不同。

在戈尔巴乔夫第一份向国民公开的有关切尔诺贝利事件的讲话中，其中一大半内容都在抨击西方政府。他在讲话中控诉道：“美国的统治集团及其盟友们——这里我要特意点出德意志联邦共和国——他们从这次事件中得出的结论是要继续阻挠东西方国家间的对话交流，而这本身已面临重重困难，他们还要为核军备竞赛正名。他们向世界告知，西方国家是不会与苏联进行协商的，更不用说达成什么共识了，因此，他们实际上是在为进一步做好战备大开绿灯。”[1]

苏联此前拒绝对外公布事故信息，随后对事故的起因和后果又遮遮掩掩，于是招致了中欧和西欧国家的愤怒与批评，这股怒气后来又传到了美国。戈尔巴乔夫此番讲话正是对他们的回应。苏联上空的放射云逐渐越过边境，扩散到其他国家，这些消息也传到了欧洲人民的耳中，一些政客和普通民众都开始为事故带来的直接影响与长远后果感到担忧。

联邦德国对此事的反应最强烈，外交部部长汉斯－迪特里希·根舍要求关闭苏联所有的核反应堆。意大利人拒绝装有乌克兰产货物的苏联轮船停靠他们的港口。但不同国家因政治背景不同，以及核能对本国经济的影响力不同，对事件的反应也不尽相同。在法国，大部分电力都由核电站生产，因此该国政府拒绝承认切尔诺贝利的辐射云进入了法国领空。而在英国，辐射云是经法国飘入国内的，他们却没有否认辐射云的存在。在东欧共产主义国家，政府官员选择沉默，而民众则不然。《时代周刊》援引一名波兰市民的话，他说："苏联方面守口如瓶，却让我们的孩子接连多日遭受辐射云的污染，这种行为难以宽恕。"[2]

美国虽然没有受到切尔诺贝利事故的直接影响，但在维护国际秩序以及核能事故信息交换方面有着最重要的利益，为此，正值第二任任期、深受民众支持的里根总统在 5 月 4 日发表的全国讲话中向所有事故波及者送去了慰问："我们和其他国家一样，已做好准备，尽全力提供帮助。"随后，里根转而指责苏联"拒绝向国际社会告知这次事故的危害"，他继续说道："苏联这次应对事故的方法是对国际社会合理关注的一种漠视。这次的核事故使多国受到放射性污染，这不仅仅是一件国内事务。苏联欠世界一个解释。国际社会有权了解切尔诺贝利核电站到底发生了什么，现在后续工作又进展如何。"[3]

这是事件发生后，包括里根总统在内的西方领导人首次对苏联就此次事故的处理办法提出批评。讲话结束后，里根在接受记者采访时，对自己此番言论回应道："这难道不是他们在处理国内事务时的一贯作风吗？这让彼此间多了几分猜忌。"对于里根这位资深的冷战斗士来说，他对于苏联制度的评价已经相当委婉了。1985 年 12 月，他与戈尔巴乔夫在日内瓦举行了首次前景可期的会面，事故就发生在这之后几个月。当时双方已决定在第二年再次举行会晤，自那之后媒体也热衷于讨论下次峰会可能召开的时间和议程安排。在 1986 年 2 月举行的苏共二十七大上，戈尔巴乔夫不仅谈到了美国的帝国主义，还提到了大国间新的依存关系。现在，随着切尔诺贝利事件的出现，或者确切来说，从苏联对事故的处理方式以及美国对此的反应来看，两个超级大国之间关系的正常化进程又遭到了破坏。[4]

5 月 5 日，七国集团领导人在东京会面。这七国包括加拿大、法国、德国、意大利、日本、英国和美国，它们都是最发达的民主经济体。他们依据里根总统前一天的讲话精神就切尔诺贝利事件发布了一份联合声明。声明中，他们对事故遇难者及受影响的民众表示同情，同时指出他们有责任将核事故信息，尤其是造成跨国影响的事故告知邻国，并希望苏联也能尽这份责任。苏联政府已开始和位于维也纳的国际原子能机构合作，该组织负责推进原子能和平利用与合作，七国集团对此表示支持，但希望苏联继续加强合作和公开信息："我们希望苏联政府能应七国集团及其他国家的要求，尽快公开有关切尔诺贝利事故的信息。"[5]

国际社会迫切希望能尽可能多地获取事故相关信息。4 月 27 日至 5 月 16 日，共有 22 批外国外交官先后拜访基辅。这座只有寥寥几个领事馆（多属于东欧共产主义国家）的城市受到了前所未有的关注。克格勃想尽办法来防止外国外交官及记者获取任何有关事故的非官方信息。外国记者的电话受到监听，驻扎在莫斯科的记者们在从苏联首都发稿时均遇到不少技术困难。苏联官员指责西方政府中的好战者以及乌克兰海外民族主义者发动了这场"反苏"运动。据苏联称，这些人曾游说美国国会向苏联政府施加压力，要求苏联向本国国民和国际社会提供更多信息。[6]

4月30日，苏联外交部曾召集外国使节来外交部参与一场情况通报会。会上，外交部副部长阿纳托利·科瓦列夫通报了伤亡人数，但对辐射扩散的危险却轻描淡写。这无异于强行推销自己的观点。会议直到5月1日凌晨2点30分才结束。之后，科瓦列夫向加盟共和国的各位外交部部长发布了如何应对危机的说明。各国官员要向当地忧虑的外国人解释清楚，此次事故并不会对他们的身体健康造成影响，但如果他们执意要离境，也是可以的。应其要求，他们将很快就会进行身体检查，但如果出现辐射病症状的话就要留在苏联境内。乌克兰外交部部长这样总结科瓦列夫的这则说明："主要任务是阻止已患病的人离开苏联，这样我们的敌人就不会抓住机会进行反苏活动。"[7]

科瓦列夫对外交使节的这份担保未能得偿所愿。英国从基辅和白俄罗斯首都明斯克疏散了100名该国学生，芬兰也将他们的学生从基辅疏散出来。共有87名来自英国和美国的语言学校的学生离开基辅，同样离开的还有16名加拿大学生，克格勃想说服他们苏联政府并没有向他们隐瞒真相，但没能起到效果。来自发展中国家的学生们看到身边来自发达国家的同学们相继离开，感到自己受到了歧视，并希望他们国家的大使馆也能进行疏散。来自尼日利亚、印度、埃及、伊拉克及其他国家的学生们进行了投票，决定在本学年结束前也离开基辅。克格勃认为他们中不少人只是想免去回国的路费，获得长假，并在考试中得到宽松对待。但无论如何，这些学生都要离开基辅。[8]

4月末，一群美国游客抵达基辅，在听到事故消息后，他们为了尽快离开乌克兰，想买飞往列宁格勒的机票。乌克兰克格勃负责人向乌共中央第一书记谢尔比茨基报告，称他的部下已经“控制住了形势”，即推迟了游客的离境时间。另一群来自加拿大的游客共计 14 人，他们也执意要尽快离开苏联，声称苏联的媒体“隐瞒了实际情况”。克格勃也在努力做这群人的工作，试图让他们相信，并通过他们让西方政府和公众相信，苏联境内并没发生什么惊天动地之事。[9]

外国游客和留学生准备离开基辅，一些计划来基辅旅游的人也纷纷取消了行程。旅游公司取消了去基辅的旅游团。1985 年 5 月，基辅曾每天接待将近 1000 名来自资本主义国家的游客，但在一年后，也就是 1986 年 5 月的前几周内，游客总数不足 150 人。来自美国、英国、挪威及其他西方国家的自行车手也拒绝前往基辅参加 5 月 6 日举行的国际自行车比赛。为了向观众们告知现在苏联境内一切正常且形势尽在掌控之中，苏联电视台播出了苏联自行车手及其他共产主义国家的车手们在基辅街道上骑行的画面。但在镜头中可以看到，基辅街道上本应站满为运动员欢呼呐喊的民众，如今却是空空如也。[10]

戈尔巴乔夫特别注意自己的国际形象，因此十分关注西方国家对他本人和苏联政府的批评。他甚至向勒加索夫院士抱怨，称有些西方国家滥用他的名字，一定要采取应对措施，而且一定要快！[11]

5 月 6 日，随着切尔诺贝利反应堆释放的辐射量在经历了前几日的激增之后开始下降，苏联外交部决定召开新闻发布会通报事故有关情况。此前与外交使节进行会面的外交部副部长科瓦列夫负责主持此次发布会。他采取了传统的冷战路线，指责美国掀起了一场“疯狂的运动”。会上，刚从普里皮亚季返回的政府委员会的第一任负责人谢尔比纳却发表了一些新的言论。他承认此前低估了辐射水平，以及民众的疏散工作有所延误。苏联记者以及其他社会主义国家的记者有机会当场提问，而西方国家的记者则要提前提交他们的问题，西方人对此感到很失望。这次发布会意味着苏联政府终于开始松口，向本国民众及国际社会如实分享信息。[12]

同一天，《真理报》刊登了一篇文章，说 4 月 26 日切尔诺贝利核电站的爆炸曾导致了一场大火，并描述了消防员们积极救火的英勇事迹。为了慎重地向外界播报有关事故影响的信息，苏联塔斯通讯社的报道称，辐射已从禁区内向外扩散到了乌克兰和白俄罗斯，并可能会污染第聂伯河。但苏联媒体并不只是播报这些信息，还在报道中抨击了西方国家——正是西方国家此前表现出来的义愤填膺才迫使苏联政府打破沉默，坦白了辐射值持续上升这件事。

塔斯通讯社的文章中写道：“我们很遗憾地了解到，在全世界都在对此次事故深表同情之时，一些组织，出于不当的政治原因，试图利用事故大做文章。这些流言蜚语和无端揣测违背了最基本的道德标准，却被大肆传播。比如说，有谣言荒谬地夸大了事故的伤亡人数，竟然称有千余人在事故中丧生。这在群众中引起了极大的恐慌。”苏联是在指责一些西方媒体，在事故发生后的几天内，他们曾散布一些有关伤亡人数的虚假消息。苏联想借此方法拒绝西方政府及媒体获取更多信息的要求，他们在坦白事实的同时，也在为自己挽回面子。[13]

与此同时，在故意拖延了数日之后，苏联外交部终于允许包括西方记者在内的一批外国记者前往基辅以及切尔诺贝利事故现场。乌克兰的事故善后委员会在5月5日的会议上就此事进行了讨论。委员会发布指令要做好相关场地的准备工作，并提前吩咐好那些将与外国记者进行接触的人。第二项任务分配给了当时的宣传部部长列昂尼德·克拉夫丘克，后来他成了乌克兰第一任总统。委员会普遍认为记者们会去医院及正在进行清污处理的地方。除了保密考量，负责接待外国记者的官员也要维护国家自豪感。基辅党委书记格里戈里·列文科说道："要更换医院里的用具，现在的都不太雅观，先从床单开始换起。"乌克兰副总理叶夫根·卡恰洛夫斯基向参会人员保证，他会"签署命令向医院提供更多新床单和枕套"。苏联政府并不急于让这群记者看到当下苏联医院的真实情况以及人民的生活样貌。

医院收到了新的床单，并在5月8日完成了更换，但整个形象工程并没有就此结束。克格勃十分担心记者们会注意到铁路售票窗口前排起的长队——基辅市民正大批地离开这里。克格勃负责人斯捷潘·穆哈向委员会的同事们说道："外国记者们会首先赶往售票窗口并就此大做文章。"他告诉同事们，在这20名即将来到基辅的记者中，有一半都来自资本主义国家。乌克兰的官员们承诺会开设更多窗口来缩短排队的长度，如此一来记者便会不明就里。5月9日，《纽约时报》刊登的一篇文章写道，有数百名基辅市民正陆续离开城市，而实际离城的人数有好几万。[14]

记者们于5月8日晚间抵达了基辅，到达之后他们发现街道上有大量警察，但除此之外整座城市没有别的恐慌现象，市民们还像往常一样散步，有些人甚至还去第聂伯河上钓鱼。这和此前虚假新闻所描述的有上千人在事故中伤亡的景象截然不同。利亚什科总理在与记者们会面时也提到了此前西方媒体的“宣传战”，他希望此前写过有关事故虚假新闻的记者们能够站出来。他或许已经知道，一名名叫卢瑟·惠廷顿的合众国际新闻社的记者曾从一名基辅女市民那里掌握了不少错误信息，他的不少同僚都认为这名记者的俄语很蹩脚，很可能没有听懂这位市民所说的内容并误解了很多信息。但是，出于各种原因惠廷顿这次并没来到基辅。利亚什科曾读过这名记者所写的一些新闻报道，他认为这名记者“在传播了流言蜚语之后，选择躲了起来”。利亚什科后来回忆道：“在场的记者们都小声嘀咕着，可以听出他们深感难为情。”而他对此颇为满意。[15]

5 月 8 日，就在外国记者抵达基辅的同一天，瑞典外交部前部长、时任国际原子能机构总负责人汉斯·布利克斯来到切尔诺贝利核电站视察，这表明苏联政府更加开放了。在韦利霍夫院士的陪同下，布利克斯和他的美国籍核安全顾问莫里斯·罗森搭乘直升机从基辅飞到了切尔诺贝利，从空中观察受损反应堆周边的情况。[16]

苏联曾在 5 月 4 日向布利克斯发出邀请，而他的到来给苏联人带来了一系列挑战。苏联方面希望布利克斯能协助证明此前西方的新闻报道和所谓的民间恐慌不过是危言耸听，苏联正尽其所能地控制爆炸造成的损失，以此平抑西方沸腾的民意。即使苏联的顶级专家也对爆炸起因不得而知，更不清楚这个升温与冷却皆毫无规律可言的反应堆将何去何从，布利克斯的任务又怎能完成呢？

在安排布利克斯的行程时，韦利霍夫曾表示，让布利克斯乘车前往切尔诺贝利是个糟糕的主意，尽管韦利霍夫没有提到，但布利克斯一路上自然能看到核电站的卫生设施都已破损失修。事实上，韦利霍夫担心的是布利克斯及其团队会在路上遇到放射性尘埃，而布利克斯用于测量辐射值的盖革计数器就能检测出真实情况，如此一来，邀请布利克斯访乌的初衷难以实现。于是，他建议布利克斯搭乘直升机前往核电站，但这引发了诸多新问题。

在 20 世纪 70 年代中期，苏联曾在距切尔诺贝利核电站几英里远的地方建造了名叫杜加的大型雷达系统。这是苏联反弹道导弹预警系统的两个核心装置之一。雷达系统需要大量的电能来维持运行，因此它通过一根隐蔽的电缆与切尔诺贝利核电站相连。当初建这个系统是为了探测北约导弹。另一个核心装置位于苏联远东地区阿穆尔河畔共青城附近，用来监测美国西海岸。切尔诺贝利事故发生后的几小时内，随着辐射值持续升高，位于切尔诺贝利二号建筑群内运作该雷达系统的军事部门不得不将其关闭，但这个被美国专家称为“钢铁巨兽”一样的庞然大物，从空中同样清晰可见。从直升机向下看的话，在看到切尔诺贝利核电站的同时，这个绝密级的大型设备自然也尽收眼底。

苏联人不得不面对选择——到底是让布利克斯看到一塌糊涂的卫生设施还是这个绝密的雷达设施。据韦利霍夫回忆，戈尔巴乔夫当时亲自拍板，同意了用直升机视察这个方案。这样一来，布利克斯就不会在路上吸入放射性尘埃，他和他的团队也不会在核电站通过测量推断出事故的实际状况，因为他们据此得出的结果会与苏联对外的说辞相矛盾，苏联一直声称反应堆已停止释放辐射，当前的辐射值是由首次爆炸产生的放射性碎片造成的。苏联官方对此十分清楚，一半的真相无异于谎言。[17]

不知道布利克斯和他的同事搭乘直升机后，是否真的看到了杜加雷达系统，但布利克斯确实望见反应堆中有烟蹿了出来，这意味着里面的石墨还在燃烧。韦利霍夫记得布利克斯的核安全专家罗森没有带测定高辐射值的工具，当问到是否想离反应堆再近一些时，他表示了拒绝。布利克斯表示，他们的直升机在距地面 400 米高、距反应堆 800 米远处，辐射量测定器测出直升机机舱中的辐射值为 350 毫伦琴 / 小时。他们并没有测定直升机安全区外的辐射值，也没有亲自前往核电站考察，只是在切尔诺贝利核电站旁相对安全的区域着陆，并没有去到污染严重的普里皮亚季，之后就飞回了基辅。除了看到些许烟雾之外，从直升机往下看反应堆的状况还算良好。韦利霍夫回忆："总而言之，核电站还保持完整，也并没有出现数以万计的尸体的踪影。"

后来，在莫斯科召开的新闻发布会上，布利克斯对于这片受事故影响地区的前景表示乐观。他告诉记者："我们可以想象，今后人们会在田间耕作，牧场上的牲畜生机勃勃，汽车在街道上驶过。苏联人有信心将这片区域清理好，很快那里又能发展农业了。"布利克斯打算在维也纳再召开一次国际会议，请各方共同探究此次事故的起因以及今后的防范措施。他向记者们保证，堆芯熔毁并未发生，地下水和各大洋也不会被污染。罗森补充道，现在反应堆没有熔化。后来在维也纳，罗森接受了一位苏联记者的采访，他说那次在直升机上测定的辐射值约为 10 毫雷姆，并认为"这并不是什么大数值，一名乘客搭乘飞机往返于欧洲和美国，他所吸收的辐射值差不多就是 10 毫雷姆"。[18]

布利克斯这次的访问使得苏联在这场与西方的宣传战中首次尝到胜利的滋味。5 月 9 日，即布利克斯到达切尔诺贝利后的第二天，《真理报》发表了格奥尔基·阿尔巴托夫的一篇文章。阿尔巴托夫是苏联顶级国际事务专家，担任美国和加拿大事务研究所领导，他声称西方国家对于苏联的批评意见并不统一。有些确实是对此次事故表示同情，并愿意向苏联提供帮助的良善之人，其中就包括美国骨髓移植医生罗伯特·彼得·盖尔，他曾于 5 月 2 日飞抵莫斯科为事故伤者做手术，还有他的同事保罗·寺崎医生。另一些人以匿名的反苏联心理战参与者为代表，他们担心苏联的和平倡议会成真，并声称由于苏联隐瞒了事故真相，他们的倡议也不再可信。阿尔巴托夫写道："为了向苏联发动宣传战争，他们决定夸大事实，把一起虽然严重但明显具有地域性的事故夸大为一起全球性的核灾难。"[19]

5 月 14 日，戈尔巴乔夫对苏联市民及其他国家就切尔诺贝利事件发表了讲话，这是他第一次也是唯一一次就此事公开讲话。他采用并丰富了阿尔巴托夫在文章中的许多观点。他向盖尔医生和寺崎医生表示了感谢，提到了布利克斯视察结论的"客观性"，并谴责西方国家，尤其是美国和德国，"恣意进行反苏运动"。他还抨击了七国集团领导人在东京签署的声明，并提出计划，旨在提升布利克斯领导下的国际原子能机构的作用，承诺当国际原子能机构再次召开新闻发布会时，苏联将提供一份完整的事故报告。他还向里根总统喊话，希望双方能有机会在广岛市会面，共同签署一份禁止核试验条约。戈尔巴乔夫想转移焦点，通过把广岛事件引出来，将美国陷于矛盾的焦点中，让世界不再过于关注切尔诺贝利事件。[20]

先不论戈尔巴乔夫此番反击在西方国家取得何种效果，但是在国内他并没有因此给自己赢得多少政治加分。戈尔巴乔夫的翻译帕韦尔·帕拉日琴科观看了他的讲话，承认总统的处境进退维谷，他既不能对事故太轻描淡写，但也不想引发恐慌。最后达到的效果与戈尔巴乔夫和写稿人预想的结果截然相反。帕拉日琴科回忆道："莫斯科处在大恐慌的边缘，城里谣言漫天，鲜有人信任政府的说辞……官媒出于习惯，同时也不愿造成更大的恐慌，便尽可能地弱化事故影响。但莫斯科城内气氛阴沉，怨气四起。民众对政府失去了信任。现在回想起来，我认为戈尔巴乔夫的讲话使人民与政府间出现了一道无法修复的裂缝。"[21]

戈尔巴乔夫失去了莫斯科人的信任，也使得基辅市民怒气满满，许多人认为这或许就是他职业生涯的终点了。痛苦的基辅人民在黑色幽默里寻得一丝安慰。韦利霍夫在布利克斯访问时曾扮演了重要的角色，他在基辅同乌克兰同事见面时，对方给他讲了一则笑话。一个切尔诺贝利人与一个基辅人在天堂见面了，基辅人问对方："你因何而来？"切尔诺贝利人说："因为辐射。你又是因何而来？"基辅人说："是信息。"戈尔巴乔夫不仅对外隐瞒信息，还向自己的国民说谎，但民众或许是由于收听西方广播节目的缘故，其实知道得比谁都清楚。[22]

戈尔巴乔夫没有放弃，在发表电视讲话后，他与讲话中曾赞扬的罗伯特·彼得·盖尔医生和美国知名商人阿曼德·哈默进行了会见。哈默支持美国改善与苏联的关系，并向切尔诺贝利事件中的受伤人员提供了美国药物。早在列宁主政时期，哈默就与苏联展开了商贸往来。他曾与苏联的缔造者列宁见过面，苏联媒体自然也报道过此事。现在苏联媒体称，哈默向戈尔巴乔夫询问他是否有可能与里根举行一次首脑会议，其实早在1985年12月的日内瓦会晤之后，有关二人再次见面的推测从未间断。戈尔巴乔夫表示如果满足两个条件，他将乐见其成。首先，首脑会议能在恰当的政治氛围中举行；其次是能取得切实成效。苏联媒体明确表示，“恰当的政治氛围”指的是戈尔巴乔夫希望西方能停止“敌意的反苏宣传战”，停止对苏联政府就有关切尔诺贝利事件善后处理工作的无端质疑。[23]

5月15日，在与戈尔巴乔夫会面之后，罗伯特·彼得·盖尔举行了一场新闻发布会，在会上他提供了事故实际与潜在伤亡人员的数量。他提供的数据使之前苏联有关部门，包括戈尔巴乔夫本人提供的数据相形见绌。盖尔指出截至目前共有9人不幸遇难，299名有不同程度辐射病的患者正在医院接受治疗，这部分数据与戈尔巴乔夫此前提供的数据是一致的。但除此之外，他还指出有35人病情危急，他与他的团队已为19人进行了手术。他还预测会有5万—6万人受到辐射中毒影响，并呼吁有关部门提供更多的药物和医疗设备。尽管哈默已向莫斯科提供了不少药品，但这还远远不够。他的一位苏联同事也在这场新闻发布会上发声，表示他们将共同进行研究，并将研究成果联合发表。[24]

对苏联人来说，这场新闻发布会是一场宣传战的胜利。他们向世界和那些受事故影响者宣告，他们并没有隐瞒信息，一直是公开透明的。盖尔医生对事故患者提供的帮助究竟取得何种效果很难评判。5月底，盖尔在莫斯科召开了另一场新闻发布会，会上他表示事故遇难人数上升到了 23 人。更令盖尔不安，也让美苏合作受阻的是，苏联卫生部副部长叶夫根尼·查佐夫院士表示有 11 位接受了盖尔的骨髓移植手术的患者在术后病逝。之后，苏联著名辐射病专家古斯科娃发表言论，认为骨髓移植弊大于利。盖尔协助进行了这些手术，为了挽回自己的声誉，他表示："骨髓移植只能帮助患者避免因骨髓衰竭而死，患者还是有可能会因为辐射或灼伤而引起的肝功能衰竭而去世。"

盖尔表示他手术的成功率在 90% 左右，他的这番言论及其他类似声明不仅在苏联国内，甚至在他自己国家里都遭到了质疑。不过这些全是后话了。无论他手术的实际效果如何，在当时东西方国家就切尔诺贝利事件展开的宣传战争中，盖尔医生用行动向苏联人表示，美国人是愿意提供帮助的，并帮助苏联改变了自身在国际舞台上有关此次事故的论调。美苏冷战使世界割裂，盖尔在当时则扮演了希望使者的角色。[25]

国际社会对苏联隐瞒核事故的做法，在事故发生的数小时、数日和数周后持续保持着关注，这令苏联领导人感到出乎意料。美国总统里根特别授权成立了一个切尔诺贝利事件工作小组，白宫新闻发言人拉里·斯皮克斯几乎每天都会就事故进展进行汇报，美国政府官员指责苏联政府没能及时公开信息。且不谈环境与健康方面的合理问题，西方已摩拳擦掌，打算与苏联展开新一轮宣传战，里根政府的一位官员说道："事故造成的经济影响也是一个问题。"这位官员帮助总统准备了第一次广播讲话的演讲稿，里根在讲话中首次提到了切尔诺贝利事件，而这比戈尔巴乔夫的首次表态要早了近两周。[26]

如何描述切尔诺贝利事件——何人何时知晓何事，何种措施已经采取，凡此种种，具有重要的政治意义。苏联人迎面反击，试图夺回对该事件发言的主动权。起初，苏联政府试图动员人民，转移其对国内问题和经济困难的注意力，采用冷战式措辞很有用。事故发生后的最初一个月内，苏联媒体报道的内容中有三分之一都是在抨击西方国家。苏联的媒体工作者乐于指出西方媒体报道中不准确以及有夸大成分的内容——而这些不准确报道恰与苏联的消息封锁有关。戈尔巴乔夫借机推行禁止核试验的主张，这个外交策略有助于缓和国际紧张局势，并减轻苏联因持续的军备竞赛而背上的经济负担。但在核事故描述的冲突中，苏联政府意识到他们在这场宣传战中正慢慢失去优势，于是决定放松对苏联媒体的审查。[27]

西方国家的施压以及各加盟共和国对准确信息的渴求，对戈尔巴乔夫实行的政策影响深远。一时间，苏联记者拥有了接触核产业相关人员的权力，此前他们很难有机会与之交谈。保密制度正在瓦解，一个政治公开、透明开放的时代正悄然而至，数月之后这将成为戈尔巴乔夫改革的最大亮点。在哥伦比亚大学哈里曼苏联高级研究所里，乔纳森·桑德斯博士——他在此后多年以哥伦比亚广播公司驻莫斯科记者的身份进行工作——启动了一个叫作“苏联电视工作组”的项目，运用新技术手段来录制苏联播出的电视节目。他在一篇会议论文中写道：“苏联媒体对切尔诺贝利事件的报道是苏联宣传事业的一个转折点。苏联电视有史以来第一次开始播报‘坏消息’，对于国内灾难新闻不再保持沉默，而这满足了人民的需求。”[28]

这一转折点对于苏联媒体和苏美关系的发展，以及对于苏维埃社会主义共和国联盟的早期瓦解都起了至关重要的作用。切尔诺贝利事件之后，苏联的“坏消息”接踵而至，而对于苏联政府来说，再也无法向本国民众和世界各国瞒住这些消息了。

第十六章　石棺

中型机械制造部部长叶菲姆·斯拉夫斯基，素有苏联核计划无冕之王的称号。时年已经88岁高龄的他，依然身姿挺拔。5月21日，爆炸发生近一个月后，他才赶到切尔诺贝利。他的姗姗来迟原因复杂，但都不是部长本人的过错。切尔诺贝利核电站并不归属于他的部门，但世人皆知发生爆炸的反应堆是斯拉夫斯基及其旗下研究所的智慧结晶——这个研究所由他本人参与建造和投资，是一座不折不扣的、坐拥上万名文职人员和军事人才的核帝国。斯拉夫斯基所在的中型机械制造部负责生产、运营和推广切尔诺贝利核电站中所使用的石墨反应堆。事故发生后，党政机关中有许多人想与这个曾经无所不能的部门保持距离，但最终还是要寻求他们的帮助。斯拉夫斯基有着丰富的处理核危机的经验。此外，他的部门掌控着苏联此刻更加迫切需要的大量人力和技术资源。

5月15日，苏共中央政治局要求斯拉夫斯基和他所在的部门负责“掩埋”爆炸的核反应堆，将其永久封存以防止辐射扩散。至于具体该怎么操作则由斯拉夫斯基决定。斯拉夫斯基接过任务后立即采取了行动。五天之后，他在自己的部门内成立了专门应对此项难题的特别建设管委会，同时他还任命一位将军领导该委员会。工程师和建筑师们想出了许多应对方案，其中之一是将这个反应堆“埋”在沙土、混凝土堆和金属球下，其他的提议还包括在反应堆上搭建一座拱形或伞形建筑等。最终他们决定搭建一座混凝土建筑结构，它包括地基、墙体以及反应堆建筑中其他在爆炸后依旧完好的构件。时间就是金钱，政治局希望反应堆能在四个月内被掩埋，而在四号反应堆尚且完好的构造基础上搭建保护结构是实现这一目的的最快办法。官方后来将反应堆上的这一建筑称为“遮蔽物”，通常人们将其称为“石棺”。斯拉夫斯基则是这个混凝土棺材的主要设计者与施工者。[1]

苏联的技术资源时常短缺，但人力资源是无限的。在这样的条件下，使用快捷又节约成本的暂时性修复措施来解决错综复杂的问题，这正是斯拉夫斯基全部事业的精髓，也是苏联核工业自发展伊始就具备的本质特征。斯拉夫斯基是制作这个石棺的最佳人选，这个石棺不仅能将受损反应堆送入地下，还能给苏联核能时代按下暂停键。1957 年，斯拉夫斯基第一次处理的核事故是奥焦尔斯克市马亚克大楼的事故。彼时，他才刚担任部长不足两月，也是自那时起，苏联开始用混凝土来应对辐射污染——在受污染的土地上覆盖一层厚厚的混凝土。在近 30 年后的切尔诺贝利事件中，该策略依然是默认选项。

1986 年 6 月初，政治局批准了建造石棺的方案，这一方案是由位于列宁格勒的弗拉基米尔·库尔诺索夫领导下的建筑师和工程师团队设计。斯拉夫斯基调动了自己手下所有的学术人才、技术人才和军事人才。这次的建造工程好似一个军事行动，斯拉夫斯基担任总司令的角色，他总要亲临前线。这位年迈的部长有着丰富的应对核事故的经验，工作能力极强，他对于“小剂量”辐射带来的不良后果丝毫不放在心上。5 月 21 日，他刚到切尔诺贝利核电站就乘坐直升机来到反应堆上空检查情况，后又徒步来到四号反应堆的废墟中。他和两名助手一起朝三号反应堆走去，他对助手们说：“事后我们一起喝一杯，这些痛苦就会过去了，但首先我们要好好检查这里的情况，搞清楚到底发生了什么。”斯拉夫斯基的手下记得当时的辐射值极高，斯拉夫斯基在走向受损反应堆时要求他的助手们不要靠近：“我已经老了，没什么可害怕的，但你们还年轻。”[2]

斯拉夫斯基的团队人员将建筑工地分成 12 个部分，每一部分都由一家建筑公司负责施工。很快，在受损反应堆周边就建起了一座“小镇”，铺盖了新的道路和铁路，还搭建了生产混凝土的工厂。工程第一步是将反应堆附近污染严重的地区铺满混凝土，使得该区域变成一片相对安全的建筑工地，1957 年处理奥焦尔斯克市事故时也是这么做的。即便如此，装载混凝土的卡车也要在混凝土墙后卸货，而那里的辐射值是 50 伦琴 / 小时。乌克兰及苏联其他地区的多家大型机械生产厂都收到了订单，要为这个石棺提供新的设备和零件。乌克兰政府手忙脚乱地按照政府委员会的要求提供材料、设备及人力资源。石棺地基的建造使用了意大利设备，而一些来自联邦德国的大功率水泵则用来生产混凝土，以便用来搭建封堵反应堆的墙体。[3]

斯拉夫斯基在亲自进行现场勘测后，首先派出了一批军人加入这场战斗。尤里·萨维诺夫将军是斯拉夫斯基先遣队的一员，他将自己的任务比喻成为军事部队着陆做准备，他们收到的指令是要击败一个新的、看不见的敌人——辐射。这批军人主要执行两项任务：清污和施工。直至6月上旬，共有两万名军官和士兵——其中大多数为预备役战士——被编入了施工营队。他们中的许多人对于要来切尔诺贝利一事并不知情，而已经知道此事的军人们都得到承诺，他们将得到比平常工资高5倍的收入。尽管这个承诺最终落空，这些新兵还是严守纪律，认真负责地工作着。在克格勃记录中，他们唯一一次提出抗议是由于过量辐射的问题。6月2日，有200名预备役军人选择绝食，因为他们了解到他们的营长和两位连长在吸收了最大剂量25伦琴的辐射后，被调离了这里，而有170名早已吸收足够多辐射的普通士兵，却仍然被安排留在这里。[4]

现场超量辐射的问题直到石棺快要建好时才得以解决。那些先期来到反应堆工作的士兵要承受5—370伦琴/小时的辐射。但斯拉夫斯基继续施压，将军和经理递交战果。到了6月5日，士兵们已用特殊溶液清理干净核电站附近约80万平方米的一片区域，以及2.4万平方米的建筑物表面。共有来自26个施工营队的8万名士兵参与了第一阶段的施工，他们用了9000件机械和设备零件在反应堆废墟周围搭起了一堵6米厚的混凝土墙，铺就了一条相对安全的出入施工现场的通道。到6月底，他们完成了石棺地基的建设，共铺盖了1.5万平方米的混凝土层。据预测，完成整个工程要用到30万吨的混凝土。

一切如常，却总有意外。斯拉夫斯基最心仪的方案是用直升机将一个8吨重的铝制穹顶扣在新建的石棺混凝土墙上，从而将核反应堆罩住，但计划执行时出现了差池。直升机在靠近反应堆时，穹顶从钢索中脱落了。克格勃如此描述这次意外：“飞机以每小时 50 公里的速度在 400 米高空中飞行，穹顶却落到了地上，摔得粉碎。”幸运的是，它并没有砸中反应堆或造成人员受伤。有人称意外发生后斯拉夫斯基边在胸口边画十字边说：“感谢上帝保佑。”后来再次进行尝试的计划被否决了，最终石棺的顶部由混凝土砖堆砌而成——和其他建筑物一样。[5]

斯拉夫斯基手下的设计师、工程师、军官，以及苏联军事委员会从全苏联动员而来的预备役战士均轮班参与工作。第一批工人从 5 月中旬工作至 7 月中旬，第二批从 7 月中旬工作至 9 月中旬，第三批即最后一批在 11 月中旬完成了石棺的建设，比政治局 5 月中旬设定的几乎无法实现的完工期限只晚了两个月。截至建设完工时，共有约 20 万名工人参与施工建设，他们建成了一个 40 万吨重的混凝土棺材，这个建筑能帮助苏联以及整个世界抵挡由受损核反应堆释放出的高辐射的伤害。[6]

斯拉夫斯基每两周就会来到建筑工地视察工程进展，切尔诺贝利核电站只不过是他诸多“战场”中的一个。另一个同等重要的“战场”是克里姆林宫，斯拉夫斯基于 7 月 3 日受邀参加一场政治局会议，会议主题是调查事故起因、总结经验教训并对事故责任人进行追责。谁该为这场旷世的技术性灾难负责？是核反应堆的负责人员吗？是他们犯下大错，无视规章制度，破坏了这个本应十分完好的反应堆，还是斯拉夫斯基核产业帝国中，包括库尔恰托夫研究所在内的那些核反应堆设计者呢？斯拉夫斯基的部长身份、个人名誉以及最重要的——他的功绩，所有这一切究竟是更进一步还是毁于一旦皆系于该问题的答案。前途未明的还有石墨反应堆以及整个

准备安装石棺（© IAEA Imagebank）

苏联核工业。

斯拉夫斯基相信自己的手下绝不会出错。他第一次听说这个事故的时候，就认定这是掌管切尔诺贝利核电站的能源与电气化部的失误。石墨反应堆的设计者尼古拉·多列扎利也是动力工程研究所的负责人，作为斯拉夫斯基庞大的核帝国的一部分，该研究所的设计者将事故归咎于乌克兰专家。一名知名科学家在了解到爆炸的消息后说道："是乌克兰人造成的反应堆爆炸。"他指的是乌克兰切尔诺贝利核电站的管理人员和操作员。而事实上，斯拉夫斯基、多列扎利以及库尔恰托夫研究所的负责人阿纳托利·亚历山德罗夫这几人其实都是乌克兰人或出身于乌克兰，但他们此番指责只关乎机构，无关民族：斯拉夫斯基及其同事想将外界对其部门和研究所的谴责转移到别处去。[7]

4 月 29 日，负责调查事故起因的政府委员会主席谢尔比纳牵头组织成立了工作小组，由斯拉夫斯基的副手亚历山大·梅什科夫担任领导，小组成员大多来自莫斯科的研究所，其中有设计出爆炸堆型的多列扎利主管的研究机构人员，也有来自亚历山德罗夫主管的库尔恰托夫研究所的研究人员，这个研究所为石墨反应堆项目提供了技术支持。工作小组从六个可能的原因着手调查，但到了 5 月 2 日，他们的意见趋于一致：正是核电站操作员违反技术流程，使核反应堆在涡轮机试验过程中发生爆炸。

上述观点遂成为官方立场，其他持有不同意见者大多数都没有发表自己的看法。工作小组的成员亚历山大·卡卢金在 4 月 29 日开始工作时曾悄悄对另一名成员瓦连京·费杜林说过："反应堆爆炸是由于紧急停堆时控制棒掉落了。"他认为由于控制棒的掉落，输出功率激增，从而导致爆炸——在爆炸发生前，核科学家们都曾看过一篇论文，该论文就假设了此种情境的发生。上述解释证明了反应堆的设计者应该为事故负责，或至少应该承担一部分责任，但来自石墨反应堆设计机构的科学家代表从未认可此观点。5 月中旬，工作小组向苏联科学院院长亚历山德罗夫汇报，核反应堆操作员违反技术流程是造成事故的唯一原因，作为该反应堆的科学指导，亚历山德罗夫也认同这一解释。[8]

政府委员会也采用了同样的说辞。谢尔比纳并没有完全否认反应堆设计方面存在的问题，但他在呈给政治局的报告中将事故主要原因归咎于反应堆操作员。政治局于 7 月 3 日就事故原因召开会议进行探讨。谢尔比纳的报告是这么写的："由于负责人员严重违反技术操作章程，且反应堆建造存在严重缺陷，共同导致此次事故的发生。但两者危害并不等量，委员会发现操作人员的工作失误是造成事故的根本原因。"后来政治局赞同了这一说法，并向国内外媒体和全球科学界公布。[9]

前站长布留哈诺夫在 5 月下旬已被解雇，他率先感受到了苏共上述立场的冲击力。7 月初，他来到莫斯科接受政治局询问，据他事后回忆，此时的自己依旧心情低落，态度漠然。但他对当时的场景记忆犹新：克里姆林宫核桃厅内摆放着一张宽大的桌子，作为一名老到的建筑师，布留哈诺夫目测这张桌子长约 50 米，宽 20 米。戈尔巴乔夫坐在桌子的正前方，政治局委员分坐左右两侧。会议从上午 11 点一直开到晚上 7 点，没有午餐时间，但中间曾有服务生送来三明治和饮料。布留哈诺夫是当天的第三位发言人，他大约用了 15 分钟来描述 4 月 26 日他所了解的一切。戈尔巴乔夫只问了他一个问题："你知道1979年发生在美国三里岛核电站的事故吗？"布留哈诺夫回答说他知道。后续就没人再问过他任何问题，这些人认为他们已了解了事件经过，也认定布留哈诺夫将担任替罪羊的角色。

陈述结束后，布留哈诺夫留在会场听其他人的讨论，讨论持续了好几个小时。戈尔巴乔夫在议程最后念了一份提案，提议撤销布留哈诺夫的党籍。政治局投票一致通过。布留哈诺夫曾参与过乌共中央委员会的会议，乌共中央第一书记谢尔比茨基向来作风强硬，相比之下布留哈诺夫认为戈尔巴乔夫的手段太软弱了。布留哈诺夫后来称这个总书记是个软骨头，而此前也有很多同僚和手下这样称呼过布留哈诺夫。让布留哈诺夫感到庆幸的是，在政治局会议上并没有人想要侮辱他，在党委工作时，党委书记为了要求他完成计划指标，总会威胁要"绞死他"。

现在没人会这么对待布留哈诺夫了，但在媒体宣传中，他成了事故的罪魁祸首。苏联的主流新闻节目《时代》向全国播报了布留哈诺夫被开除党籍的新闻，所有人都知道这意味着什么：这是对布留哈诺夫进行刑事诉讼的序曲，最终他会锒铛入狱。这是苏联司法体系不成文的规定：先是开除党籍，接着关进大牢。在布留哈诺夫的家乡，遥远的塔什干，布留哈诺夫的哥哥不让他年迈的母亲看电视，但邻居们还是将新闻告诉了她，结果这位母亲心脏病严重发作。[10]

在外界看来，斯拉夫斯基和亚历山德罗夫院长似乎并未因事故而备受非议，但在政治局内部情况并非如此。根据戈尔巴乔夫的重要顾问及苏联改革的设计师亚历山大·雅科夫列夫回忆："在我记忆里，大家都很迷茫，不知道下一步该怎么做。该为反应堆负责的斯拉夫斯基部长和苏联科学院的亚历山德罗夫院长说了一些令人不可思议的话。他们之间的一些交流令人发笑：'叶菲姆，你还记得我们在新地岛遭受了多少伦琴的辐射吗？但我们依然活着。''我当然记得，但那时我们每个人都喝了1升伏特加。'"他们谈论的是在新地岛的功绩，新地岛位于北冰洋，自1954年起成为苏联的核试验场。[11]

在这两位老人叙旧之时，戈尔巴乔夫希望能得到一个准确的答复：反应堆是否可靠？这个简单问题的答案关乎苏联核工业的未来，更关乎戈尔巴乔夫的改革计划。不算上切尔诺贝利那个受损的反应堆，全国还有12个石墨反应堆，如果停用所有的石墨反应堆，戈尔巴乔夫梦想的经济改革就会被叫停，他还要寻找新的替代能源，而苏联的国库已然空空如也。石墨反应堆提供了苏联核电站近四成的电能，姑且不说废除所有石墨反应堆将付出怎样的代价，从哪里能筹得资金弥补事故造成的损失呢？最终一共要为事故的善后处理投入多少资金？包括戈尔巴乔夫在内，无人知晓。数十年后，白俄罗斯的经济学家们估算出了结果：光他们国家就为此次事故付出了2350亿美元的代价，相当于白俄罗斯1985年年度预算的32倍。[12]

但无论如何，戈尔巴乔夫努力寻求一个答案。他想听听来自斯拉夫斯基所在部门和研究院里核专家的想法，但这些人要么保持沉默，要么闪烁其词。最终，戈尔巴乔夫自己得出了结论："事故发生确有人为原因，但事故范围如此之大也与反应堆自身的特性有关。"他问斯拉夫斯基的手下是否可以继续建造石墨反应堆并保证其正常运转，斯拉夫斯基的副手亚历山大·梅什科夫肯定地回答道："如果严格遵循规定的话，是没有问题的。"戈尔巴乔夫对此并不满意，他对梅什科夫说："你说的话可真令人诧异，从目前我们了解到的有关切尔诺贝利事故的情况看来，反应堆本身也是有问题的，它十分危险，但你却还在为自己部门的名誉而辩白。"梅什科夫反驳道："不，我是在为核能辩护。"戈尔巴乔夫很快又反驳道："但哪方利益更重要呢？这是我们必须回答的问题，国内和国际的千万民众要求我们这么做。"[13]

在念完事故起因的报告后，戈尔巴乔夫继续抨击斯拉夫斯基所在的部门："梅什科夫把所有责任都推卸给核电站的工作人员，这起事故和你就没关系吗？如果我们接受了你的解释，接下来还会发生什么？还会和以前一样正常发展吗？除了梅什科夫，所有人都乱了步调？如果真是这样的话，不如开除梅什科夫好了。"所有人都听得出来这番言论是针对斯拉夫斯基的，他一直在保护自己的副手和中型机械制造部。他对政治局说："爆炸是人为造成的，反应堆没有问题，有很长的使用寿命。但工作人员都做了些什么？当地工程师进行了试验，但他无权这么做。"

根纳季·沙沙林是苏联能源与电气化部副部长，他的部门分管切尔诺贝利核电站，他很乐意将责任尽可能都推给反应堆的设计者。他在政治局会议上说道："反应堆的物理特性决定了事故造成的影响范围，人们并没有意识到反应堆会急转直下至这般境地。"他继续补充："核电站的相关人员需要为这次事故负责，但我同样认为，事故造成如此大范围的影响与反应堆的物理特性有关。"沙沙林赞同关闭所有石墨反应堆，因为他无法担保这些反应堆是安全的。戈尔巴乔夫对此并不赞同，他认为"沙沙林提到的关闭核电站的这一想法不够严谨”。但考虑到石墨反应堆的确不够安全，戈尔巴乔夫想出了一个折中的办法，既不用关闭所有反应堆，又能让它们变得更加安全。他问在座的各位专家：“用保护盖把它们都罩住怎么样？”他指的是在反应堆四周搭建一个混凝土罩子，在美国这一安全设备是必需的，但切尔诺贝利核电站里却没有。戈尔巴乔夫深知，搭建此类容器耗费巨大，而苏联现在已无力支撑这一开销。或许因此，戈尔巴乔夫很快就自己否决了此项提议：“也有人认为如果切尔诺贝利要是有这样一个保护盖，辐射扩散会更严重。”

分管核能事务的苏共中央委员会书记弗拉基米尔·多尔吉赫同样也在思考该如何处理现存的其他石墨反应堆。此前亚历山德罗夫曾建议对反应堆进行升级，多尔吉赫回应道：“对反应堆进行改造并不划算，我们面临着能源大量流失的威胁。毕竟，和切尔诺贝利反应堆一样种类的堆体还有 10 个分散在经济互助委员会的东欧国家里，还有 10 个在我们的国家。它们都已陈旧，不再安全。”党内负责意识形态工作的利加乔夫赞同国家减少对核能的依赖：“我们需要彻底改变能源结构，目前的这一结构并不可靠，我们要去找替代能源，去发展天然气吧！”

最终在这次政治局会议上，人们得出结论，当前整个核能产业亟须彻底改革。尽管对外，反应堆操作员为这次事故背上了主要责任，而在内部，人们都在为石墨反应堆的安全性而担忧。雷日科夫总理在会上说：“确定核反应堆的类型，废除切尔诺贝利事故中的那款反应堆。”在做最后总结时，戈尔巴乔夫对同僚们说道：“在修改政治局决议草案时，要考虑到能源的预期产量，也要平衡好核电站与天然气、石油、水力发电站还有煤电间的关系……政府要修改能源产业从现在直至2000年的发展规划。我们要考虑好到底是应该继续使用核电站还是关闭它们。”这对于斯拉夫斯基和他的部门来讲可算不上好消息，但更糟糕的是，有很多人都认为是他们间接导致了这次事故的发生。

多尔吉赫断言：“我们所对抗的是中型机械制造部的绝密状态。”他指的是斯拉夫斯基的核帝国缺乏外界的管控。雷日科夫也表示：“斯拉夫斯基和亚历山德罗夫的权力太大了。”他想分割斯拉夫斯基的权力，并提议道：“应该成立一个核能部门，将中型机械制造部的部分职能划分出去。同时还应成立一个跨部门的理事会，它不归斯拉夫斯基负责，可以隶属于苏联科学院或国家科学技术委员会，若直接由部长会议负责就更好了。”戈尔巴乔夫后来通报了所有该为此次事故负责的人员的名单，这些人都在党内受到不同程度的斥责，这份名单中排在首位的是布留哈诺夫，而斯拉夫斯基的名字并不在内。戈尔巴乔夫表示“亚历山德罗夫院士应该清楚地认识到自己在整件事中应负的责任”，斯拉夫斯基的副手梅什科夫被解雇了。斯拉夫斯基安然无恙，毕竟政府还需要他建造这个石棺。[14]

这次政治局会议可以算是戈尔巴乔夫及其助手、政治局委员与负责设计和建造反应堆的核科学家之间的一次对决。尽管这些科学家大多支持斯拉夫斯基，但他们的阵营中有一个“叛徒”——瓦列里·勒加索夫，他是谢尔比纳领衔的委员会的首席科学顾问。在政治局会议上，戈尔巴乔夫没有向勒加索夫的上级、切尔诺贝利堆型的创造者亚历山德罗夫发问，却时常向勒加索夫抛出一些有关核反应堆的问题。戈尔巴乔夫想从参会的科学家那里求得支持，便问道："委员会查明了吗？为什么这么不可靠的反应堆能投入生产？美国可不用这种类型的反应堆，勒加索夫同志，我说得对吗？"勒加索夫回应说，美国从未生产或运行过这种反应堆，"因为此类反应堆的一些重要参数未达到安全标准。1985 年，在芬兰，物理学家……给予我们的核电站很高的评价。但在此之前，我们将一些自动化元件和技术组件替换成了美国和瑞士生产的组件"。[15]

据勒加索夫回忆，雷日科夫当日在会上的发言无非是认为此次核事故绝非偶然，而是苏联核工业的多年积弊所导致的。勒加索夫准备从自己所在的核工业寻找答案，而他在库尔恰托夫研究所的同事们都对自己的行业绝对忠诚。他们认为，勒加索夫作为研究所副所长，应该捍卫研究所以及整个核工业的利益。但是勒加索夫同时也是一名忠诚的共产党员和苏联体制的追随者，他会把体制的利益置于斯拉夫斯基核帝国的利益之上。许多人因此认为他是想要追名逐利。他与政治局委员们站在同一战线上，同自己的同事们唱反调，将他们的秘密泄露出来。他们永远不会原谅这种"背叛"。

7 月初，在爆炸发生后的数周内吸收了大量辐射的勒加索夫回到了莫斯科，继续自己对于爆炸起因的研究。早在 5 月份，苏联政府曾许诺国际原子能机构的负责人布利克斯，将在该机构举行的国际会议上呈上一份事故报告。会议计划于 8 月下旬在维也纳召开，苏联政府委任勒加索夫组织一个委员会来草拟这份报告。勒加索夫欣然领命，并召集了一批专家，其中既有核物理学家，也有环境、卫生专家。这群人把勒加索夫的公寓变成了这个委员会的工作室，夜以继日地准备这份报告。

这次即将举行的会议吸引了西方国家的广泛关注。欧洲政界与学界精英对于苏联政府此前的行动极度失望，苏联一直在拖延事故相关信息的公布，这威胁到了中欧和西欧国家人民的健康与安全。他们同样怀疑苏联是否会在这次会议上公布有价值的消息。勒加索夫对欧洲人的态度十分清楚，他叫来一位名叫亚历山大·博罗沃伊的顾问，要求他一定要保密，随后给他看了会议的初步议程和决议草案。根据议程，勒加索夫的发言时间不过 30 分钟。

博罗沃伊回忆："欧洲国家认为我们不会在这份核事故报告中提供多少具体信息，因为核反应堆属于军用设施，所有事情都需要保密，并且留给我们的报告时长不过半小时。报告之后，会有其他人发言，发言也都很短，差不多只有一两句话。最后国际原子能机构会发布一份决议草案，要求苏联关闭所有石墨反应堆，向受到辐射影响的国家支付赔偿，并保证苏联境内的每座核反应堆旁都允许外国观察员的存在。"勒加索夫急于推翻计划，他对博罗沃伊说："我们必须做出改变。"[16]

勒加索夫和他亲手挑选出来的顾问们在准备一份详尽的报告，报告中会提供事故的详细发展过程和造成的影响。但这么做将涉及反应堆的建造方案——这可是苏联顶级军事机密。和预想的一模一样，斯拉夫斯基及其助手们反对向国际学术界泄露这些信息，勒加索夫的工作一时难以继续开展。在 7 月 3 日的政治局会议上，能源与电气化部部长马约列茨提到了苏联这种可笑又过时的信息保密规定，他在会上说："从国外一些消息来看，很明显，切尔诺贝利事故已经成为大家研究的焦点，难道我们还能向国际原子能机构提供虚假消息吗？"[17]

1986年8月25—29日切尔诺贝利核事故审查会议期间举行的新闻发布会，从左至右是列昂纳德·康斯坦丁诺夫、汉斯·布里克斯、吕多尔夫·罗梅奇、瓦列里·勒加索夫、莫里斯·罗森（© IAEA Imagebank）

勒加索夫亦深以为然，直接找到了雷日科夫总理，雷日科夫授权他继续完成这份报告。报告中不仅会有石墨反应堆的设计方案，还包括对事故的辐射水平以及辐射对农业及人体健康影响的评估。勒加索夫准备将一切公之于众。苏联这份报告共有 388 页，勒加索夫还得到政府许可，可以带几位核反应堆专家一起参会，这些专家一直是禁止离境的：这次会议将是他们首次踏出国门。他们将负责回答各自领域的专业问题。布利克斯的助手曾询问过苏联驻维也纳大使馆，苏联方面的发言预计持续多长时间，他们本以为报告不过是 30 分钟的事儿。大使馆回复他们苏联代表将做 4 个小时的发言，而最终报告时长超过了 4 个小时。[18]

这次会议于 8 月 25 日在维也纳召开。在会上，勒加索夫首先谈到了反应堆的设计方案以及切尔诺贝利核电站的情况，接着他详细介绍了事故的情况，分析了起因，阐述了事故影响，最后就今后如何防止核事故发生提出了建议。这份报告揭开了苏联核计划的神秘面纱，使得来自 62 个国家、21 个国际组织的近 600 位核科学家以及 200 名记者都错愕不已。报告结束后，观众们皆起立为之鼓掌。

《原子科学家公报》上的一份报告是这样描述此次会议的：“凡是参加了第一天会议的人们都不会轻易忘记。8 月 25 日，整个会议气氛既死气沉沉又莫名紧张，但到了会议最后一天 8 月 29 日，气氛变得令人振奋，人们的喜悦之情溢于言表。”勒加索夫瞬间成了名人，西方媒体盛赞其为世界十大顶尖科学家之一。他对切尔诺贝利事件起因和影响的开诚布公取得了意想不到的结果：苏联的国际形象由此逆转，从一个不负责任的肇事者变成了一场无可预知的灾难的受害者，苏联愿意分享经验并与国际社会进行合作，防止类似事故再次发生。[19]

尽管前所未有地公开了切尔诺贝利核电站及苏联核工业的具体情况，勒加索夫在这份报告中依旧遵循了党的主张，将事故责任主要归咎于核反应堆的操作人员。报告中写道："事故的根本原因是核电站的员工极其罕见地违反了操作流程和方法。"[20]

这套说辞是斯拉夫斯基和他的副手梅什科夫在一个月前的政治局会议上所提出来的。但许多在莫斯科核工业工作的人，以及许多党内高层人士，都认为勒加索夫泄露了太多信息，并立即表达了自己的不满。在从维也纳返回后，勒加索夫一进到研究所内，就对报告的撰写人之一亚历山大·博罗沃伊高兴地喊道："我们胜利了！"勒加索夫兴致勃勃地来到他位于三楼的办公室，之后又兴高采烈地离开研究所去会见高层领导。几小时后，勒加索夫回到了研究所，博罗沃伊察觉到勒加索夫的情绪大变，刚才的喜悦之情已彻底消失。他沮丧地对博罗沃伊说："他们完全不懂，根本无法理解我们取得的成果。我或许该去休假了。"[21]

无法得知勒加索夫从维也纳回来后与谁进行了会面，但毋庸置疑的是，包括戈尔巴乔夫在内的苏联最高领导层都认为勒加索夫将"公开化"推行得太过了。在 7 月 3 日的政治局会议上，戈尔巴乔夫对同僚们说："我们不应隐瞒真相，我们有责任向人类社会提供完整的结论。"到了 10 月初，戈尔巴乔夫稍微松了口气，满意地对政治局委员们说："自从那次国际原子能机构成员国会议之后，外国已不再就切尔诺贝利事件对我们进行攻击了。"勒加索夫为苏联打赢了一场重要的宣传战，但却没有得到领导层的赏识——尽管苏联对人类社会的发展负有责任，但勒加索夫没必要将所有事故信息都向国际社会公开。[22]

许多人都期待着勒加索夫在他 50 岁生日那天，即 1986 年 9 月 1 日，能因他在切尔诺贝利事件中做出的贡献而被授予苏联最高战争勋章——苏联英雄勋章。但他并没有得此殊荣，同样他也没有荣获苏联最高和平勋章——社会主义劳动英雄奖章。他仅获得了一块苏联产的手表，这与此前他和很多人所期待的相差甚远，无异于一种羞辱。很显然，那些站在权力金字塔尖的人并不支持勒加索夫。勒加索夫也感到自己被出卖了，他为了支持领导层而与自己的研究机构和整个核工业唱反调，将事故起因的真相告知大众，他的一切努力都被否定了，尽管他深信这些真相必须向世界公布。

一时谣言四起，有人称当时仍稳稳掌控着苏联核帝国的斯拉夫斯基反对将苏联最高荣誉奖章授予勒加索夫。倘若真的如此，这或许是斯拉夫斯基最后一次品尝胜果了。1986 年秋天，斯拉夫斯基的职业生涯阴云笼罩。他最亲密的伙伴阿纳托利·亚历山德罗夫在 10 月份辞去科学院院长一职，早在 7 月份的政治局会议上，他就被要求为承担事故责任而申请退位。斯拉夫斯基尽管从未承认自己有过失，但也在 11 月被迫下台。[23]

政府委员会认为石棺在 11 月 30 日就能完工。数日前，斯拉夫斯基在切尔诺贝利核电站视察现场情况时接到了雷日科夫总理的电话，雷日科夫要求他次日必须返回莫斯科。斯拉夫斯基称他正忙着监督石棺的收尾工作，雷日科夫便又宽限了他一天。斯拉夫斯基对无意间听到对话的下属说道："他们又在谋划着什么了。"[24]

此次莫斯科的会议持续了三小时。雷日科夫告诉斯拉夫斯基，自己很满意他的工作，但鉴于斯拉夫斯基年事已高，建议他最好退休。斯拉夫斯基梦想创造历史，希望能在部长一职上做到 100 岁，便一口回绝了提议。在离开雷日科夫的办公室时，斯拉夫斯基让秘书拿来纸笔，信手用蓝色铅笔在纸上写道：“由于本人左耳听力有障碍，请解雇我吧。”他言不由衷，愤愤不平，自认为雷日科夫不可能在这样一份可笑的请辞申请上签字。斯拉夫斯基并不隐藏他对新领导层以及他们政治路线的意见，他认为自己的部门并不需要调整重组，他和他的同事们不需要改革，因为他们一直以来都比别人做得更好。斯拉夫斯基想象中的苏联经济模式应该是军事化的，他不认为戈尔巴乔夫的改革会带来什么好处，并且他对戈尔巴乔夫想要缓和东西方紧张态势的外交政策嗤之以鼻。直到几周后，斯拉夫斯基才听从助手的建议，重新写了一份言辞恰当的辞职申请。[25]

军事化经济模式的时代已经退场，正是在这种模式下核灾难发生，还是在这种模式下，善后工作得以完成。退休后的斯拉夫斯基经常会想起以前的辉煌岁月，并诵读他欣赏的诗句。他兴致勃勃地背诵着乌克兰民族诗人塔拉斯·舍甫琴科的诗句，这位浪漫主义的吟游诗人在诗中赞美了斯拉夫斯基故乡的田园美景：“一片樱桃园落在屋旁，甲虫在树上嗡嗡作响，农夫在良田中劳作，吟唱的少女从路边经过，天色暗沉，是母亲在唤她们归家。”[26]早在 20 世纪 60 年代，斯拉夫斯基曾以他最欣赏的诗人的名字为哈萨克一座铀矿附近的新城命名。他热爱苏联，也热爱乌克兰，认为二者没什么区别。

舍甫琴科的诗中美景和斯拉夫斯基童年记忆里的田园风光，因一场事故面目全非，乌克兰北部、白俄罗斯和俄罗斯境内的部分樱桃园正不断向大气中释放辐射，伤害周围的生物。但斯拉夫斯基从未认为他本人或是自己的核帝国需要为这次事故承担责任，他已准备好承担风险及后果。在切尔诺贝利事故发生前，曾有人问过他，如果反应堆堆芯熔毁，后果会怎样，他说："那将非常非常糟糕，但即使如此，我们也能搞定。"他的确在事故发生后处理好了一切，不过代价巨大。[27]

苏联的核能说客希望这个石棺不仅能填埋受损的反应堆，还能将人们对整个核规划的疑虑一并带走。尽管党政领导对此持怀疑态度，但在公开场合他们还是接受了说客的说辞。于是，这起事故的全部责任都归咎到核电站的工作人员身上。随着石棺建造完毕，斯拉夫斯基从苏联核帝国的宝座上退位，苏联核工业经历大洗牌，亚历山德罗夫也辞去了科学院院长的职务，政府准备为布留哈诺夫及其下属定罪，毕竟民众只知道，正是核电站的这些工作人员需要为 4 月 26 日发生在切尔诺贝利的核事故承担全部责任。

第十七章　罪与罚

阿纳托利·亚历山德罗夫，这位 83 岁的苏联核工业资深前辈、切尔诺贝利事件中石墨反应堆设计的首席学术顾问，于 1986 年 10 月 16 日辞去苏联科学院院长的职务，同时他也准备辞去库尔恰托夫原子能研究所所长一职。苏联核工业发展史上辉煌的一页就此翻篇，而接下来的篇章该如何书写则取决于究竟由谁来接任亚历山德罗夫的职位，继续掌管拥有上万名学者和职员的科学院。

亚历山德罗夫将研究所第一副手勒加索夫视为可能的接替者，但其他人却不这么认为。亚历山德罗夫离任后，一场职位之争旋即展开。研究所一批顶尖专家纷纷阻挠勒加索夫上位。1987 年春，在研究所重要领导机构——学术委员会的例行选举中，共有 129 位资深研究员投了反对票，不同意勒加索夫进入学术委员会。这对于勒加索夫，这位在亚历山德罗夫忙于科学院事务时，已经掌管研究所的第一副手来说不啻狠狠一击。只有约 100 位同事给他投了支持票。[1]

勒加索夫是一位浪漫主义艺术家。他喜欢写诗，事实上在年轻时他曾渴望成为一名职业作家，但受到了苏联文学巨匠康斯坦丁·西蒙诺夫的劝阻。在当时，学生们曾发起一场讨论：物理学家和诗人，究竟谁对国家更重要？1959年，著名诗人鲍里斯·斯卢茨基在诗中写道："不知为何，物理学家备受推崇，抒情诗人世所冷漠。"由此得出结论：物理学家比从事人文学科的人对社会的贡献更大。党内的思想家留意到了斯卢茨基的诗所引起的一番讨论，指出物理学家、诗人皆重要。勒加索夫，同时也是个训练有素的化学家，努力想在两个领域都做出成就。

和尼基塔·赫鲁晓夫一样，勒加索夫也是苏联体制的一名信徒。赫鲁晓夫是站在苏联权力金字塔顶端的斯大林的继任者，同时也是意识形态解冻的推动者，在这个被斯大林荡涤过的社会中，正是因为他的改革才使得有关物理学家和诗人谁更重要的争论得以产生。在莫斯科大学念书期间，勒加索夫就加入了苏联共产党，在当时他的许多不关心政治的同学们看来，此举不是太草率，就是太急功近利。苏联科学界出过不少政治异见人士，像物理学家安德烈·萨哈罗夫和尤里·奥尔洛夫。勒加索夫的上级领导亚历山德罗夫在俄国十月革命期间曾在乌克兰白军中作战过两年，直到59岁才加入共产党，还是因为要当研究所所长才入党。许多学者对政权不感兴趣，并想与苏共保持距离，而勒加索夫则完全拥护共产党的统治与理念。[2]

勒加索夫同样对苏联的科技实力深信不疑，并认定他的研究所协助设计的核反应堆是绝对安全的。在切尔诺贝利事件发生前两年，勒加索夫曾公开对核电进行表态："负责任地说，与煤电相比，核能给人体带来的伤害要小得多，而这两者的效能是差不多相同的……专家们想必都知道核电站发生核爆炸是不太可能的，只有在极罕见的情况下类似爆炸才会发生，而就算真的发生了，这种爆炸的杀伤力至多不过是一枚炮弹。”很显然，勒加索夫是按照党和核工业高层的指示发表这番言论的。在成为亚历山德罗夫的副手之后，他愈加相信核反应堆是安全的。韦利霍夫与勒加索夫，无论是在研究所内还是在切尔诺贝利事故现场，都既是同事也是竞争对手。韦利霍夫记得勒加索夫当时并没有参与反应堆的建设，他对反应堆的物理特性也并不了解。有位物理学家称勒加索夫为“来自化学边缘领域的小伙子”。作为研究所所长的第一副手，勒加索夫一直在通过自己的官方身份来推广石墨反应堆。[3]

无论在研究所，还是在切尔诺贝利的事故现场，勒加索夫总是冲在前面，这不仅显示出他对苏联体制的忠诚，也体现了他的领导才能与甘于牺牲的精神。一位乌克兰籍同事回忆起勒加索夫在切尔诺贝利工作的场景时说道：“他是在场所有人中，唯一有担当的一位。他在现场到处勘察，在前期工作中，他一直在观察爆炸发生后保存完好的排气管。和其他人一样，他也害怕辐射，但为了能理直气壮地派出自己的手下，他总是第一个冲上前去。”勒加索夫很快意识到苏联正面临一场全球性灾难，少说也有上百万人将受到影响，而他丝毫没有犹疑，便决定宁可让自己的生命承受危险，也要拯救他人。和其他后续来到切尔诺贝利的人一样，勒加索夫刚开始对自己所面对的危险也是一知半解，但后来他比其他人更早也更清楚地掌握了情况。[4]

勒加索夫将核事故造成的后果与二战带来的后果放在一起比较，核电站的许多工作人员也是这么想的。但他认为，切尔诺贝利事件中苏联军人和“事故清理人”所做出的牺牲远不及被苏联人讴歌的伟大的卫国战争中的牺牲。勒加索夫还经常提到苏联体制在应对灾难方面缺乏准备经验，他指的是此次核事故以及1941年夏天纳粹对苏联的进攻。勒加索夫认为：“核电站丝毫没有做防备措施，大家都乱作一团，惊恐不已，这像极了1941年遭受纳粹进攻时的情形，但这次的情况更糟糕。德军入侵‘布列斯特’的一幕再现了，同样英勇无畏，同样绝望无助，同样毫无准备。”“布列斯特”指的是在德国入侵的前几周里，苏联红军在白俄罗斯西部的布列斯特要塞进行了英勇的防御。[5]

在切尔诺贝利事故发生后，勒加索夫立即被委任为首席科学顾问，政府委员会所做的多项重要决定都由他负责。其中一项决定——用上万吨沙子、黏土和铅将反应堆填埋——就出自他的提议。这项任务的完成是以多名直升机飞行员的生命安全为代价的，但勒加索夫的几位同事认为此项工作并没起到实质性效果，不过是劳民伤财而已。覆盖在反应堆上面的沙堆并没能降低辐射水平，有一些人还认为这反而增加了反应堆过热以及再次熔毁的风险。勒加索夫自始至终都捍卫着他决策的正确性，但这次事故不仅彻底摧毁了他的身体——他吸收的辐射是苏联规定的最大容许剂量（25伦琴）的好多倍——还使他背上了沉重的思想负担，他一直在思考自己的决定是否危害了他人的生命安全。[6]

勒加索夫于1986年8月在维也纳会议上所做的报告帮助他打起了精神，让他对提高苏联核电站的安全性充满了信心，但他在回到莫斯科后所收到的反馈又给了他沉重的一击。领导层都对他不太满意：他泄露了苏联核计划的太多机密。不仅是党委领导对勒加索夫不满意，核工业的高层以及库尔恰托夫原子能研究所的同事们也都气恼勒加索夫，认为他背叛了自己的机构。而勒加索夫认为自己的所作所为对苏联以及整个世界都是有益的。私底下，他为自己还有所保留而感到后悔，他对他的朋友说："我在维也纳的会议上把事实公之于众，但这还不是全部的真相。"在报告中，勒加索夫把事故的全部责任几乎都归咎于核电站的工作人员。他没有提及反应堆本身存在的缺陷，而正是这个缺陷让这场事故变成了一场核灾难。勒加索夫因此背上了更沉重的心理负担。[7]

官方认定勒加索夫共吸收了 100 雷姆的辐射，但他本人以及他的医生都不知道他到底受到了多少辐射伤害。在他深入切尔诺贝利事故现场最危险区域时，他总是忘记携带辐射测量器。在夏天当他准备维亚纳会议报告时，他开始出现辐射病的症状。1986 年 11 月，在纪念十月革命的红场游行活动中，勒加索夫受邀与政治局委员们一起站到列宁陵墓的高处，这对苏联科学家来讲算是最高的荣誉了，但当时他的身体状况使他无法参加这次活动。勒加索夫的妻子玛格丽塔开始用医疗日志记录她丈夫的症状：他先后感到恶心、头疼、身体衰弱。诊断结果显示勒加索夫体内白细胞增多，这意味着出现了骨髓抑制——勒加索夫患上了急性放射病。

1987 年 5 月，医生在勒加索夫的血液里发现了髓细胞，这种中幼粒细胞本应在骨髓里，但现在却出现在了血液中，这意味着勒加索夫有患癌的可能。勒加索夫的身体每况愈下，库尔恰托夫原子能研究所的同事拒绝将他选入学术委员会，更使得他的心情持续低落，在双重打击下，他决定住院接受辐射病治疗。绝望万分的勒加索夫吞食了大量安眠药企图自杀，好在警觉的医务人员及时赶到，为他进行洗胃，从而挽救了他的生命。勒加索夫想要将切尔诺贝利事件彻底放下，重新开始生活，但这并不是那么容易。[8]

当勒加索夫在莫斯科的医院里接受治疗时，他在维也纳会议报告中所写到的、被政治局认定该为切尔诺贝利事件负全责的核电站高层们正在接受审讯。

审讯决定在禁区的中心地带——切尔诺贝利古城里进行。之所以这么安排是出于苏联的一项法律条文，该条文规定了审讯要在实施犯罪的现场进行。无论是否出于法律规定，这一安排都令人费解。切尔诺贝利的辐射值仍然很高，尽管路面上的沥青已被铲除和掩埋，辐射仍无处不在，在新铺路面的路肩上辐射更高。在市中心，记者们能看到永久安装的辐射测量器。要想进入审讯现场的大楼，人们需要先在入口处将鞋子放在水盆中清洗。禁区内的安全机制使得权力部门能够有效控制审讯现场大楼及周边的一切状况。

当地文化中心的大厅稍加改造后就变成了临时法庭：窗户上装了金属栅栏，舞台和观众区之间用幕布隔开，一些座椅也被撤掉了。改造后的法庭共有 200 个座席，并且总是人满为患——核电站的操作员及其他工作人员闲时都会来这里旁听诉讼。一位名叫尼古拉·卡潘的工作人员做了详细的记录，几年后，他将其公开发表。审讯从 1987 年 7 月 7 日开始一直持续到 7 月 29 日。记者们只准许旁听其中的两场：第一天，他们旁听了公诉人的陈词，在最后一天他们旁听了裁决。记者们戏称这是“封闭区域”内的“公开”审判。[9]

切尔诺贝利核电站的六名管理者及安全员因违反安全准则、玩忽职守而被提审。这其中包括核电站的前站长布留哈诺夫、前首席工程师福明及其副手——在4月26日清晨负责监督关闭四号反应堆的迪亚特洛夫。这几个人是主要犯罪嫌疑人，他们在审讯前就被逮捕，审讯时也坐在一起。另外几名被告分别是核电站分管反应堆事务的奥勒克西·科瓦连科、事故发生时的夜班主管鲍里斯·罗戈日金以及核安全管理局的官员尤里·劳什金，他们几个人是分开就座的。[10]

布留哈诺夫对于自己作为主犯被提审丝毫不感到惊讶，他在看到四号反应堆爆炸的那一刻就料想到了自己可能要入狱。作为苏联的一名工业管理者，他早就知道一旦发生大型事故，主要负责人都要第一个被追责，如果事故很严重的话，负责人将要锒铛入狱。1986年7月，政治局决定撤销他的党籍，理由是他工作中存在严重问题和漏洞，从而导致了大型事故的发生。这一决定便暗示着他将会被逮捕。8月，克格勃的官员下令逮捕布留哈诺夫，这位官员对他说，他在狱中会过得比外边更好。这次事故的影响之大使得整个社会都深感震惊，总要有人来为此事件背锅，于是这个核电站前负责人便是替罪羊的最佳人选。在一次审问中，一名陌生的克格勃走入审讯室对布留哈诺夫说："我要亲手毙了你。"布留哈诺夫回应道："来啊，让我站起来，枪毙我吧！"那时的布留哈诺夫已对一切都有了心理准备。[11]

布留哈诺夫已在位于基辅的克格勃监狱关了将近一年。在刚进去时，曾有医生为他进行身体检查，医生说他体内有约250雷姆的辐射，是"事故清理人"容许剂量的10倍。患上急性放射病的布留哈诺夫对头疼以及耳后的剧痛已习以为常。审讯前的数月布留哈诺夫一直被单独拘禁——这是最糟糕的监禁方式了。在狱中，他只获准见过自己的妻子瓦莲京娜一次。而他的其他家人，包括他青春年少的儿子，还有他的女儿——在切尔诺贝利事件发生四个月后诞下了一名女婴——都经历了命运无情的反转。此前，他们一家在普里皮亚季颇受人尊敬，但现在他们的朋友和邻居都有意回避。在撤离普里皮亚季之后，他们一家人身无一物。直到 8 月，布留哈诺夫被逮捕后，他的妻子瓦莲京娜才得以回到他们以前的住所，取走一些家什。她回忆道："放射测试员首先进到房子里，他准许我带走一些物品和书。我们用醋液浸泡过的布擦拭了每一样物品，这么做是为了消除辐射。"而对他们一家人来说，雪上加霜的是，法院冻结了布留哈诺夫的银行账户，而在被逮捕前他一直将自己每月的工资和休假津贴存到账户里。[12]

瓦莲京娜没有将丈夫被逮捕的事情告诉他们尚在给孩子喂奶的女儿，为了养活她自己和年少的儿子，瓦莲京娜决定回到切尔诺贝利核电站工作，帮助运行剩下的尚能工作的反应堆，这些反应堆于 1986 年秋天恢复运转。瓦莲京娜在周末和节假日也不休息，因为她想让自己忙碌起来，不再去想核灾难以及一家人未卜的前途。但事与愿违，在高强度工作下，瓦莲京娜的血压持续升高，有一次她的同事还叫了救护车把她送到医院接受治疗。

瓦莲京娜尝试了不同的方法来应对生活上的压力和精神上的痛苦，最终她有了新的生活目标，决定回归家庭。而这一转机是在一次就医时，一位女医生抓住她的肩膀，让她振作起来，毕竟她还有家人需要照顾。瓦莲京娜将这番话牢记于心。还有一件小事也起了很重要的作用，帮助瓦莲京娜度过了这次危机，她回忆道："在普里皮亚季，我遇到了一位女士，我对她心存感激。有一次我一边哭着一边走出公交车站，她向我走来，给了我一个拥抱，对我说：'瓦卢莎，你为什么要哭啊？维克托现在还活着，这才是最重要的。想想事故发生后有多少人因此失去了生命啊！'"瓦莲京娜决定为了自己，也为自己的丈夫振作起来，她说服丈夫找了一位律师——此前，绝望万分、准备听天由命的布留哈诺夫甚至拒绝这么做。[13]

原计划于 1987 年春天进行的审讯由于其中一名被告、前首席工程师福明的精神状态不稳定而被一直推迟。福明与布留哈诺夫都于 1986 年 8 月 13 日被逮捕，而此前福明一直在莫斯科第六医院接受辐射中毒治疗。逮捕所带来的精神打击以及急性放射病的症状使得福明患上了抑郁症。1987 年 3 月，狱中的福明打碎了自己的眼镜，试图用镜片割脉自杀。好在最后医生将他救活了。直到 1987 年 7 月，福明才稳定好自己的情绪，接受审讯。[14]

在切尔诺贝利文化中心的大厅里，布留哈诺夫和福明分坐在两侧，迪亚特洛夫坐在中间，他在爆炸发生当晚负责进行轮机试验，因此被许多人认定为这次事故的元凶。和福明一样，迪亚特洛夫也在莫斯科第六医院接受了治疗，但他直到 1986 年 11 月初才出院。医生推测他吸收了约 390 雷姆的辐射。在离开医院时，他腿上的伤口还裸露着——这是 4 月 26 日当晚他所受到的放射性灼伤造成的。此次事件的刑事侦查人员从一开始就将迪亚特洛夫认定为事故的罪魁祸首。侦查人员还对四号反应堆值班负责人亚历山大·阿基莫夫以及反应堆操作员列昂尼德·托普图诺夫展开了调查，但由于他们在 1986 年 5 月都相继病逝，调查也就此终结。迪亚特洛夫虽然病倒了，但他还活着。他于 12 月 4 日，出院整一个月后被逮捕。

1987 年 6 月，审讯工作准备就绪，布留哈诺夫、福明和迪亚特洛夫从位于基辅的克格勃监狱转移到伊万科夫的地区监狱。伊万科夫是一座位于切尔诺贝利以南约 50 公里处的小镇，负责事故善后工作的政府委员会总部也驻扎于此。这三人每天都从这里被带到切尔诺贝利进行审讯。布留哈诺夫和他曾经的下属被指控违反了三项苏联 – 乌克兰刑法法规：第一项是违反易爆工厂的安全章程；第二项是滥用权力，隐瞒事故实际影响范围；第三项是玩忽职守，对核电站工作人员培训不当。[15]

布留哈诺夫拒绝承认前两项罪名，他指出没有任何指示表明核电站易发生爆炸，立法者以及制定操作规程的核工业高层都没有想到反应堆会发生爆炸。就第二项指控，他声称他已尽自己所能向上级汇报核电站的事故情况，但他提出的疏散普里皮亚季民众的建议并没被及时采纳。布留哈诺夫在 1986 年 4 月 26 日清晨签署的一份文件成为对他最不利的证据，该文件显示当时的辐射级别被判定为最低水平。公诉人问他："为什么这份递交给党政机关的文件中没提到当时的辐射值为 200 伦琴 / 小时？"布留哈诺夫回答道："我当时没仔细看这份文件，当时的确应该上报这样的信息。"尽管布留哈诺夫还是尽自己所能地为自己辩护，但他知道无论他说什么、做什么，他的命运其实早已经被决定了。他回忆起审判时的心境时说道："事先我就已经知道，我要接受惩罚。"

布留哈诺夫承认他的确玩忽职守，因为事故是在他主管期间发生的。他在审讯中说道："我承认自己作为核电站的负责人，工作有疏忽，不够细致、有效。这的确是个重大事故，每个人都难辞其咎。”布留哈诺夫愿意为此次事故担下一部分责任，这令法官们十分满意，因为所有人都知道他其实并没有直接参与 4 月 26 日的事件。一位法官私下对瓦莲京娜·布留哈诺娃说道：“我从没见过如此沉着冷静的被告人，尽管你能感觉到他其实很沮丧，但他是个真男人！”[16]

福明则采用了另一种应对策略。在试图自杀又被监狱医务人员救回一条性命之后，他又恢复了生机，急于把事故责任推给他的下属。他的辩护词十分简单：他签署的涡轮机测试程序是没问题的，要是迪亚特洛夫和阿基莫夫遵守工作程序，四号反应堆绝不会发生爆炸。他在法庭上辩解道：“我很确信，不是试验程序导致了这次事故。”公诉人又问他：“那你认为谁该为事故承担主要责任？”福明答道：“迪亚特洛夫和阿基莫夫，他们让程序运作出现了偏差。”[17]

迪亚特洛夫当时是直接负责涡轮机试验的，他应该为试验出现问题承担责任。他不愿效仿福明把责任推卸给下属——迪亚特洛夫的下属那时已经在事故中病逝了，如果他还活着的话很可能也会成为替罪羊。迪亚特洛夫选择了一个更“高尚”的处理方法，但这个方法对有关权力部门来讲是很危险的。他承认自己违反了某些操作流程，包括在反应堆堆芯内放置了不到 15 根控制棒；在功率意外下降后，没能按照程序规定将反应堆的功率恢复到 700 兆瓦，没能及时按下 AZ-5 按钮来中断反应。

但迪亚特洛夫坚持认为，如果反应堆性能良好的话，这些失误是不足以导致爆炸发生的。他辩解道：“如果我们早按下紧急停堆按钮，事故也不过只是早点发生罢了。我认为，这次的事故是由反应堆的状况决定的。我下令将反应堆的功率保持在200兆瓦的水平，因为我认为反应堆是符合苏联安全标准的。”迪亚特洛夫此举是在把矛头指向石墨反应堆的设计者，事实证明由于正空泡效应，控制棒插入堆芯后，反应堆会加速反应，这种反应堆并不防爆。迪亚特洛夫公开对反应堆设计者进行指责，而许多业内人士以及政界精英也都知道此番指责合情合理。

迪亚特洛夫最终得出结论，无论是作为主法官的来自苏联最高法院的雷蒙德·布雷兹，还是作为主公诉人的苏联总检察长高级助理尤里·沙德林，都不倾向于调查清楚爆炸的真实原因。事实上，他们为了保护石墨反应堆的设计者不受追责，已经把此次审讯中所有与反应堆设计相关的资料都转到另一起单独的有待进一步调查的案件里。法院召集成立了核专家委员会以查明爆炸起因，而该委员会的成员多为石墨反应堆设计机构的代表们。法官对切尔诺贝利核电站操作员和工程师等证人提交的证据常常视而不见。[18]

布留哈诺夫认为核电站的新管理层选择在宣读审讯判决结果的这天召开高管会议是别有用心的，他们是为了避免核电站内发生抗议行动。但仍然有超过500名核电站工作人员在请愿书上签名，希望赦免布留哈诺夫。迪亚特洛夫后来记录道：“到了1987年7月，许多人都意识到起诉核电站管理人员是不合法的。目击者清楚地知道后来人们采取了哪些措施来改进现存的反应堆，也是基于此，他们得出了这样的结论。”他指的是在1986年7月的政治局会议后，石墨反应堆进行了改良。高层们十分清楚事故的责任不能只归咎于操作员和反应堆设计者，但还是决定让核电站管理人员当替罪羊。布留哈诺夫对于这一判决结果感叹道：“他们要向党中央和世界上其他国家证明我们抓到了事故的主犯，苏联的科技怎能落后于人呢？毕竟我们曾宣称我们的科技水平是最高的。”

最终，法庭判决布留哈诺夫和他的属下有罪，因为他们“未能确保核电站工作人员遵守技术流程，他们自己也违反了官方规定，对监督机关的指示不予理会”。布留哈诺夫同时因未能及时疏散工作人员而受到指责。判决书中写道：“事故发生后，布留哈诺夫由于不知所措、胆小怕事，未能采取措施缩小事故影响范围并保护工作人员及民众远离辐射伤害。同时，他在上报事故情况时，故意对辐射水平轻描淡写，这使得危险地带的民众未能得到及时撤离。”[19]

当法官宣读判决时，布留哈诺夫对于自己要面临的 10 年监禁的重判感到震惊，迪亚特洛夫和福明也将接受同等惩罚。无论这三名高管在事故当时做了什么，他们在法庭上又是如何表现的，他们的判决结果都是一样的。另外三名被告人被处以 2—5 年不等的监禁。布留哈诺夫后来说道：“最高法院的法官只不过是按照上面的指令宣读判决，如果他们能找到有关条款规定我所犯的罪行应该被枪决的话，那么我就会被枪决，他们只不过是没找到罢了。”监狱的工作人员担心布留哈诺夫会由于这一判决结果选择自杀，布留哈诺夫回忆道：“在判决结果出来那天的晚上，我的床边坐了一名狱警，他一整晚都守在我的床边，以防我做出伤害自己的事，但事实上他只不过影响到我睡觉罢了。”布留哈诺夫并没想要自杀，他坦然接受这样的惩罚，后来他曾对一位记者说过：“自杀是很容易的事，但这么做你能向谁证明什么？又有什么用呢？”[20]

◇◇◇

然而，并非所有人都像布留哈诺夫一样坚韧。1988年4月27日，勒加索夫自杀身亡，这是他第二次尝试自杀，自杀前一天正好是切尔诺贝利事件两周年纪念日。他在自己家中自缢身亡，事发当时家中其他人都去上班了。勒加索夫想要自杀的念头格外强烈：绳子上的结打得特别紧，负责调查案件的警察也很难将这个结打开。勒加索夫没有留下遗言，但把他生前写给妻子的诗都整齐地摆放在了一起。自杀前一天他从办公室拿回了自己的个人物品，其中包括一张他最喜欢的照片：两只落在切尔诺贝利的鹳，这意味着这片灾区又出现了生命迹象。

自1987年夏天第一次试图自杀失败之后，勒加索夫努力尝试回归正常的生活，他为自己找到一个新的研究方向——苏联核反应堆的安全性。1987年10月，他为《真理报》撰写了一篇文章，强调应该把追求科学发展置于追求生产指标之上。勒加索夫提到了苏联核计划早期发展的理想情景："那时需要发明新的设备而不是对现有设备进行完善，一切工作都要遵循科学原则。"他继续写道，"现在在切尔诺贝利事故中呈现的是一幅截然相反、令人忧伤的景象，科学被限制住了……所做的决定不再是最理想的了"。[21]

勒加索夫想尽可能地在批判苏联核工业上显得有策略一些，但却事与愿违。1987年秋天，他又蒙受了侮辱。一向很支持勒加索夫的亚历山德罗夫向库尔恰托夫研究所的工作人员通告政治局已经决定将苏联最高和平勋章——社会主义劳动英雄奖章——授予勒加索夫，以表彰他在切尔诺贝利事件中所做的贡献。但政治局在最后一刻却收回了决定，很显然这是戈尔巴乔夫的主意。这对勒加索夫的名誉和自信是一个沉重的打击。勒加索夫的身体状况每况愈下，实现科学理想的期待渐成泡影。1988 年 4 月 26 日，在切尔诺贝利事件两周年之际，勒加索夫科学院的同事回绝了他关于成立一个跨部门的化学研究委员会的提议。也是在这一天，他把自己的私人物品，包括那张拍摄于切尔诺贝利的照片，从办公室拿回了家。第二天，他选择结束自己的生命。

在他去世前的一段时间，他开始质疑戈尔巴乔夫的社会改革政策。他曾告诉同事他认为现在苏联并没有由对的人来掌权，很显然他指的就是戈尔巴乔夫。在自杀前的几个月里，他曾用磁带录下对切尔诺贝利事件的一些访问和回忆，其中提到他对苏联核工业的安全记录有所担心。他对苏联制造的石墨反应堆的多种性能都颇有微词，尤其是对反应堆上方没有混凝土保护罩感到不满——国际标准规定应该安装这种保护罩，它能在事故发生时防止辐射扩散。在勒加索夫看来，仅仅依赖带有石墨成分的控制棒来调节反应堆活动是远远不够的。勒加索夫同样对斯拉夫斯基——这名手握大权的中型机械制造部部长——有很大的意见，但他对雷日科夫总理的评价挺高。在勒加索夫撰写发表于 1986 年夏召开的国际原子能机构维也纳会议的工作报告时，雷日科夫给予了他不少支持。也是雷日科夫代表苏联领导层出席了勒加索夫的葬礼，戈尔巴乔夫并没有现身。[22]

勒加索夫在维也纳会议的报告中将切尔诺贝利事故造成的真实影响向全世界公开了，但对事故原因仍有所保留。辐射引发的抑郁加剧了他的罪恶感与背叛感，使得他最终选择了自杀。布留哈诺夫、福明、迪亚特洛夫以及切尔诺贝利核电站管理层的另三名同事此刻已在监狱服刑。在民众看来，勒加索夫的死亡是不幸的事故，而有罪之人悉数受到了应有的惩罚。随着反应堆的掩埋，爆炸的真相也一并被送入土中，戈尔巴乔夫终于可以开始推行其政治和经济改革。未来看起来虽不甚明朗，但终究是充满希望的。世上之事波谲云诡，在莫斯科和世界各国首都的许多人皆难以料想到，切尔诺贝利事件的余波在以后的日子里将以最出人意料的方式重现，原已饱受其害之人的生活将再度因它而动荡。

第六部分

劫后重生

第十八章　文人的阻挡

1988 年 1 月，乌克兰作家协会领导将一份提案递交给了基辅的乌共领导人，建议以切尔诺贝利灾难对健康的影响为主题召开一次国际会议。乌克兰作家自愿和乌克兰科学院，以及他们在莫斯科作协的同行一起组织此次会议。官员建议最好将会议推迟到第二年举行，因为 1988 年秋的日程安排相当紧张。他们还暗示，之所以这么声明是因为几个主办方之间缺乏合作。

尽管苏共和克格勃允许作协存在，但他们也密切注视其行动。乌克兰作家对政府并无敌意，他们尽可能地劝说政府，并且表明正是苏联作协大会上的热烈讨论才有了召开此次会议的想法，而 1987 年在列宁格勒召开的苏联作协大会主要是为了纪念 1917 年十月革命胜利 70 周年。基辅当局决定采取拖延策略以争取时间，因为与切尔诺贝利核灾难有关的任何议题都在迅速演变为政治上的烫手山芋。[①]

灾难刚发生的数周内，克格勃忙于监控乌克兰持不同政见者对该事件的看法。1986年6月初，克格勃将那些从民族角度解读该事件的人员汇报给了苏共中央。I. Z. 舍夫丘克曾是一家秘密组织的成员，该组织二战后在乌克兰西部进行反苏活动。他曾对一名克格勃特工坦言，他相信"是俄罗斯人故意将此类电站建在乌克兰领土上，他们知道如果发生事故的话，主要是乌克兰人遭殃"。

尽管上述观点并不普遍，但是持不同政见者普遍认为切尔诺贝利事故使整个国家蒙受巨大灾难。米哈伊尔娜·科修宾斯卡是20世纪之初的乌克兰著名作家米哈伊洛·科秋宾斯基的侄女（她的名字就是为了向她的叔叔致敬），她与乌克兰赫尔辛基小组过从甚密。她曾对熟人说过下面这段话："这场灾难给予我们重创，我们很难在短时间内恢复如常。国家正处在崩溃和实质性毁灭的边缘。我们蒙受的灾难是全球的耻辱，这份耻辱首先属于那些下令在人口密集地区兴建核电站的领导，他们目光短浅，尤其是将核电站建在乌克兰——那里拥有难以置信的大片肥沃土地。" 谈话内容被汇报给了克格勃。[2]

① 1975年8月，芬兰首都赫尔辛基举行了关于国际安全与欧洲合作的会议，共37个国家（包括美国、加拿大，以及除阿尔巴尼亚、安道尔外的全部欧洲国家）签署了《赫尔辛基最终法案》（Helsinki Final Act），又称《赫尔辛基协议》（Helsinki Accords），旨在改善共产主义阵营与西方国家的关系。1976年底到1977年初在乌克兰、立陶宛、格鲁吉亚、亚美尼亚成立了赫尔辛基小组。

克格勃尽其所能地阻止此类观点在国内外传播，因为它们可以影响西方舆论，这实在算不上什么好事。不仅如此，这些观点还能通过“美国之音”“自由电台”及其他西方电台的广播输送回苏联。为了维持所谓的公开性，苏联当局允许外国记者进入乌克兰，甚至进入切尔诺贝利地区。但是，他们的访问被精心编排，他们和持不同政见者及其他“不受欢迎分子”的接触不是事先被阻止，就是受到了监控。

1986 年秋，克格勃特别关注两个美国人——迈克·爱德华兹和史蒂夫·雷默，他们为了创作《国家地理》杂志关于切尔诺贝利事故的专刊来到了乌克兰。“现在采取的措施已阻止了美国人试图接触叶夫根·亚历山德罗维奇·斯韦尔斯秋克、奥莉加·伊万尼夫娜·斯托科捷利娜、伊琳娜·鲍里索夫娜·拉图申斯卡娅，以及许多其他因民族主义和反苏活动而被西方熟知的人，美国人或许能从他们那儿得到有偏见的消息。”克格勃这般汇报他们的工作成果。同时，克格勃还对美籍乌克兰摄影师及口译员塔尼娅·达维农的动向与交往密切关注，达维农隶属于哈佛大学乌克兰研究所，是两位美国记者的同行人员。克格勃怀疑她不仅与乌克兰民族主义海外中心有联系，还与美国中情局有瓜葛。“借由国际旅行社的名义，塔尼娅·达维农收到了官方警告，不得违反外国人在苏联活动的既定规章。数据显示，这些措施对限制美国人收集负面情报活动起到了积极作用。”克格勃这样报告。[3]

作为乌克兰文化俱乐部的成员，叶夫根·亚历山德罗维奇·斯韦尔斯秋克也是被克格勃禁止与《国家地理》杂志团队会面的民族主义者之一。包括斯韦尔斯秋克在内的许多乌克兰持不同政见者都是作家、诗人和艺术家，他们在乌克兰作协内部结成了同盟。当权者将作协成员视为颇有价值的宣传资产，可以助其向民众灌输思想，引导民众。通过政府制定的版税体系，那些收入丰厚的顶尖作家只要在出版物中不涉及政治不正确的观点，就不会犯错。作家群体是戈尔巴乔夫改革最早、最坚定的拥趸之一，他们时时刻刻都在推动政治公开性走向纵深。在这个国家，自沙皇时代起，作家已然成为忠实反对派的替代者，他们常常替参加不同政见运动的人发声，说出他们的担忧和沮丧。

大多数苏联作家，尤其是乌克兰作家几十年来一直在表达他们对生态问题的忧虑。这一主题于20世纪40年代末首次进入苏联文学话语中，在60年代达到鼎盛。俄罗斯作家中，亚历山大·索尔尼仁琴也始终在表达自己对生态的担忧。无论是他的作品，还是其他具有较强民族意识作家的作品，生态主题与人们对如何继承历史和宗教传统的忧虑也息息相关。恰如他们的作品所展示的那样，早期持生态保护论观点的作家不仅是俄罗斯民族主义者，还是对苏联体制进行民族主义批判的践行者，他们的批判之声同样涵盖生态行动主义。切尔诺贝利事故使两者之间的关联较以往更加明显，该事件极大地激励着多个加盟共和国的民族主义者。

在切尔诺贝利核灾难中受放射性尘埃影响最严重的国家是白俄罗斯共和国，该国先驱作家之一阿列斯·阿达莫维奇在事故发生后的最初几周内，就发表了自己对该事件的民族主义解读。在还是铮争少年时，阿达莫维奇就曾在白俄罗斯丛林中参加了反纳粹的游击战。随后，他依据自身战斗经历写成了一本书，并给自己取了一个笔名。1986 年 6 月，在写给戈尔巴乔夫的陈情书中，他强调了切尔诺贝利核灾难给自己国家带来的影响，他是这样写的："我们并不打算使整个欧洲为之震动，可是我们意识到白俄罗斯正在经历的事只有过往战争岁月所遭遇的悲剧可以与之比拟。我们的人民——千万人的生存问题遭到质疑。我们的共和国首当其冲，遭受了辐射的伤害。"对切尔诺贝利的研究成了阿达莫维奇的热情之源。他走访了核爆污染地区，采访了愿意谈论此次事故的人。勒加索夫院士于 1988 年 4 月自杀前，曾多次接受阿达莫维奇的采访。[4]

在乌克兰，有些作家会将与政府有关的破坏自然的行为记录下来，其中最负盛名的便是奥列西·冈察尔，作为乌克兰最杰出的作家之一，他曾于 1948 年荣获斯大林文学奖。他早在切尔诺贝利事故发生前就在关注生态主题。"战争的热火四处徘徊，烟尘落入那损毁的花园，毒害着一切……"冈察尔在 1968 年写成的小说《大教堂》中这样描述。这部小说描绘了工业化进程对自己家乡的影响，然而，该书遭到了苏联当局的猛烈抨击。切尔诺贝利灾难发生后，乌克兰当局对待人民的方式让他深感震惊，尤其是五一游行活动，让他觉得当局者为了表示对苏联的忠诚，已然牺牲了基辅人的健康。1986 年 6 月，冈察尔在第九届乌克兰作协大会上发表了情绪激动的演讲，并且宣称切尔诺贝利已经改变了乌克兰作家"与世界联系的方式"。[5]

当月，在乌克兰作家与乌共最高领导人谢尔比茨基的会谈中，冈察尔推动了切尔诺贝利核电站的彻底关闭。“我想知道是不是不能提出请愿，要求关闭这个技术上失败、出于某种原因建在波利西沼泽的核电站，毕竟它的身后是一个拥有数百万人口的城市。”冈察尔在日记中这样写道。谢尔比茨基似乎没理解这个问题。“他焦虑地挥了挥胳膊以示回答，因为太急差点儿说不出话来，随后开始向我解释起火箭弹还有核能的前景。”冈察尔写道。那套阐释人类共同利益的说辞未能给冈察尔留下任何印象。他此刻担心的是自己的祖国乌克兰的福祉。“他们说邻居需要电能，但是，为什么让乌克兰的土地蒙受伤害呢？为什么是乌克兰儿童遭受那些剂量可怕的辐射呢？”[6]

冈察尔对切尔诺贝利事故的立场和对乌克兰核电站前景的看法，预示着部分乌克兰政治和文化精英对核能、对邻国的态度开始转变。时光回溯到 20 世纪 60 年代中期，彼时乌共领导人急于登上象征着现代化的核能马车。当然，共和国最终还是加入了核能高等俱乐部。乌克兰作家打算忽视这样的事实——伴随着现代化一起涌入乌克兰的，还有俄罗斯的语言和文化，这样便削弱了他们想象中的现代化国家的文化根基。随着切尔诺贝利核电站的动工兴建，乌克兰波利西地区的中心地带出现了一片使用俄语的飞地。普里皮亚季和 20 世纪的大多数乌克兰城市并无二致，它吸纳了来自乡村的说着一口乌克兰语的农民，随后把他们转变为受俄罗斯文化熏陶的城里人。

乌克兰知识分子正面临着“霍布森选择”[1]：除非自己的祖国主动拥抱现代化，否则共和国没有未来，但此举也意味着要放弃自身的民族特性。为了祖国，乌克兰作家要求兴建切尔诺贝利核电站，至于核电站管理者使用哪国语言，属于哪种文化，他们没有过问太多。对于苏联在一战与二战间隔期的工业巨头，比如位于顿巴斯的冶金企业，以及位于哈尔科夫和第聂伯罗彼得罗夫斯克的机器制造厂，乌克兰作家早前也秉持同样的态度，而这些工厂全部位于乌克兰东部地区。在他们的作品中，貌似把这些管理者视为说着俄语的乌克兰人。

第一位替祖国争取兴建切尔诺贝利核电站的人是 65 岁的乌克兰戏剧、电影剧本界的元老——奥列克桑德·列瓦达，他也是自由派社会学家尤里·列瓦达的养父，后者在莫斯科创建了着重于俄罗斯民意研究的列瓦达中心。在切尔诺贝利核电站第一座核反应堆动工兴建前两年，即 1974 年，基辅一家大剧院上演了列瓦达创作的话剧《你好，普里皮亚季》，该剧的主题正是核电站建设。列瓦达避开了俄罗斯文化对乌克兰影响的话题，该剧的主要人物是清一色的乌克兰人，甚至那些从莫斯科或俄罗斯其他地方来到普里皮亚季的人也是地道的乌克兰人。该剧描述的现代与传统、工业化与环境保护的矛盾同样发生在语言和文化层面的乌克兰社会。然而，这首文化上的田园诗忽视了莫斯科当局在规划和建设现代化项目过程

① 1631 年，英国剑桥商人霍布森贩马时，把马匹放出来供顾客挑选，但附加上一个条件，即只许挑最靠近门边的那匹马，这个条件实际上等于不让挑选。对这种无选择余地的所谓“选择”，后人讥讽为“霍布森选择效应”。后来，管理学家西蒙称其为“霍布森选择”。

中，正在隐晦执行的俄罗斯化政策。[7]

列瓦达将这部剧的主题定为探讨人类发展与环境保护的关系。在剧中，核能作为最清洁的能源得到了力捧，剧中断言核能与环保并不矛盾，而核能可能对人类和环境造成威胁的观点统统被摒弃了。剧中表达上述担忧的均是反面人物——不是战时与纳粹勾结、仍对苏联怀有敌意的通敌者，就是思想落后的农妇。令人深感讽刺的是，恰是这样的人物做出了将要建立隔离区，重新安置居民的预言："你知道的，大家都在议论，一旦核电站开始运行，他们会在 24 小时内把我们带到 50 俄里（约 53.3 公里）外的地方，因为有种原子会满天飞，像公羊一样迎头撞击我们，人类在那儿可没法待了。"

剧中的正面人物以危言耸听或无稽之谈为由驳回了所有顾虑。乌克兰科学院院士马祖连科指出，核能可以作为替代品，免除传统工业对自然造成的破坏，他盛赞切尔诺贝利核电站是今后发展的样板。在冈察尔的《大教堂》中，核能同样被视为可以解决工业发展对生态环境造成不利影响的一剂良方。只有在爆炸发生后，人们方才想起列瓦达剧中反面人物对灾难最初的"预言"。[8]

奥列克桑德·列瓦达和自己的养子尤里·列瓦达可不一样，他是忠诚的共产主义者，他不仅对苏联的宣传口号深信不疑，而且努力将其发扬光大。对乌克兰"拥核"持欢迎态度的不仅仅是像列瓦达这样的党内忠诚派，最初支持兴建切尔诺贝利核电站的人中还包括许多与持不同政见者走得较近的乌克兰青年作家。其中最负盛名的是乌克兰冉冉升起的诗坛新星——伊万·德拉奇。核电站刚开始修建时，德拉奇 35 岁左右。20 世纪 60 年代，一群英姿勃勃、心怀理想的作家和知识分子在赫鲁晓夫意识形态的解冻期脱颖而出，他们推动了乌克兰语言和文化的发展，在苏联改革的进程中，此举释放出了更宏大的自由内涵。

1964 年赫鲁晓夫下台后，文化的“解冻”宣告结束，德拉奇和其他诗人、作家都经历了艰难时刻。1976 年，解冻期早已远去，对知识分子的压制再次抬头，德拉奇的不少朋友都被送进了监狱，但他最终在当局同意下出版了一本诗集。他的诗文热情称颂了弗拉基米尔·列宁和国家推行的维护各族人民友爱的政策，该政策掩盖了苏联对非俄罗斯民族推行的俄罗斯化行为。德拉奇诗集最突出的主题是以建设切尔诺贝利核电站为代表的科技进步。

在诗歌《波利西亚传说》中，普里皮亚季河被比作一位乌克兰少女，她嫁给了一个名叫“亚特姆”（即 Atom，寓意“原子”）的新来者。普里皮亚季将个人感情放在一边，她相信自己的婚姻对人民有益。这位由河流化身的少女说道：“时刻到了，我将与他结婚，把自己献给他，现在就给他——以这种方式报效人民。让我的亚特姆帮助第聂伯河和顿巴斯吧。”位于乌克兰东部的工业重地顿涅茨盆地是经济发展的象征，但同样需要电力助其进一步发展。德拉奇凭借自己薄薄的诗册赢得了乌克兰最高文学奖——舍甫琴科文学奖。数年后，他还因后续作品被授予苏联最高文学奖——苏联国家文学奖。[9]

德拉奇在写下这些助他功成名就的诗篇时，完全看不出他对核能的正面效用有所怀疑。然而大量证据表明，在事故发生后，他对自己热情欢迎核能以及支持核能国有化的态度表示后悔。切尔诺贝利核灾难倏然而悲怆地终结了他过往的幻想。1986 年 5 月，在事故发生时，他的儿子马克西姆·德拉奇作为医学院学生和其他同学一起被派往隔离区，对该地区进行医学管控，检测进出车辆的辐射水平。由于未采取恰当的防护措施，马克西姆因长期吸收高剂量辐射而病倒了，随后被送往基辅医院接受辐射病的紧急救治，在往后的岁月中，他将因暴露于高浓度辐射环境而备受煎熬。

德拉奇的心情和形象今非昔比，他再次回归了切尔诺贝利与核能的主题。他认为乌克兰所经历的是核能带来的世界末日。他先前作品中的那个象征着普里皮亚季河的当地美丽少女，在他的诗体小说《切尔诺贝利的圣母玛利亚》中变成了圣母玛利亚——在乌克兰传统中即为上帝之母。“风暴般席卷而过，忽上忽下，里里外外——我的儿子在火圈中燃烧。”在某一节诗中，上帝之母叹道，“原子的利爪已插入他的手掌——他的双唇在极度痛苦中燃烧”。他本人和他们那代人之前深信核能会让世界变得更好，对于这种看法，如今他写道：“最深刻的认知来源于忏悔。”[10]

他确实忏悔了。1988年初，德拉奇公开发表了他对切尔诺贝利的新观点。在接下来的两年里，他将成为“鲁赫”的领导人之一，“鲁赫”是旨在推动乌克兰独立的草根组织，催化了苏联解体和独立的乌克兰国的诞生。“切尔诺贝利唤醒了我们的灵魂，真真切切地告诉了我们，我们临崖而立，万丈深渊就在脚下；我们一切的文化努力是虚荣中的虚荣，像推土机下的玫瑰，华而无用。”德拉奇回忆起切尔诺贝利灾难在“唤醒”乌克兰社会中发挥的作用，并写下了这段文字。[11]

◇◇◇

作家对切尔诺贝利事故在公众健康和环境方面造成的负面影响深感忧虑，他们试图将这种担忧告知公众。事情的转折点就发生在 1988 年 6 月。当月，戈尔巴乔夫召开了重要的党的会议——苏共第十九次代表会议。本次会议通过了苏联改革方案，开启了自 1917 年俄国十月革命以来新的苏维埃选举。虽然选举在次年才得以进行，但是政治公开性改革立即传播开来，并且将公众的注意力引向切尔诺贝利事故的后果以及党内高层在事故发生的前后该承担怎样的责任。

作协领导鲍里斯·奥利尼克作为会议代表，带着他家乡的 6000 名乌克兰民众签名的请愿书来到了莫斯科。他们希望莫斯科的党内领导能停止在乌克兰兴建核电站，尤其是停止在 17 世纪哥萨克州首府奇吉林的附近修建，那里是乌克兰民族历史与身份的象征。奥利尼克在会议讲台上宣读："对于乌克兰的命运，某些苏联机关所表现出的傲慢与轻蔑不仅近乎冷酷无情，也是对民族尊严的羞辱。"他要求对负责乌克兰境内核电站建设工作的官员予以惩戒。"我记得，有人是怎样要求建造切尔诺贝利核电站的，他们言之凿凿，核电站绝对安全，甚至可以在新婚夫妇的床底下架起核反应堆。"奥利尼克发言道，"我们不会自贬身价要求当日的嘲弄者把他们的床放到四号核反应堆旁。但是，我们有权利要求对在乌克兰核电站选址中犯了最严重错误的设计师进行追责。"[12]

仅一年前的 1987 年夏，克格勃一直在追踪散发传单或是四处涂鸦、要求乌克兰停建核电站的人。如今，奥利尼克的演讲稿却发表在了苏联媒体上。由于奥利尼克在苏共大会上已发出了公开呼吁，禁谈核灾难的命令也被取消了。不仅在监狱服刑的切尔诺贝利核电站管理层需要为事故负责，莫斯科官员的追责问题现在也成了大家公开谈论的话题。包括奥利尼克、冈察尔和德拉奇在内的作家都站在了改革的前列。他们一度放弃了创作小说和诗歌的本职工作，全身心地投入阻止在乌克兰修建核反应堆的任务中。[13]

1988 年 11 月，奥利尼克的作协同事尤里·谢尔巴克在基辅参与组织了第一场群众性集会。谢尔巴克行医多年，是一位杰出的医学专家，在爆炸发生后不久，他曾在切尔诺贝利禁区待过三个月，对科学家、操作员和清理工进行了采访。自 1987 年夏起，他开始在莫斯科自由派期刊《青年》上发表自己的纪实小说，一年后完成全部连载内容。小说详尽描述了 1986 年发生的悲剧事故，重点刻画了那些与人为灾难奋力搏斗的人，讴歌了他们所展现出的英雄主义和自我牺牲精神。1987 年 12 月，谢尔巴克和其他作家、科学家对再建设更多核电站深感忧虑，他们成立了乌克兰“绿色世界”组织，该组织是当年这场以生态为主题的基辅群众性集会的主要组织者。[14]

谢尔巴克组织的这场集会是第二场关于切尔诺贝利核事故的集会。1988 年 4 月 26 日，即事故发生两周年时，乌克兰首个非政府组织——“乌克兰文化俱乐部”发动了一次纪念性集会活动。作为俱乐部主席，时年 32 岁的谢尔盖·纳博卡已第二次尝试组织此类集会，第一次是在事故发生后第一个周年纪念日。纳博卡毕业于基辅大学新闻学院，曾因反苏宣传被判入狱三年。当时克格勃将纳博卡及其朋友视为彼此勾结的“反动网络”上的一分子。他们写请愿信，要求莫斯科高层关闭切尔诺贝利核电站，停止在乌克兰新建核电站，就核电发展问题进行公开讨论或是全民公投，并将 4 月 26 日确定为哀悼和纪念日。纳博卡和他的追随者希望利用 1987 年基辅市区大集会来搜集请愿信的支持者签名。然而，克格勃早已知晓一切，通过情报人员，他们成功地说服了纳博卡及其追随者放弃计划。他们将此举视为西方情报机构利用核事故发起运动并建立组织的企图，表面上以生态问题为诉求，实则试图进行颠覆活动，使其摆脱党的管控。[15]

纳博卡想要组织集会的念头在 1988 年的春天再次被唤醒。他的人马组成了乌克兰文化俱乐部，决定再发起一次集会。组织者中包括 48 岁的持不同政见者，即乌克兰赫尔辛基小组成员——奥列西·舍甫琴科。乌克兰赫尔辛基小组成立于 1976 年，创立宗旨是监督苏联政府的行为是否符合 1975 年在欧洲安全与合作会议上通过的《赫尔辛基最终法案》的要求。不幸的是赫尔辛基小组遭到了苏联当局的禁止与迫害。舍甫琴科就是被逮捕入狱的一员。直到 1987 年戈尔巴乔夫开始推行公开性改革后，他才结束了在哈萨克的流放生涯。乌克兰积极分子将本国人民的民族权力作为其活动的中心内容。不过眼下，舍甫琴科和他的拥趸找到了一项新事业——切尔诺贝利核事故。

为游行准备的标语上写着——“核电站离开乌克兰”“我们不要死人区”“核电站需要全民公投”。示威活动计划在城市的主广场进行，当时该广场被称为“十月革命广场”，后更名为“马坦广场”。政府企图说服纳博卡和舍甫琴科取消此次集会，但并不成功，于是他们请求领导调来警务人员和警局组建的公民巡逻队，以武力驱散示威人群。在切尔诺贝利纪念日到来前数日，基辅市政府开始对广场部分路面进行翻修，周边围上安全围篱，学生则被调去为即将到来的五一大游行活动进行彩排。

乌克兰文化俱乐部成员出现在广场上时，警察与克格勃冲向活动参与者、行人及旁观者，强行将约50人塞进了大巴。他们被带往附近的警局进行搜身。舍甫琴科因携带标语被捕，他试图向警察引用乌克兰宪法的条款“乌克兰公民有言论自由和集会自由的权利”，却被警察一把推进了大巴。随后，他以“破坏罪”被拘禁15日。[16]

据估算，1988年11月13日，有超过一万人聚集在城市中心，参加了此次游行活动。曾在数月前阻止了第一次切尔诺贝利示威集会的政府，如今却打起退堂鼓，正式批准了集会。无论是对于尤里·谢尔巴克及其“绿色世界”组织，还是对于每一个关心生态问题及核事故影响的人来说，这是他们第一次有机会在数以千计的人面前公开出现。谢尔巴克是首批发言者之一。他批评了政府未曾公开辐射对人体健康造成长期影响的相关情况，建议成立专门委员会用以评估核灾后果，并确保公众对卫生部及其活动的监管。他还提议修建切尔诺贝利事故遇难者纪念碑，将4月26日这一特殊的日子确定为纪念日，对于在共和国继续兴建和使用核电站的事项进行全民公投。[17]

乌共同意此次群众性集会的前提是内容仅局限于生态议题。直到此时此刻，生态问题仍被视为可以进行公开讨论的合法议题。毕竟，不仅是普罗大众，政治和文化精英也受到了切尔诺贝利事故余波的影响。虽然不是毫无可能，但是要将任何公共事件完全限制在纯粹的生态语境下实在不易——其语境的定义本身已具有政治性。伊万·德拉奇作为基辅作协会长，和同事、乌克兰作协秘书德米特罗·帕夫雷奇科自 1988 年 11 月 1 日起，一直忙着成立工作组，以发动“乌克兰人民运动”。该组织被视为乌克兰文化团体的联盟组织，乌克兰文化团体将扮演与波罗的海国家活跃着的人民阵线相似的角色——争取本国的政治和经济主权。据克格勃报告，德拉奇和帕夫雷奇科正打算利用此次集会宣布“乌克兰人民运动”的成立。但这次他们没有成功，因为他们既不能控制演讲者名单，也无法管控麦克风，这些都掌握在政府官员的手中。最终，他们还是成立了后来被称为“鲁赫”的组织。[18]

然而，集会还是变成了事件转折点。活动开始约两个半小时后，麦克风突然被物理学家伊万·马卡尔抢夺过来，他因在乌克兰西部文化中心利沃夫组织政治集会被捕，最近刚被释放出狱。因 1939 年签订的《苏德互不侵犯条约》① 而被苏联吞并的城市利沃夫，在戈尔巴乔夫推行改革期间始终是乌克兰运动的策源地。看到马卡尔参加了集会，克格勃官员关闭了音效，但是马卡尔还是发表了演讲。他警告能听到自己发言的集会参与者，中央政权准备通过法律使共和国无法获得经济主权，他号召乌克兰民众像波罗的海民众一样成

① 《苏德互不侵犯条约》又称《莫洛托夫 – 里宾特洛甫条约》是 1939 年 8 月 23 日苏联与纳粹德国在莫斯科签订的一份秘密协议。苏方代表为莫洛托夫，德方代表为里宾特洛甫。该条约划分了苏德双方在东欧地区的势力范围。

立人民阵线，和波罗的海的组织一起为争取主权而对抗中央。马卡尔的声音尽管未能经音效系统传播出去，但还是产生了深远的影响。在他演讲的过程中，基辅的集会人群要求克格勃打开音响，他们高呼“麦克风”。在尤里·谢尔巴克的帮助下，人们拍摄了一部以切尔诺贝利事故如何影响生态环境为主题的纪录片，正是以《麦克风》为名。在乌克兰，此举也吹响了要求对切尔诺贝利核灾难和其他诸多事情实行公开化的战斗号角。[19]

11 月 23 日，也就是集会结束后的第十天，乌克兰作家成立了自己的团体，以此致力于创建“鲁赫”组织。德拉奇当选为主席，冈察尔和谢尔巴克也加入了该组织。在数周后的作家论坛上，德拉奇宣布“切尔诺贝利事故是我们需要成立‘鲁赫’组织的首要原因”。他接着说道：“替代核电站的唯一选项就是乌克兰人民运动。”数年后，德拉奇回忆道：“切尔诺贝利事件激发了整个乌克兰民主进程，以波兰团结工会为样板，作协成了民主的摇篮。”[20]

乌克兰作家动员其支持者围绕切尔诺贝利议题向莫斯科最高当局发起请愿，促使其做出改变。1988 年末，冈察尔、奥利尼克等著名作家向苏共中央陈情，全力推动 11 月大集会上提出的诸多议程的落实。他们要求成立旨在调查切尔诺贝利核灾后果的专门委员会，要求能源与电气化部和卫生部的活动接受公众监管，此外，还要求就新建核电站的问题进行全民表决。乌克兰当局似乎做出了让步——仅仅依靠压制可不行了。

“我们需要承认，很久以来，我们并未对采取切实措施保护环境给予应有的关注。”乌共中央第一书记谢尔比茨基在给莫斯科的信中这样写道。他提醒自己身在苏联首都的同事和领导，乌克兰政府已向中央请求，停止奇吉林核电站的建设工作，这正是11月基辅集会的主诉求之一。此外，谢尔比茨基反对在乌克兰兴建任何其他的核电站。他还写道："根据乌克兰科学院的数据，乌克兰90%的领土具有复杂的地理与水文条件，基本不适合建设核电站。"[21]

风向转变了。戈尔巴乔夫通过推行公开性政策，鼓励本地的文化精英以"新思维改革"的名义反抗当地政党。无论是像谢尔盖·纳博卡那样叛逆的知识分子，还是老牌持不同政见者奥列西·舍甫琴科，甚至表面上忠诚于政权的伊万·德拉奇都在切尔诺贝利事故中找到了新议题。事实上，比起之前推动的所有议题，新的事业更能为他们赢得广泛支持。正是切尔诺贝利事件使持不同政见者和具有反抗精神的知识分子得以冲破苏共当局的统一阵线，促使地方精英对抗莫斯科领导层。

在戈尔巴乔夫及莫斯科改革派领导人明白过来之前，由造反的知识分子与心存不满、迷茫困惑的共和国官员共同结成的统一阵线就已经站在他们的面前了。没有什么地方比核能领域的变化更加明显了。共和国的政治领导人与文化精英都要求莫斯科停止新建核电站，并关闭正在运营的核电站。而这一切才刚刚开始。1989年，遍及苏联全境的人民运动将会在他们高举的横幅标语中，将核安全与民族解放联系在一起。

第十九章　逆流汹涌

1989年2月23日，在灾难过去近三年后，戈尔巴乔夫首次到访了切尔诺贝利核电站，他从未解释为何过了这么久才亲临现场。在妻子赖莎的陪同下，他首次也是最后一次前往切尔诺贝利。从苏联报纸上公布的照片来看，两人皆身着白色防护服，他们在出事核电站的核反应堆前，和装扮相似的核电站管理者以及许多党政官员交谈着。[1]

1989年2月，核电站四座核反应堆中的三座仍在发电，然而爆炸引发的一系列问题远未结束。1988年12月，克格勃就覆盖四号机组的石棺、清污行动等大量与反应堆相关的问题向基辅领导者进行了汇报。科学家和工程师仍无法肯定在受损的核反应堆内究竟有多少放射性燃料，也不清楚它们究竟处于何种状态。由于缺乏能够抵御200伦琴/小时以上辐射水平的设备，他们难以进行更加近距离的调查。平民和军人夜以继日地清理着受污染的土壤，掩埋高辐射卡车和设备。然而，这里也存在同样的问题，由于没有合适的设备，大量工作都只能依靠落后的机器完成，这么做既损害了工人和士兵的健康，也减缓了整体进度。清除受污染土壤的推土机，常把“脏土”与“清洁土”混在了一起，这不仅不能控制污染，反而传播了辐射，使该地区进一步蒙受污染。

而石棺本身也存在后续问题。这个受损核反应堆掩体的一部分是在爆炸中保存下来的原核反应堆的墙体上搭建的。这一度被视为充满智慧的建筑设计方案，因为如此便能拯救建筑工人的生命，减少对其健康的损害。但是现在，它暴露出苏联所有“权宜之计”的特点与缺陷。核反应堆的基座从设计初始就不能负荷过重，新增加的混凝土结构使反应堆慢慢下沉。为了防止辐射污染土壤，石棺通道上浇筑了水泥。为了防止放射性核素污染第聂伯河盆地的地下水，又修建了地下混凝土墙，这些建筑改变了四号核反应堆下的水流走向，使得石棺的根基不再稳定。[2]

戈尔巴乔夫也无能为力，由于苏联经济的自由落体式下降，他无法向在困境中挣扎的核电站提供新资金。此外，苏联是以石油贸易作为国家财政预算硬通货的主要来源，国际市场的油价大跌进一步加速了苏联经济的跌势。他寄希望通过市场化改革来提振苏联经济。在戈尔巴乔夫到访切尔诺贝利前的第九个月——1988 年 5 月，他成功地使苏联最高苏维埃通过了一项关于合作制企业的法律，该法律涉及工业及服务业领域的集体企业，此举打破了国家对城市的经济垄断，允许成立非公有制的小型企业。然而，这些改变微不足道。苏联经济饱受食品与消费品短缺之苦，局部的改革未能改变现状，如今经济已然失控了，商店的货架也空了一半。苏联经济这个庞然大物所展示的生命迹象越来越弱。

戈尔巴乔夫的想法可以追溯到 1968 年的“布拉格之春”，捷克共产主义者试图创造一种“带有人性面孔”的共产主义。因此，戈尔巴乔夫认为如果没有某种形式的民主化改革，经济改革不可能取得成功。而戈尔巴乔夫所目睹的发生在身边的一切，使他更加确信这两方面改革是相辅相成的。他的改革之举削弱了国家对财产所有权的垄断，进而也削弱了苏联社会主义的经济基础。结果，他的改革遇上了党内老干部和当权派的强硬抵制。戈尔巴乔夫继续推进政治改革，挑战党内精英的权力垄断，将民主选举的要素引入了还停留在斯大林时代的苏联政治体系。凡此种种皆是他的回应。他希望通过上述举措动员自由派支持者，并智取保守的反对派。他给予改革拥护者某种程度的政治自由，以此补偿货架空空、民生凋敝、经济维艰的现实。[3]

1989 年 2 月 24 日，戈尔巴乔夫在前往切尔诺贝利后的第二天，他在基辅与正打算发起“改革运动”的乌克兰作家进行了会面，自 1988 年 11 月的基辅集会后他们一直在为该运动做准备。“改革运动”就是“鲁赫”的前身。作家希望支持戈尔巴乔夫的经济与政治改革，以此换取他的帮助。乌共最高领导人谢尔比茨基也参加了此次会议，他是已故苏联领导人勃列日涅夫的门生。作为苏共中央政治局为数不多的保守派之一，谢尔比茨基与戈尔巴乔夫之间并不存在可能受损的好感。戈尔巴乔夫曾不顾一路攀升的核辐射水平，仍要求谢尔比茨基进行群众大游行，他们因 1986 年的五一大游行发生了争执，而这只是造成两人关系紧张的诸多原因之一。谢尔比茨基既不拥护戈尔巴乔夫改革，也不相信他的改革举措。他认为新任总书记正在分裂国家，使其毁灭，他曾对助手说过：“什么样的蠢货才会发明‘新思维改革’这个词？”[4]

谢尔比茨基曾动用自己能调动的一切资源，包括党组织和克格勃，去防止“鲁赫”的发生。乌克兰作家们将最后的希望寄托于此次戈尔巴乔夫的到访。乌克兰最杰出的作家冈察尔在向戈尔巴乔夫的陈情中，直言不讳地将谢尔比茨基操控的反“鲁赫”称为“迫害行为”。戈尔巴乔夫并未打断冈察尔，允许他继续倾诉乌共领导人带给他的沮丧感。他假装对“鲁赫”陷入的困境一无所知。然而，至少反核信徒、未来的“鲁赫”主席伊万·德拉奇对会议的印象是大获成功。“戈尔巴乔夫愿意倾听我们的意见，这才是一个真正的、不仅仅依靠外部评判的领导所应该采取的策略。现在我们相信对‘鲁赫’的骚扰将会中止。”德拉奇向一位熟人这样倾诉，此人后来向克格勃告发了德拉奇。[5]

克格勃又把德拉奇的言论汇报给了谢尔比茨基。毋庸置疑，谢尔比茨基与戈尔巴乔夫会面后，就下令媒体停止对“鲁赫”的口诛笔伐。尽管乌克兰党组织对“鲁赫”的抵制一直在继续，然而自戈尔巴乔夫与作家会谈后，其“压迫”程度大大减弱了，他们最终准许“鲁赫”创始人着手准备第一次“鲁赫”大会。大会于 1989 年 9 月召开，就在会议召开前的数周，戈尔巴乔夫迫使谢尔比茨基辞职。一个崭新的时代即将在乌克兰拉开帷幕，这一切将深刻影响切尔诺贝利核电站及其周边禁区的命运。

“鲁赫”的领导层及其支持者在核游说之战中破釜沉舟。1989 年 2 月 16 日，即作家与戈尔巴乔夫会面前数日，“鲁赫计划”发表于乌克兰作协报刊《乌克兰文学》上。该计划涉及广泛的生态议题，尤其聚焦于切尔诺贝利核灾及其后果。继最初关于民族、文化和语言等主题之后，社会公平问题，以及随后的生态问题都成为作家的重要议题。“鲁赫计划”呼吁关闭切尔诺贝利核电站及乌克兰其他石墨反应堆；停止在乌克兰新建核电站，无论其反应堆是何种堆型；对基辅及切尔诺贝利附近的所有民众进行医学检查；向已遭受核灾不利影响的民众提供康复措施。[6]

就在苏联自十月革命以来的首次半自由选举即将展开之际，“鲁赫计划”及时公之于众。戈尔巴乔夫为了加速推动政治体制改革，决定成立新的组织——苏联人民代表大会，这是拥有 2250 名代表的超级“议会”。三分之一的代表将由党内指定，而三分之二的代表将由选民投票选举产生。按计划选举将在 1989 年 3 月末至 4 月初进行，大会将于 5 月开始启动。选举最终演变成了党内提名人与新民主运动代表人物的角逐，民主派既重视困扰着快速衰落的苏联体制的政治经济问题，也同样重视生态环境问题。

在苏联的体制内，寅支卯粮的经济让业已觉醒的市民社会领导们深感失望，然而戈尔巴乔夫的政治改革又使他们备受鼓舞，他们最终投入了生态激进主义的怀抱。很快生态激进主义又具备了生态民族主义的特征，其表现是领导者将生态忧虑与民族议题相联系，把自己的共和国描述为中央政策的主要受害者。核电站则被刻画为苏联政策的象征。在立陶宛，人们争议的焦点聚集于伊格纳利纳核电站，其核反应堆模式与切尔诺贝利核电站相同。1988 年 9 月，与乌克兰“鲁赫”组织相似的立陶宛人民阵线“萨尤迪斯”动员了近 2 万人在伊格纳利纳核电站四周围成了一个“生命之圈”。人们认为，该核电站不仅对立陶宛造成了生态威胁，还带来了文化威胁。

和切尔诺贝利的情况类似，伊格纳利纳核电站的员工主要是俄罗斯人和其他非本地人。而在亚美尼亚，1988 年 12 月发生的地震激起了群众示威活动，此举导致了米沙摩尔核电站的关闭。该核电站建在地震高度活跃带，距离首都埃里温仅 36 公里。[7]

在乌克兰，数家新成立的组织要求关闭切尔诺贝利核电站以及救助核灾受害者，“鲁赫”是其中最大的组织。乌克兰作家及环保先驱谢尔巴克是“鲁赫”最初的支持者之一，同时还领导着“绿色世界”联盟。1989 年 4 月，联盟发布了以切尔诺贝利相关议题为核心的纲领。谢尔巴克前往自己的家乡基辅，竞争苏联人民代表大会参会代表的资格。作为一位从未加入过共产党的学者兼作家，他遇到了来自党内候选人的有力竞争。他们指责谢尔巴克不仅是一名资产阶级民主主义者，还是犹太复国主义者。如果说这一切还不够的话，他们进一步指出谢尔巴克的妻子是波兰人。然而，谢尔巴克坚守自己生态保护的立场，终以 57% 的选票当选，在一个有六位候选人的选区里，这算得上优势明显了。[8]

1989 年 5 月，谢尔巴克前往莫斯科参加第一次人民代表大会，他绝不是唯一将生态作为个人首要议题的新当选代表。参会的 2250 名代表中，约 40 人代表各类生态组织，至少 300 人的计划书中包含了生态议题。

然而，在第一次半自由的苏联式选举中，一位来自“绿色”机构的代表脱颖而出，她的名字是阿拉·雅罗斯海思卡，在俄语中读为阿拉·亚罗申斯卡娅。这位年轻的记者是来自乌克兰日托米尔的代表，该地区毗邻切尔诺贝利禁区，在要求获悉核灾及其后果全部真相的运动中，她俨然成了一张新面孔。她跟进了一个关注深受放射性尘埃影响的纳罗季齐地区的命运的项目。纳罗季齐位于切尔诺贝利核电站以西近 80 公里。“有必要让公众知晓纳罗季齐地区辐射污染的情况，迄今为止政府仍小心翼翼地向公众隐瞒真相。”亚罗申斯卡娅的竞选纲领这样表述。一旦到了莫斯科，她就要确保全苏联都能听到纳罗季齐的悲剧并关注核灾难带来的深远影响。

亚罗申斯卡娅以叛逆者的形象著称。日托米尔是位于基辅以西 140 公里的一座拥有约 25 万人口的小城，亚罗申斯卡娅就是土生土长的日托米尔人。她于 20 世纪 70 年代初获得基辅大学新闻学学位，当时克格勃正在破坏任何仅存的自由精神，这股精神源于 20 世纪 50 年代至 60 年代初赫鲁晓夫的“去斯大林化运动”。她目睹自己的同学因在错误的时间给乌克兰民族诗人塔拉斯・舍甫琴科的纪念碑献上鲜花而被开除学籍。3 月纪念诗人很好，在 5 月这么做的话，就被视为乌克兰民族主义行为，这是被禁止的。而她的丈夫因在论文中赞扬革命时代的无政府主义领导人涅斯托尔・马赫诺而被学校开除。被她的丈夫称为“乌克兰英雄”的马赫诺在苏联人眼中却是危险的反政府军阀。亚罗申斯卡娅写了一封抗议丈夫被开除的信，且搜集了不少签名，但一切都是徒劳。

作为天才作家的亚罗申斯卡娅在日托米尔一家地区性报社谋得了一份差事，然而她拒绝加入共产党，因而成了这家党报社内唯一的非党员记者。她是理想主义的信徒，对苏联体制下的社会公正和整体优越性深信不疑。她知道自己不能发表关于苏联体制“丑陋变形”或其弊端的文章。然而，她认为写信给莫斯科高层，提醒他们注意地方上党政领导滥用权力的行为还是可能被接受的。她的部分信件直接寄给了党和国家领袖勃列日涅夫。有一天，她被召唤至地方党委，并被告知要想保住工作，就必须停止写信。她还被传唤至克格勃处，要求其阐述政治观点。还有一次，她甚至被劫持数小时，克格勃上校为了恐吓她，驱车将她带至郊外。只是这些伎俩未能吓住亚罗申斯卡娅。

戈尔巴乔夫的上台重新点燃了亚罗申斯卡娅为一个更美好、更公正的社会而工作的希望。1986 年，她和同事亚基夫·扎伊科在日托米尔成立了“为了改革”俱乐部。党媒指责他们试图创立新的政党，在改革前的苏联社会，这种行为等同于严重叛国罪。想在日托米尔的报纸上发表任何批评腐败的地方党政官员的文章是不可能的，因此她尝试找了苏联首都更加自由的媒体。此计确实可行：公开性改革虽然尚未抵达日托米尔，可是在莫斯科已迈出了第一步。1987 年 6 月，苏联第二大要报——《消息报》刊登了亚罗申斯卡娅撰写的一篇文章，她在该文中抨击日托米尔党政领导无法接受批评、迫害反对者。党政领导同样予以反击，他们写信给苏共中央委员会，19 名批评亚罗申斯卡娅的当地记者均在信上签名。她本人所在的报社为此召开了党会，在会上对她进行了长达六个小时的责问。她被贬为兼职记者，但是她拒绝放弃斗争。[9]

1987 年秋，时年 34 岁的亚罗申斯卡娅已是两个孩子的母亲，她请求自己的男老板准假一天。老板拒绝了。她执意要求休假，并告诉老板自己需要一天时间去堕胎后，就离开了。亚罗申斯卡娅并未前往诊所，而是驱车前往纳罗季齐的一座小镇，在当地官员的办公室内，她研读了一份关于该地区放射性污染的秘密地图。亚罗申斯卡娅听说，为了安置从切尔诺贝利禁区撤出的居民，政府打算动手兴建住宅和设施，于是她开始对此问题产生兴趣。似乎在她看来，新的选址仍然离灾区太近，无法保证安全。她请求主编允许她亲自前往新的定居点调查，主编拒绝了，并且告诉她这不关他们的事。他们所办的只是一份地方性报纸，而定居点的选择是由共和国或是苏联层面的领导决定的。所以，应该由基辅或莫斯科主办的报纸来调查该事件。然而，亚罗申斯卡娅并不接受别人对此说“不”。

她在完全瞒着主编的情况下，走访了纳罗季齐地区的村庄，第一站是鲁德尼亚 – 奥斯尼亚。该村庄仍处在持续的辐射监测中。当校舍的辐射值超过 1.5 雷姆 / 小时的时候，学校就会关门。但是政府仍在推进当地的施工项目，希望民众能继续在那里生活。亚罗申斯卡娅在当地工地上遇到的建筑工人经常容易疲累，还不时地头痛。他们会得到每月 30 卢布的补贴，据称还能得到更有营养的食物。工人们把这笔钱称为“棺材钱”。无论是这些工人，还是当地官员都无法告诉她为什么要在深受辐射影响的村庄建造幼儿园，那里几乎没什么孩子。一座崭新的澡堂也在施工中，很明显这便于当地人洗去身上的放射性尘埃。

亚罗申斯卡娅深感震惊。在接下来的一个月里，她和自己的丈夫用了数个周末的时间走访了该地区一座又一座村庄。情况如出一辙：新建筑正在施工，辐射值讳莫如深，所有这一切都对本地人以及来自禁区的新安置居民的健康构成了威胁。健康危机与日俱增，尤其是对孩子们。亚罗申斯卡娅从当地医护人员那儿得知，该地区 80% 的儿童甲状腺肿大，这是暴露于过高剂量辐射的迹象。在切尔诺贝利事故发生前，只有10%的儿童有上述症状。

如果亚罗申斯卡娅想帮助当地居民，她就必须将他们的困境公之于众。她自己的报社不打算刊登其调查结果，可是，她还能求助于莫斯科，她对当地党内精英的批评就曾出现在莫斯科的报刊上。然而事实证明，即使对中央媒体而言，切尔诺贝利也是太过敏感的话题。曾经发表过其文章的《消息报》拒绝了她，并说明此话题已另归他类。党内最重要的报纸——《真理报》拖了半年后做出了同样的举动，给出的答复是一篇相似的文章已获准发表了。亚罗申斯卡娅求助于《真理报》记者弗拉基米尔·古巴廖夫，他曾写过大量关于切尔诺贝利的报道，可依旧毫无结果。改革的喉舌《星火》杂志，由乌克兰作家兼诗人维塔利·科罗特奇主办，亚罗申斯卡娅设法见到了他本人。他在反复承诺予以出版后，最终还是推掉了此事。另一份自由派报纸《文学报》的做法也如出一辙。[10]

所有这些拒绝未必是主编的本意，而是源于对一切没有讴歌“事故清理人”、又事涉切尔诺贝利的报道的严格审查制度。畅销报《基辅晚报》的主编维塔利·卡尔片科后来回忆，他仅仅因为在1986年5月的相关报道中刊登了一张基辅街上人迹罕至的照片而被斥责。乌共中央委员会书记对此事展开了调查。在报上刊登任何与切尔诺贝利相关的报道都须经莫斯科当局或基辅市委书记的批准。

随后，亚罗申斯卡娅获悉一份党政机关的秘密决议，内容是任何与切尔诺贝利事件相关的事务都要分类处置。克格勃早在1986年5月就率先采取行动，从事故的起因到影响，一切话题都要严格保密。同年6月，卫生部发布指令，对一切关于核污染地区民众的治疗和“事故清理人”辐射水平的信息都要进行过滤筛选。7月，国防部命令负责人力资源的军官不要招募个人档案中曾有过被派往切尔诺贝利地区记录的人员。更不必说，只有个人暴露在辐射值为50雷姆（相当于国际正常水平的10倍，相当于“切尔诺贝利正常值”的2倍）以上的环境中，才会在其个人档案中有记载。[11]

亚罗申斯卡娅东踅西倒，屡撞南墙，至少看上去是如此。政治公开性改革尚存局限。痛斥地方政府贪污和履职不力是戈尔巴乔夫向保守的党政机关发起的进攻，然而，说出中央政府也需要为之负责的事故真相则完全是另一回事了。这么做意味着要让中央政府，包括戈尔巴乔夫本人在内都承认有罪，因为他们向民众掩盖了真相，还需要花费政府数百亿卢布来恢复受灾地区及安置灾民。但戈尔巴乔夫确实没有钱。经济形势每况愈下，期盼已久的改革打破了现有的制度，使原本捉襟见肘的财政更加紧张。亚罗申斯卡娅不得不将自己所写的文章复印后分发给朋友。在公开性改革的年代，她除了诉诸地下出版物，别无他法。苏联异见者原先一向喜欢用私人打字机逐字敲出被禁文章，再把副本向朋友和熟人传播。[12]

倏然间，风向逆转。为了能在1988年夏由戈尔巴乔夫召集的苏共第十九次代表会议上通过半自由选举，乌克兰作家奥利尼克打破了不能公开讨论中央政府该为切尔诺贝利灾难承担何种责任的禁忌。1988年9月，莫斯科自由派期刊《新世界》发表了白俄罗斯作家阿列斯·阿达莫维奇的文章《因文字而荣耀，二次爆炸的虚妄——一位非专业人士的观点》。阿达莫维奇不仅阐述了高级官员需要为事故所负的责任，还称切尔诺贝利周边大片地区的污染程度远比官方承认的要严重得多，那里太危险，根本无法住人。阿达莫维奇还宣称，隐瞒真相是为了不对建造新的核电站构成威胁。阿达莫维奇在文中写道，他认为核灾难实际是一场人类浩劫：例如，在距离切尔诺贝利 90 公里的白俄罗斯城，医护人员因环境过于危险而不适合长期驻留，便轮班工作，可是包括妇女和儿童在内的当地居民却一直生活在那里。[13]

比起奥利尼克的发言，阿达莫维奇的文章将公开性改革推得更远，从此核污染地区的命运成了可以合法讨论的话题。阿达莫维奇的文章发表于 1988 年 9 月。就在当月，谢尔巴克带着一小群电影制片人来到了亚罗申斯卡娅最关心的地方——纳罗季齐。在他的帮助下，纪录片记录下了一出生就没有眼睛的小牛犊，以及其他因当地农场的高辐射而导致的畸形情况，其中一家农场的辐射水平是基辅市的 150 倍。在事故发生后的一整年里，64 只畸形动物出生在那家农场，而之前的五年中，总共才有 3 只。但是，这段时长 20 分钟的纪录片无法在电视或大屏幕上播出，其中一位电影制片人发表了一篇文章专门介绍他的发现。当局仍在竭力掩盖真相，然而他们对信息的垄断已摇摇欲坠。[14]

1988 年的夏末，亚罗申斯卡娅第一次被允许在大批听众前说出她在纳罗季齐地区的发现。一石激起千层浪，除了党政官员外几乎人人为之称道。日托米尔的民众希望听到更多的内容，他们劝说自己的工厂老板或研究所领导邀请亚罗申斯卡娅前来演讲。截至 1989 年春苏共第十九次代表会议进行代表选举时，愿意聆听亚罗申斯卡娅演讲的人群庞大到没有任何一座大厅可以容纳。她在城市的广场上、在体育馆内向人群演讲。官员们试图用恐吓电话和信件去吓唬她。他们还向她正在内政部消防部门工作的丈夫施压，让他同亚罗申斯卡娅离婚。他们还骚扰她的孩子，对其多名拥护者展开犯罪调查，指控他们计划袭击共产党党委。尽管困难重重，她依旧走到了人群中，聆听她演讲的民众多达两三万。最终，政府做出了让步。她多年来一直为之工作的报社，虽然曾在政治压力下反对过她，但还是发现自己有义务刊登其竞选纲领。最后，亚罗申斯卡娅以 90% 以上的支持率当选。

亚罗申斯卡娅在莫斯科迅速与志同道合者建立了联系。其中包括生态积极分子尤里·谢尔巴克，关于纳罗季齐地区的爆炸性纪录片——《凌驾规范》的制片人米哈伊洛·别利科夫，以及来自第聂伯罗捷尔任斯克的生态活动家谢尔盖·科涅夫。第聂伯罗捷尔任斯克这座工业城镇曾作为勃列日涅夫的出生地而闻名于世，后又因成为苏联污染最严重的城市之一而备受诟病。

自从戈尔巴乔夫在人民代表会议上打开了讨论的匣子，亚罗申斯卡娅和谢尔巴克也申请加入了发言者名单，他们希望能有机会讨论核灾带来的生态后果，然而，戈尔巴乔夫本人和其他官员在主持会议时都没有邀请他俩发言。于是，亚罗申斯卡娅主动作为，她走向站在讲台上的戈尔巴乔夫，请求他准许自己就切尔诺贝利事件进行发言。戈尔巴乔夫满足了她的要求。她在讲台上发表了三分钟陈述，她谈论了纳罗季齐地区、受污染的村庄以及乌克兰官员的谎言，他们曾信誓旦旦地说该地区的核辐射水平对继续住在那里的人不会造成伤害。对此她无法原谅，她还把别利科夫拍摄的关于纳罗季齐的纪录片交给了戈尔巴乔夫。

官方对核灾后果三缄其口的情况逐渐得到了改善。亚罗申斯卡娅发表演讲之后，收到了大量电报和信件，纷纷称赞其勇气可嘉。

在随后的日子里，其他代表也表达了对政府隐瞒事件相关信息的不满。其中一位是来自白俄罗斯马里利奥地区的医生。白俄罗斯共产党领导人叶夫根尼·索科洛夫走上讲台，宣称 18% 的白俄罗斯领土都因事故遭受污染。令亚罗申斯卡娅倍感震惊的是，乌克兰代表团的最高长官、总理维塔利·马索尔仍默不作声。不过，当她回到家乡日托米尔，在市体育馆与选民见面以及随后见到纳罗季齐的民众时，她可以告诉大家，事情正发生着变化。

在夏日快要过去时，一个由苏联副总理率领的政府委员会，在乌克兰政府副总理和该地区书记的陪同下来到了纳罗季齐。克格勃向乌共最高领导人谢尔比茨基通报了苏联科学院放射生物学学术委员会在纳罗季齐召开的会议的情况。6 月 13 日，近 800 人聚集到了纳罗季齐文化中心，期望能和科学家见面。听众中有人要求举行示威游行，迫使政府从最终承认问题到采取切实行动。然而，除了汇报此类诉求外，克格勃能做的事并不多——政治形势正在改变。[15]

到了 1989 年秋，不仅是乌克兰，白俄罗斯也就生态议题向苏共提出抗议。9 月 30 日，在白俄罗斯首都明斯克出现了第一次群众集会。政府官员试图阻止大巴把来自戈梅利和马里利奥受污染地区的民众带到集会会场，可他们失败了。近三万人聆听了白俄罗斯人民阵线领导人的讲话，数月前，他在被流放至立陶宛首都维尔纽斯时创立了这个类似乌克兰“鲁赫”的组织。没有白俄罗斯的党政官员向民众发表演讲。出现这种集会要么是切尔诺贝利事件造成的结果太严重，要么就是他们已经失去了对信息和政治活动的垄断，但政府不愿承认这一点。[16]

◇◇◇

人民代表会议的选举活动以及会议的召开掀开了笼罩在核事故生态后果上的神秘面纱，但却无助于反核活动家完成其终极目标——关闭切尔诺贝利和其他使用石墨反应堆的核电站。然而，随着他们 1990 年 3 月初被选入共和国代表会议，这群活动家重新觅得良机，而这恰是戈尔巴乔夫改革的第二阶段。这次没有指定的代表了，共和国新代表会议的每个席位都必须通过竞选产生，竞选结果让戈尔巴乔夫和其他莫斯科官员大跌眼镜。如果说 1989 年夏参加苏联人民代表会议的代表还只能进行点名批评，那么 1990 年的会议代表则从语言转向了行动。

许多共和国选民都投票给拥护民族独立的候选人，他们将此举和去核的想法联系在一起。然而，不同国家新当选的代表的反核热情各不相同，这取决于共和国想和莫斯科保持多远的距离。1988 年秋，立陶宛伊格纳利纳核电站举行了支持关闭该核电站的群众集会，立陶宛随即宣布成为第一个脱离苏联而独立的共和国。1990 年 3 月，在刚刚选举产生的共和国代表会议召开第一次大会后不久，立陶宛政府发表了独立宣言。戈尔巴乔夫开始警觉，他以经济封锁的方式回应背叛的共和国。新当选的立陶宛代表会议领导人现在不得不思量，能使本国能源不再依赖于莫斯科是多么重要。经济封锁加上伊格纳利纳核电站两座石墨反应堆的暂时关停，迫使反核领导人改弦易张，他们想的不再是关闭核反应堆，而是开始考虑建设新的核反应堆以确保国家的独立性。核能激进主义有重新抬头的趋势。[17]

在乌克兰，政治精英们尚未认真考虑有没有可能脱离莫斯科，可是核灾的后果却成为迫切需要解决的大事，反核激进主义不仅在1990年的选举中得以继续存在，还不断壮大。1990年2月，当竞选运动如火如荼地进行时，乌共领导层为了从“鲁赫”的政治武器库中拿走核灾这件武器，经过精心策划，当时仍在共产党掌控之下的政府做出了于1995年前关闭切尔诺贝利核电站的决定。同时政府拒绝“绿色世界”注册成为独立党派，防止其成员以党派方式运作该组织。

然而，为了不让切尔诺贝利成为政治中心议题而采取的孤注一掷的举措几乎未能撼动选举结果。最流行的选举口号是一首要求苏共为核灾负责、希望它终结在核电站的韵律诗：“在切尔诺贝利核电站，苏联永垂不朽吧！”在乌克兰，选举期间四分之三的传单都涉及切尔诺贝利和生态环境问题，对选民来说上述议题似乎比经济问题和社会公正更重要。百余名代表（占总代表人数近四分之一）加入了亲“鲁赫”的小组——人民委员会，对看似无比强大的政党机器挥出了出乎意料的重重一击。[18]

1990年4月，在乌克兰所有核电站附近的城镇和定居点，人们举行集会纪念切尔诺贝利事故发生四周年。在邻近乌克兰西部赫梅利尼茨基核电站的小镇奈替欣，约5000人参加了集会；在该地区的罗夫诺市，约3000人参加了示威，要求关闭赫梅利尼茨基核电站和罗夫诺核电站，两座核电站相距约160公里。抗议者主要是当地的乌克兰人，他们说着乌克兰语，携带标语，大声谴责乌共，炮轰主要由俄罗斯人和说俄语的工作人员组成的核电站。他们试图冲过赫梅利尼茨基核电站的大门，但被守卫阻止了。奈替欣集会有力地支持了当地一家水泥厂的工人，他们拒绝向赫梅利尼茨基核电站提供新建核反应堆所需的水泥。那些工人鼓动其他工人也一起罢工。克格勃对此相当警觉，他们告诉基辅的官员，如果政府迫于压力关闭赫梅利尼茨基核电站，奈替欣地区将面临大批人员失业的危险。[19]

乌克兰当局寻求妥协。1990年夏，新一届政府沿袭了上一届关停切尔诺贝利核电站的路线，决定五年内在乌克兰境内暂停兴建新的核反应堆。还成立了专门委员会，借以处理核灾相关问题，调查莫斯科和基辅当局在隐瞒爆炸险情中所起的作用。生态运动的主要目标已经实现了。接下来的艰巨任务就是寻找并调配稀缺资源，以帮助灾区民众恢复正常生活并修复受污染的土地。可是，在切尔诺贝利事件的号召下进行了反核动员，从而使运动进入政治轨道的群众运动政治领导人，现在却将注意力投向了别处。

1990年10月，“鲁赫”在基辅举行了第二次大会。早前的生态激进主义者伊万·德拉奇已经成了人民代表会议代表，他再次当选为“鲁赫”领导，但是“鲁赫”改变了纲领，从名字中删去了“改革”①的字眼，宣布将乌克兰独立作为自己的主要目标。纲领中关于生态环境的部分改动甚微，然而从此以后，能动员民众、发动群众性活动的理由不再仅仅是生态问题了。从那一刻起，新的政治领导人可以公开讨论为共和国争取独立的话题了。切尔诺贝利的冲击波即将摧毁苏联的根基。[20]

---

① “鲁赫”创立伊始叫作“乌克兰争取改革人民运动”，后更名为“乌克兰人民运动”。

第二十章　独立的原子

1991 年 8 月 24 日的清晨，温暖如许，数以千计的民众聚集到基辅市中心的乌克兰最高拉达（议会）大楼前，当日是星期六，许多本应上班的基辅人在抗议示威，示威人群还包括来自乌克兰各地的外乡人。他们高举着标语牌——“乌克兰离开苏联！不要加入这个联盟！”[1]

就在数天前的 8 月 19 日，莫斯科强硬派在克格勃主席弗拉基米尔·克留奇科夫的带领下罢免了戈尔巴乔夫，并且成立了紧急委员会，企图推翻苏联总统所推行的民主改革。政变策划者将戈尔巴乔夫隔离在他本人位于克里米亚半岛上的避暑别墅里，然而他们未能逮捕戈尔巴乔夫的政敌——能力超群的俄罗斯总统叶利钦，他曾号召俄罗斯人捍卫民主自由。军队拒绝镇压反抗的民众，到 8 月 22 日夜，政变彻底沦为泡影。大获全胜的叶利钦将戈尔巴乔夫带回了莫斯科，但他拒绝拱手让出自己在粉碎政变时赢得的权力。他迫使当时还惊魂未定的戈尔巴乔夫解雇了安全部部长，并且接受叶利钦举荐的人选。俄罗斯总统还禁止苏联共产党进行活动——这可是戈尔巴乔夫最后的权力堡垒。[2]

叶利钦摧毁了政变，一跃成为莫斯科大权在握的人物。乌克兰党内精英开始焦虑，而反对派领导者则担心强硬派可能再次发动政变。双方都不喜欢仍受制于莫斯科。就像在切尔诺贝利核灾难时那样，统治者和反对者在莫斯科找到了共同的敌人，但是他们还不能就共和国走向自治或独立达成一致。如果实现自治，他们会对本地事务有一定的管控力，但仍处在苏联体制的框架下；独立则意味着彻底离开苏联。“鲁赫”的拥护者要求独立，党内精英仍犹豫不决。8 月 24 日清晨，基辅民众、“鲁赫”积极分子和其他支持民主改革的人群聚集到乌克兰议会外，要求在议会中占大多数的乌共党员宣布乌克兰完全独立，脱离莫斯科。人群逐渐焦躁不安，他们要求惩罚那些在政变中骑墙观望、没有支持叶利钦的乌克兰党内精英。

议会外的局势愈发紧张，乌克兰议会议长列昂尼德·克拉夫丘克也因政变中消极被动的表现招致了直接抨击，他邀请 49 岁的作家、“鲁赫”积极分子，同时也是调查核事故结果的议会调查委员会领导弗拉基米尔·亚沃利夫斯基发言。议会仍由乌共主导，但在当日早些时候，议会民主反对派——人民委员会已向克拉夫丘克提交了多份草案，他们希望议会能对此进行投票表决。提案中包括由列夫科·卢基扬年科起草的乌克兰独立宣言，持不同政见的卢基扬年科曾在劳改营中和苏联境内流放长达 25 年之久。共产党代表说他们未曾看到草案，拒绝就此进行讨论。亚沃利夫斯基决定利用克拉夫丘克给他的这次机会读一读这份宣言。

他呼吁众人团结起来，以此作为开场白："尊敬的代表们，尊敬的来宾们，亲爱的乌克兰人民！请允许我们说明，这不是复仇的时刻，而是属于真理的时刻。请允许我们说明，聚集到这里的人并不是彻底击败对手的胜利者，事实上，我们都被打败了。我们现在可以暂时搁置争议。"他随后朗读了独立宣言草案中的关键表述："乌克兰苏维埃社会主义共和国最高苏维埃庄严宣布，乌克兰独立了，由乌克兰人组成的独立国家——乌克兰诞生啦。"这些话深深触动了不少乌共代表。然而，他们既没反叛，也没抗议，而是要求暂停一会儿以供他们协商。当他们再次回到会议厅时，他们已准备支持亚沃利夫斯基的提案。克拉夫丘克决定就独立事项进行投票表决。结果令人目瞪口呆：346 名代表投了赞成票，仅有 2 票反对，5 票弃权。在 1991 年 12 月 1 日的全民公投之后，仅次于俄罗斯的苏联第二大加盟共和国，同时也是核事故发生地的乌克兰将成为一个主权国家。[3]

独立宣言作者列夫科·卢基扬年科事后解释，亚沃利夫斯基之所以能拥有在会上第一个宣读报告的荣光，是因为克拉夫丘克希望提案能赢得支持，他认为直到 1990 年，亚沃利夫斯基都还是共产党员，如此一来，他更有机会说服在议会中占据多数的党员。克拉夫丘克身边的人将自己的推测告诉了卢基扬年科，在卢基扬年科的记忆中，他们是这样说的："他们将卢基扬年科视为敌人，而亚沃利夫斯基与大多数议员更加接近。"克拉夫丘克事后否认他选择让亚沃利夫斯基代替卢基扬年科发言是出于政治考量。无论何种原因，亚沃利夫斯基才是第一个拿到话筒的人。[4]

1989 年秋，弃笔从政的亚沃利夫斯基作为第一次"鲁赫"大会的主要组织者之一，首次出现在乌克兰政坛上。次年春天，他竞选乌克兰议会议员，谴责核灾给乌克兰造成的破坏。难以想象亚沃利夫斯基会成为反核事业的拥趸。他很早就支持乌克兰发展核能，曾出版过小说《连锁反应》，书中热情赞颂了切尔诺贝利核电站的建设，称此举为共产主义现代化的伟大胜利，是乌克兰实现现代化的重要象征。人们对核安全的担忧被他一一驳斥，他辩称这是人们对美国轰炸广岛和长崎的过度反应，只有资本主义世界才有这种担心的正当理由。同诸如“鲁赫”领导德拉奇在内的许多乌克兰作家一样，大灾难发生后不久，亚沃利夫斯基就从一名狂热的核能支持者转变成了反核战士。1987 年，亚沃利夫斯基在切尔诺贝利隔离区进行了两个月的象征性忏悔后，写下小说《世纪末的苦涩玛利亚》，在文中越来越关注个人将如何对自己的行为负责。更确切地说，正如亚沃利夫斯基所理解的那样，个人要对家庭、对家乡，最终对国家负责。亚沃利夫斯基的新书出版后，当时乌克兰最著名的作家冈察尔给他写了封信，信中说：“透过你的文字，乌克兰向世界倾诉了切尔诺贝利带来的一切痛苦与希望。”[5]

亚沃利夫斯基在议会上再次将目光投向了切尔诺贝利事件，在他的推动下成立了切尔诺贝利调查委员会，而他本人担任主席一职。委员会对乌克兰党政精英在隐瞒事故范围和对人民造成伤害的真实情况中所扮演的角色展开调查。曾经协助隐瞒真相的克格勃发现，现在他们必须向亚沃利夫斯基主席汇报持续困扰受损核电站和被污染土地的各项问题。亚沃利夫斯基最初的目标是核电站前站长布留哈诺夫。亚沃利夫斯基的反对者指责这个暴躁的演说者和作家是民粹分子，他的书面文字和口头表达经常自相矛盾。例如，他说爆炸发生当夜，布留哈诺夫正和情人在森林小屋中幽会，他无视自己身为站长的责任，恣意向自己的上级和公众隐瞒了事故波及的范围。[6]

布留哈诺夫被判坐牢十年。1991 年 9 月，刑期过半、走出监狱的他听闻此言，勃然大怒。他回忆道："亚沃利夫斯基匆匆忙忙出了本书，打造了自己的个人形象，他写的一切都是杜撰。从此以后，我再不会容忍亚沃利夫斯基这个名字。" 布留哈诺夫在乌克兰东部的一座监狱里度过了他的大部分刑期。作为正在服刑的地方名人，他刚刚来到监狱时，狱友们纷纷离开牢房，争相目睹这个要为世界上最严重的技术灾难负责的人。监狱领导给了他一个管理职位，他拒绝了，而是干起了机械工的活计。他们后来又把他转送至位于乌克兰中部的"中途之家"。直到获得释放，布留哈诺夫才第一次见到了已经年满五岁的外孙女，核灾难后不久她就出生了。[7]

在谈到牢狱生活时，他声称："我在那里看到的 95% 的人几乎不能被叫作人类。"虽然牢狱生活给布留哈诺夫留下了精神创伤，但他的身体状况相对不错。他先去了切尔诺贝利核电站工作，随后去了与核电相关的国家机构工作。不少同属被告的其他同事就没这么幸运了。前总工程师福明再也未能从核灾难的震惊中恢复过来，1988 年他从普通监狱转至精神病医院，随后被释放。他的副手迪亚特洛夫，当日亲自指挥了四号核反应堆的涡轮机测试，他的心理倒是很强大——他从未承认自己有罪，但却承受着严重的辐射综合征，出于健康原因，他于 1990 年被释放出狱。[8]

1991 年夏末，乌克兰宣布离开摇摇欲坠的苏联，布留哈诺夫也获得了假释，几乎没什么人相信布留哈诺夫、福明和迪亚特洛夫是核灾难的罪魁祸首。1991 年 11 月，库尔恰托夫原子能研究所新任所长叶夫根尼·韦利霍夫领导下的苏联原子能科学家委员会得出了自己的结论：切尔诺贝利的管理者和操作员不应为事故负全责。他们接受苏联核工业的监督机关——苏联工业与核电安全国家监督委员会下属调查委员会——得出的结论：“切尔诺贝利核电站四号核反应堆所采用的石墨 RBMK-1000 堆型在建造过程中的缺陷注定了切尔诺贝利事故的严重结果。切尔诺贝利核灾难的原因是核反应堆的设计者所选择的设计理念未充分考虑安全因素。”[9]

1991 年秋，亚沃利夫斯基及其委员会在寻找一条比布留哈诺夫更大的大鱼，来为核灾难负责，目标锁定在乌共和乌克兰政府的领导层。谢尔比茨基已因癌症于 1990 年 2 月去世了，但是其他领导人还在，其中包括曾掌管政府的乌共中央政治局切尔诺贝利事故善后委员会主席奥列克桑德·利亚什科。事故发生后的第二年，1987 年 7 月，他从总理一职上退了下来，就在当月，布留哈诺夫和他的同事接受了审判。利亚什科为自己在事故善后工作中发挥的作用感到自豪，他的立场与政府委员会领导谢尔比纳以及乌共中央第一书记谢尔比茨基的立场不尽相同，他是最早坚持将居民撤出普里皮亚季的人。

亚沃利夫斯基对于利亚什科所扮演的角色却有不同看法。“得知事故发生时，政府和乌共中央委员会采取了什么行动？”他向正在回答委员会质询的前总理抛出了上述问题，而这位前总理试图证明自己和政府在处理核事故中发挥了应有的作用。“当时是夜里，我在家中。”利亚什科答道，他指的是接到苏联总理雷日科夫电话的那一晚。“可以做些什么呢？”亚沃利夫斯基对答案并不满意，他嘲讽道，“很好，因此你睡得很熟，然后去上班了？”利亚什科告诉委员会他所记得的内容，包括自己是如何调动城市交通协助普里皮亚季大撤离，以及政府在事故发生的最初几日和数周中采取了哪些行动。利亚什科和委员会相互友好地告别，委员会的两位委员一直把75岁的利亚什科护送至他位于基辅市区的公寓。这位前总理相信，至少对他而言调查结束了，不过事情的发展出乎他的意料。[10]

1991年12月11日，此时距离乌克兰进行全民公投通过议会关于乌克兰独立的宣言已过去了整整十天。而就在前一天，议会通过了俄罗斯、乌克兰和白俄罗斯领导人叶利钦、克拉夫丘克和斯坦尼斯拉夫·舒什克维奇签署的协议，该协议宣布苏联解体，成立独立国家联合体。此时此刻，乌克兰议员再次聚到一起，认真听取亚沃利夫斯基委员会关于隐瞒切尔诺贝利事故后果的调查报告。

叶利钦、克拉夫丘克和舒什克维奇签署的协议宣布“三方皆承认切尔诺贝利核灾难是全球性的，承诺各国将共同努力把灾难后果降至最低”。只是各国暂时仍以各自不同的方式处理善后事务。媒体大肆报道了与切尔诺贝利相关的经济、社会、公共健康和生态问题，报道了救灾计划，报道了事故发生时尚大权在握的政府领导究竟应该背负怎样的政治责任与法律责任，考虑到以上种种，这份协议的内容还算恰如其分。[11]

乌克兰议会要求对涉事的苏联官员进行严惩，其手段之凌厉远超其他受灾的后苏联时代共和国。乌克兰生态主义的势头仍然强劲，动员能力似乎并未减弱。早先，生态主义曾对乌克兰独立起到了推动作用，现在却成了国家未来权力之争的利器，一方是冉冉上升的民主派，另一方是仍然掌控政权却困惑迷茫的前乌共官员。对确实或有嫌疑涉及隐瞒核事故的前政府官员，亚沃利夫斯基可没收回自己的拳头。他的终极目标是苏联的政体，然而现在他瞄准的是后共产主义时代仍大权紧握的乌克兰精英。在生态主义的诞生地立陶宛都没有出现这样的情况。

亚沃利夫斯基在报告的一开始就将切尔诺贝利事故描述为乌克兰最严重的民族灾难。“《圣经》中的苦艾之星跌落到地球，不仅毒化了粮食、水源、空气，甚至连你我的血液也是有毒的。”他语气坚定，这是包括他本人在内的乌克兰作家在核灾难后发表的作品和声明中首次提到的主题。他接着用极其恐怖的语气宣布，大灾难使乌克兰人成为上帝的选民。他继续说道：“现在已经很清楚了，我们是上帝选中的民族，至少我们的邻居不会否认这一点。”

谁该为这场民族灾难负责呢？亚沃利夫斯基谴责了苏联共产党及其领导下的乌克兰共产党。他将乌共党员称为“小俄罗斯人”——沙皇俄国时期对乌克兰人的称呼，以此表达强烈的抗议。亚沃利夫斯基认为，沙皇俄国和苏联伤害了历史上的乌克兰。那他们是怎么做到的呢？那就是在距离基辅仅 130 公里，在乌克兰三条河流——第聂伯河、普里皮亚季河和杰斯纳河的交汇处，放置了一个有重要缺陷的核反应堆。谈到事故的责任问题，亚沃利夫斯基拒绝接受戈尔巴乔夫的说辞，依据戈尔巴乔夫的观点，只有核电站操作员需要为此负责。不同于自己以往的观点，此刻亚沃利夫斯基宣布 1987 年在禁区被政府审判的核电站管理者和工程师无罪，他们是受害者而不是罪犯。但他却痛斥了“那些向民众掩盖核事故真实范围、未能及时采取措施使民众免受辐射伤害的官员，他们的罪孽之深，不可与前者相提并论”。

亚沃利夫斯基宣读了调查委员会与乌克兰前政府官员访谈的部分内容，受访者包括前总理奥列克桑德·利亚什科、前最高苏维埃主席瓦连京娜·舍甫琴科以及前卫生部部长阿纳托利·罗曼年科。在 1986 年 4 月底至 5 月初的这段日子，对于核事故将给民众的健康造成哪些影响，罗曼年科始终在公众场合保持沉默，因此他也成为亚沃利夫斯基最憎恨的官员之一。依据亚沃利夫斯基所言，调查委员会已明确乌克兰政府在事故发生最初几日，就已掌握了关于切尔诺贝利和其他地区辐射水平的信息，但是他们未将危险告知人民。他声称，即使政府没有搞懂别人所给的信息，无法准确地做出评估，也不能减轻他们的罪过，相反，只会让他们的罪孽更重。“他们有罪，不仅是因为作为一个拥核大国的领导者，他们十足无能，更是因为他们不渴望、不期盼知道真相，更别提他们不愿把真相告诉大家了。他们身居高位，所作所为和屠杀民众也相差不远了。”

亚沃利夫斯基的火炮不仅射向前任，也射向时任党政官员，他们中许多对民族犯下罪责的人就在议会大厅里。他们在亚沃利夫斯基结束演讲后予以反击，捍卫自己的言行，将责任推给莫斯科。乌克兰前总检察长米哈伊洛·波塔片科曾在事故发生后的最初几周内赶往禁区，后因辐射中毒而住院医治，他声称已经动用自己权力范围内的一切力量将事故的肇事者绳之以法，然而决定权在于莫斯科的苏联总检察长。基辅军区副司令员鲍里斯·沙里科夫曾积极投身于事故的善后工作，他谴责亚沃利夫斯基的批判过于情绪化。罪过确实存在，但这应当与某些人在事故发生前的所作所为有关，而不是在事故发生之后。

克拉夫丘克数日前当选为乌克兰总统，伊万·普柳希接替他成为新任议会议长，后者接过发言的机会，安抚各位议员："原子能锅炉能很快让我们的公寓暖和起来，我们都对此深信不疑。"普柳希说明了前任领导对核能的安全风险是何等无知。他接着说道："我支持委员会继续完成它的工作，调查出更多关于切尔诺贝利核灾难的真相，包括核灾难的起因及后果。这么做不是为了剥夺某人的自由，而是提醒各级领导对人民所背负的重责。"他做了如下总结："灾难真正的始作俑者却摇身变成了审判者。因此，为了谨慎决定谁该为核灾难负责，为了明确每个人的责任，我们必须问一问：谁来审判？！"

大厅里响起一片掌声。普柳希还记得1987年夏莫斯科任命的法官对布留哈诺夫、福明和迪亚特洛夫的有罪判决。但是，这份判决也可以看作是对亚沃利夫斯基的驳斥。普柳希在1986年4月26日立即赶往了出事地点，组织了普里皮亚季大撤离，身体承受的辐射两次达到了安全范围的最高剂量50雷姆，那么，谁来审判他呢？亚沃利夫斯基本人难道没在文学作品中热情欢迎在乌克兰兴建核电站吗？当亚沃利夫斯基回到讲台时，他明显处在了守势："尊敬的同事，我们已准备好了议会将要通过的决议，在我看来，这份决议是客观的。让检察院去调查吧，我们做出的只是政治评价。"[12]

最认为亚沃利夫斯基的言论具有冒犯性的人当日不在会场。几天后，前总理利亚什科从报上获悉了他的言论。就在讲话发表的前一天，利亚什科刚埋葬了他因癌症去世的女儿，他看到演讲新闻时正在服丧。让利亚什科感到被极其冒犯的是，亚沃利夫斯基说他1986年4月26日晚接到雷日科夫的电话后依旧若无其事地去睡觉了，而且说他当天晚些时候，没有打电话给分管核能的部长，而是致电外交部，想询问他们是否对事故情况有所了解。亚沃利夫斯基确实向委员会错误地引用了利亚什科的证词，其中利亚什科提到了内政部而不是外交部。

然而，这并不是利亚什科麻烦的终结。他很快被传唤至总检察长办公室，对方依据亚沃利夫斯基提供的材料展开了刑事调查。利亚什科给议会议长普柳希写了一封长信，他在信中申明，他与下令举办基辅五一游行的事毫无关联，他对基辅市的辐射水平毫不知情，他的妻子、孩子、孙辈也参加了游行。他谴责卫生部副部长搞不清楚状况，强调自己在组织普里皮亚季大撤离以及随后撤出基辅的孕妇和儿童的工作中发挥了领导作用。利亚什科请求议长将核事故追责问题再次加入议会议程，举行由他本人和其他核事故发生时在任的乌克兰官员参加的听证会。

普柳希没有做出回复，直到这名前总理威胁要让每个议员都读到这封信时，他才约见了利亚什科。“我知道亚沃利夫斯基胡说了一通，他的话根本不值得在意，一切都将翻篇。”普柳希向前总理保证。他安排利亚什科去见了副总检察长，对方告知这只是依例行事，不会怎么样的。检察官还征求了利亚什科的意见——是否有必要启动面向谢尔比纳领导下的政府委员会的刑事立案调查呢？利亚什科心存疑虑，毕竟政府委员会已根据当时所能得到的信息做出了决定。此外，苏联已不复存在了。数年前，苏联检察院已提交了结论，法院也据此将那些有罪者判刑。利亚什科希望俄罗斯检察院不要帮助重启案件。[13]

乌克兰检察院听从了利亚什科的建议，没有启动面向苏联官员的立案调查。然而，他们却以“滥用权力和职权且造成严重后果的名义”起诉了利亚什科和其他乌克兰官员，其中包括已故的谢尔比茨基和前最高苏维埃主席舍甫琴科。利亚什科拒不承认有罪，可是他很快得知由于诉讼时效的问题，该案已经结案了。1992 年 2 月 11 日发起的针对利亚什科及前政府官员的刑事诉讼案在 1993 年 4 月 24 日终结，此时距离事故发生已过去近七年。针对政府官员渎职罪的起诉早在 1991 年 4 月 26 日就已超过五年的诉讼有效期，此时检察院尚未立案，而检察院之所以立案不过是一种公关姿态，借此安抚议会反对派和相关的乌克兰民众。[14]

以亚沃利夫斯基为代表的“鲁赫”的积极分子和生态主义的拥趸不但要谴责，还要起诉苏联时代相互勾结、隐瞒核灾难真相的乌克兰领导人。他们的意图虽然落空了，但他们成功地使独立后的乌克兰政府说出了真相，说出了核灾难究竟对共和国的土地和人民带来了怎样的影响。

乌克兰欢迎公众就切尔诺贝利核灾难的起因和后果进行辩论，通过辩论鼓动人民反对以前的帝国中心，巩固社会团结，使新政权在本国民众和全世界人民看来更具合法性，他们以这种方式进行国家和民族的构建。出于公众压力和亚沃利夫斯基的委员会展开的一系列活动，在所有的苏联加盟共和国中，乌克兰采取了后切尔诺贝利时代最宽宏的社会福利保障法，有 9 万人被认为是最严重的切尔诺贝利事故受害者，也是最需要社会救助的对象。在俄罗斯这类人仅有 5 万人，在受放射性尘埃影响最深的白俄罗斯，仅有 9000 人被归为此类。乌克兰还承认了 50 万人的“事故清理人”身份，这意味着付出另一项社会福利，相较之下，俄罗斯只承认了 20 万人，白俄罗斯则承认了 10 多万人。而且，乌克兰立法者拒绝采用苏联制定的后切尔诺贝利时代标准——个人一生最多能接受 35 雷姆的辐射剂量。乌克兰和俄罗斯、白俄罗斯一样都采用了 7 雷姆的标准，这是美国公民一生吸收的辐射水平的均值。

上述决定给社会和经济带来的后果是难以估量的。为了应对新的开支，立法者通过了切尔诺贝利税，对公司经营所得的 12% 进行征税。20 世纪 90 年代，乌克兰在满怀期待中开始了作为独立国家的新生活，可当时乌克兰人均 GDP 刚刚超过 1300 美元，苏联解体后的经济危机和高通胀进一步碾压了它。乌克兰经济以每年 10%—23% 的比例下滑，1994 年的 GDP 仅比独立当年的 GDP 的半数稍高一点。在 90 年代中期，乌克兰财政的 5% 被拨付至处理核事故的基金，社会福利中 65% 的资源用于帮助 330 万被界定为核事故受害者的民众。[15]

对许多人而言，能够被认定为健康受到核事故影响的受害者是一种应对穷途窘路的好办法，经济下行、失业高企，与此同时，政府还削减了苏联时代各色的社会福利项目的资金，这一切造成了眼前巨大的困境。“如果有人需要开药，那么他需要出钱。我们的诊断是金钱。”一位医生这样评价他所救治的来自污染地区的新安置居民。切尔诺贝利社会保障项目进一步扩充并继承了苏联时代的乌克兰社会福利体系，而这一切变成了阻碍这个新独立的国家经济复苏的主要屏障。[16]

尽管从帝国解放出来有助于了解事故的真相，然而，苏联帝国留给了乌克兰一笔巨大的未偿付账单。当时唯一可以赚钱还账的方法就是再次使用核能。这也是在独立宣言发表不久后真真切切发生在乌克兰的实情。生态主义拥护者组成的议会从前通过了一系列在界定核事故受害者方面极其宽松的法律，成立了亚沃利夫斯基委员会调查事故责任，如今还是这个议会决定把生态问题抛到一旁，把经济问题放到了首要位置。除此之外，议会看不出还有其他方法可以让人民免受饥饿，让新生的独立国家免于崩溃。

1990 年 2 月，乌克兰议会经投票决定将在 1995 年前关闭切尔诺贝利核电站。1991 年 10 月，核电站二号机组因涡轮机的开关问题而着火，大火损毁了核电站涡轮机厂房的屋顶，关闭任务因此愈加急迫。议会投票通过立即关闭二号机组的提案，到 1993 年又计划关停当时仍在工作的一号和三号机组，比原计划提前了两年。然而在 1993 年的秋天，此时距离计划中的关停时间只剩下几个月，这群议员推翻了他们自己早前做出的决定。他们取消了 1990 年 8 月做出的五年内在乌克兰境内暂停新建核反应堆的决定，并颁布法令，只有当现存的核反应堆达到使用年限后，切尔诺贝利核电站才可被关闭。此外，一号和三号核反应堆将继续工作，还制定计划重启曾着火的二号机组。切尔诺贝利的故事再次发生了出乎意料的转向。[17]

第二十一章　寻求庇护

乌克兰“绿色世界”组织的前任领导尤里·谢尔巴克在1994年秋担任乌克兰驻美大使后的第一个任务，便是安排乌克兰总统赴华盛顿就核议题进行国事访问。谢尔巴克曾是1991年8月在苏联议会上第一个宣布乌克兰独立的代表，他认为那是自己一生中最幸福的时刻。1991年至1992年，他曾担任生态部首任部长，随后从事外交工作，又先后担任了乌克兰驻以色列和美国大使。1992年，谢尔巴克从政坛启程时，生态主义运动在乌克兰和其他后苏联国家正呈逐渐疲弱之势。[1]

乌克兰和苏联所有其他地区都经历了经济下滑和通胀失控。此外，俄罗斯发生的政治冲突导致了1993年秋的宪法危机，直至忠于叶利钦的军队粉碎了副总统和议长发动的叛乱，危机才得以平息。在乌克兰，1994年的总统大选产生了新的领导人——56岁的火箭专家列昂尼德·库奇马，他曾是欧洲最大的火箭生产企业的领导。他承诺进行经济改革，并向美国和西方世界寻求援助。西方做出了回应，但希望乌克兰放弃核武器。库奇马随后便前往华盛顿讨论自己国家可能应允的条件。[2]

谢尔巴克全力配合总统的工作，发现自己竟投身于核谈判之中。1991 年 12 月苏联解体时，尚有 1800 枚苏军部署的核弹头遗留在乌克兰境内，乌克兰同意拆解后送回给俄罗斯。按计划，乌克兰将在 1994 年底前完成上述任务，但是基辅的议员随即提出了一系列条件，包括对核弹头中武器级的铀做出经济补偿。在美国政府承诺提供经济援助后，作为仅次于美国和俄罗斯的世界上第三大拥核国家，乌克兰同意放弃核武器。1994 年 1 月，转移武器的协议正式签署，但是乌克兰议会要求核武器离开本国后，乌克兰的领土完整与国家安全必须得到保证。他们得到的是不具备法律约束力的承诺。1994 年 11 月，在库奇马计划出访华盛顿前数日，他敦促议会通过了此项协议，放弃核武以换取安全承诺和经济援助。

比尔·克林顿总统很高兴在 1994 年 11 月 22 日欢迎乌克兰总统访问华盛顿。迎接库奇马的是 16 响礼炮的欢迎仪式，人们将他和曾在经济困境中领导过美国的富兰克林·罗斯福总统做比较，这也暗示了乌克兰和其他后苏联时代国家深陷经济危机。克林顿赞赏库奇马“驱走核武威胁，奠定和平基石的勇气”。美国则向乌克兰提供总计两亿美元的援助。数周后，克林顿和库奇马于 1994 年 12 月 5 日签署了《布达佩斯安全保证备忘录》，该协议写明美国、俄罗斯和英国承诺做出安全保证，不对乌克兰和另外两个放弃苏联时期核武器的国家——哈萨克斯坦和白俄罗斯诉诸武力威胁或使用武力。中国和法国在另一份单独的议定书中做出担保。乌克兰和其他后苏联时期国家以无核国家身份加入了核不扩散条约。[3]

从长远的角度看，这份协议对乌克兰来说将是灾难。[4]然而，在 1994 年签署这份协议时情况并非如此。作为核弹头的交换条件，乌克兰得到了重要的外交承诺、经济援助和安全保证，俄罗斯将继续向乌克兰的核电站提供核燃料，包括切尔诺贝利核电站在内，所有的核电站都依赖俄罗斯产的浓缩铀。在 1994 年 11 月库奇马和克林顿之间的会谈中，双方都很关注切尔诺贝利核电站。“克林顿总统很重视重要的资源承诺……并且认为尽早做出关闭切尔诺贝利核电站的保证很重要。”会谈记录写道。美方希望乌克兰能坚持议会于 1990 年做出的决定：在 1995 年前关闭切尔诺贝利核电站。然而，面对日益严峻的经济危机，乌克兰的态度彻底反转，他们希望核电站无限期运营下去。在同一份联合声明中，库奇马拒绝因美方施压而改变主意。他只是“向克林顿总统担保，乌克兰会慎重考虑国际社会对继续使用切尔诺贝利核电站的关切”。他指出有必要“将社会对核电站工作人员的影响减至最低，确保经济实惠的电能可以满足乌克兰的国内需求”。克林顿得到以下信息：除非有财政补偿，否则囊中羞涩的乌克兰可丢不起两座正在切尔诺贝利核电站运行的核反应堆。两位总统同意和世界最大的经济体——G7 集团共同致力于解决上述问题。[5]

拥有核电站的国家有义务承担确保核反应堆安全的主要责任，但是全世界最富裕国家组织——G7 集团的政府要求世界银行、欧洲复兴开发银行会同其他机构一起为此努力。欧洲复兴开发银行曾于 1993 年设立核安全账户，用于筹集资金帮助仍使用苏联时代核反应堆的东欧国家以确保核安全。西方核电站的领导一直处于惶恐不安的状态：如果东欧再发生核事故的话，核能在西方国家的名声就再难修复了，他们也将随之失业。他们游说政府开展活动，运用西方的技术和资金帮助东欧国家的核反应堆升级。东欧得到了新技术的助力和政府基金的支持，西方核能公司采取了一系列措施确保东欧不会再发生重大核事故。[6]

尽管拥有来自西方的可观的财政刺激计划和政治压力，乌克兰政府依旧是举步维艰。经济自由落体式下滑，高企的通胀吞噬了民众的存款，情况如此严峻，以至于 1994 年 8 月的 G7 集团不得不在官方公报中宣布那不勒斯峰会将以乌克兰经济为议题召开专门会议。乌克兰政府辩称，他们不能简单地关停提供了全国近 6% 电能的核电站，乌克兰正陷入一场经济危机中，其严重程度比起 20 世纪 30 年代的大萧条有过之而无不及，此时关闭核电站将导致大量工人失业。基辅会放弃核武器，但在切尔诺贝利问题上不会妥协。在世界其他国家看来，此举似乎难以理解。这个年轻的共和国蒙难最深，然而，它不仅让其他核电站和核反应堆继续运行，甚至拒绝关闭将会给工作人员带来严重风险的高污染地区核电站。1994 年 11 月，库奇马告诉克林顿，在切尔诺贝利，除了正在运行的核反应堆，老化的石棺也亟须修复。

西方政府不曾放弃。欧盟暂停了提供给乌克兰的 8500 万美元的经济援助，除非乌克兰制订关闭切尔诺贝利核电站的计划，欧盟以此表明自己相当重视此事。极度缺钱的库奇马 1995 年 4 月宣布，他与由法国环境部部长米歇尔·巴尼耶率领的欧盟和 G7 代表团会面时做出了关闭核电站的承诺。但是其他官员对此表示怀疑，其中包括 1986 年事故期间担任核电站党委书记的时任站长谢尔盖·帕拉申。帕拉申曾在对电台记者的倾诉中，抱怨西方社会的政治施压，他强调，他的同事们很肯定切尔诺贝利核电站和乌克兰其他核电站一样安全。[7]

对于帕拉申和他的同事而言，关停核电站的建议对个人经济前景无异于一场灾难，他们将失去乌克兰标准下的高工资，他们正是仰仗这笔工资才能在物价奇高的新市场经济下生存。尽管吸收了高剂量的辐射，工人仍愿待在核电站，同时他们向医生隐瞒了自己身处高辐射环境的事实。“他们坚持留在禁区。”一位当地医生告诉前来调研核灾结果的研究生。只要核电站还聘用工程师和工人，他们就付得起账，如果核电站关闭，他们就要流落街头了。[8]

来自 G7 集团的领导人设法寻找资金，以便向切尔诺贝利核电站工人提供经济和社会的善后服务。“我们意识到关闭切尔诺贝利核电站将会给乌克兰带来某些经济和社会负担，我们将继续努力动员国际力量就能源生产、能源效率和核能安全向乌克兰提供援助。”西方领导人 1995 年 6 月在加拿大哈利法克斯发表的联合公报中如此声明：“任何替换切尔诺贝利核能的计划都将建立在完善的经济、环境和财政标准上。” 乌克兰政府希望在污染地区新建一座燃气电站，然而该计划却遭到了西方专家的反对，他们告知乌克兰同行，乌方不能拥有无限度的信用额度，只有西方机构应允的项目才能获得贷款。[9]

1995 年 12 月，G7 集团、欧盟和乌克兰代表共同签署了一份备忘录，承诺西方将向切尔诺贝利核电站的正式停用提供援助，包括提供资金用于乌克兰其他核电站再建两座核反应堆，以及重建多座燃煤电站，以此抵消切尔诺贝利核电站关停造成的能源损失。乌克兰政府希望能获得 44 亿美元的项目援助，但西方政府和金融机构承诺给予 23 亿美元。这笔款项中，有近 5 亿美元以捐资形式用于核电站的关闭，剩余的 18 亿美元以信贷形式用于支持乌克兰西部地区的赫梅利尼茨基和罗夫诺核电站建设新的核反应堆。切尔诺贝利核电站必须在 2000 年前关闭。[10]

这份备忘录无助于减少乌克兰代表和西方援助者间持续的紧张关系。乌克兰政府官员发牢骚说，援助款项中捐赠部分占比太小，而且西方大国完全忽视了在四号机组上新建覆盖物的问题。国际机构和包括远东的日本在内的国家不愿就新建两座核反应堆提供资金援助。欧洲复兴开发银行是切尔诺贝利相关项目的主要资助者之一，它的专家解释，升级现存的核反应堆比新建核反应堆还昂贵。此外，他们还声称，经济危机使乌克兰经济体所消耗的能源和工业所需的能源比以前少了很多，要是获得额外的能源，改革乌克兰能源市场或采取节能措施就变得不那么急迫了。西方持反核立场的非政府组织同意上述观点。[11]

但是库奇马总统和他的政府官员坚持在另两座核反应堆建成并投产后，才能关闭切尔诺贝利核电站。不少西方国家都觉得他在虚张声势。经过长时间的拖延，乌克兰在 1996 年秋关闭了一号机组。1997 年 6 月，三号机组因维修而关停。考虑到二号机组在 1991 年秋的火灾后不再运行，实际上自 1997 年夏起，整座核电站就已不再运转。看起来乌克兰人并没有等拿到建造另两座核反应堆的经费就把切尔诺贝利核电站关闭了，这更让西方国家觉得它们之前的想法是正确的。但是乌克兰的核工业并没有放弃切尔诺贝利。1997 年 10 月，政府郑重其事地纪念了切尔诺贝利建站 20 周年。当前任站长布留哈诺夫走上讲台，向聚集在一起的核电站工人发表演讲时，台下众人起立鼓掌欢呼。“听众席的人全都站了起来，他们大声欢呼，弄得我耳朵嗡嗡响。”布留哈诺夫的妻子瓦莲京娜如此回忆。[12]

为了表明他们确实打算让核电站继续运营，乌克兰官员重新启用了三号机组，并在 1998 年 6 月使其联网发电，他们宣称核电站可以安全地工作至 2010 年。随后，乌克兰政府转而求助于俄罗斯，希望对方能帮助乌克兰完成两座西方不愿资助的西部地区的核反应堆建设。乌克兰突然向东转向吓坏了西方政府，他们现在面临着切尔诺贝利核电站将无限期运行下去的可能，如此一来，乌克兰其他核电站的安全标准也备受质疑，此举还同时威胁了愿意参与完成乌克兰那两座核反应堆建设的西方企业的利益。

然而，西方世界向来缺乏团结。法国和芬兰政府在本国核工业领导人的游说下，纷纷表明愿意帮助完成乌克兰两座核反应堆的建设任务。可是德国政府在绿党施压下，止步于议会通过的禁止向核相关项目提供资助的决议。欧洲复兴开发银行不顾德国和其他多国的反对，于 2000 年 12 月 7 日做出决定，向乌克兰核反应堆建设项目提供 2.15 亿美元贷款。该决定又开启了另一项欧盟出资的 5 亿美元贷款。现在，切尔诺贝利核电站终于能关闭了。[13]

在欧洲复兴开发银行做出决定后的第八天，即 2000 年 12 月 15 日，库奇马总统宣布切尔诺贝利核电站正式关停。借核电站关停之机，他在基辅发表了演讲并向世界承诺乌克兰不会再带来核威胁。他进一步补充道：“我们相信乌克兰不会为今天的决定而后悔。”在乌克兰国内，这项决定却备受争议。就在十天前，议会投票通过将三号机组的运营延长至2011年，以应对冬季急增的用电需求。议会强大的共产主义阵营领导人振振有词，关闭核电站“不是政策上的选择，而是不折不扣的政治决定，将使乌克兰的国家利益蒙受损失”。不过最猛烈的抨击来自核电站工作人员。核电站关闭前夕，库奇马在俄罗斯和白俄罗斯总理以及美国能源部部长比尔·理查森的陪同下参观了核电站，工作人员虽然一如既往身着白衣，却绑上了黑色臂带，以示悲切之情与无声抗议。

时任核电站安全部领导的亚历山大·诺维科夫回忆道：

> 那天，三号机组控制室的人都失落极了。大家从火、水和铜管旁走过，轻声抽泣……我并不怯于承认自己的困惑：我也不知道自己接下来会做什么……我讨厌这一切……另一种感觉就是情感上的空虚，关停机组的过程喧嚣热闹，甚至有人觉得欢欣愉悦，然而在我看来，这种氛围多么不合时宜，操作员臂膀上的黑色臂带足以亮明我们对此事的态度。[14]

反对关闭核电站的人辩称，核电站已完成技术升级和安全升级，可以安然无恙地工作到2011年，发的电可以创造数百万美元的收益，而取代切尔诺贝利核电站的赫梅利尼茨基核电站和罗夫诺核电站的核反应堆尚且遥遥无期。情况确实如此，这两座核反应堆直到2004年才能建成并联网发电。

世界进入了新的千年，切尔诺贝利核电站已不复存在。但是这

座核电站的大部分遗产还在，三个新独立的国家——俄罗斯、乌克兰和白俄罗斯都曾深受核悲剧之痛，估计灾难造成的损失总计将达数千亿美元。

仅在乌克兰，就有约占国土总面积 5%、近 3.8 万平方公里的土地被核爆炸污染。1991 年，居住在这些地方的人口仍有 270 万，相当于全国人口的 5%。白俄罗斯受灾情况更严重，超过 4.4 万平方公里土地被严重污染，占到领土面积的 23%，全国 19% 的人口在此生活。在所有遭受核灾的国家中，俄罗斯受污染的土地面积最大，共有近 6 万平方公里，但俄罗斯幅员辽阔，所以受污染土地仅占欧洲部分国土面积的 1.5%，居住在那里的民众也只占全国总人口的 1%。所有这些国家都要承担重新安置受灾群众和应对健康问题带来的开支，这不仅涉及居住在受污染地区的民众和从污染地区撤出、需要重新安置的民众，还包括在爆炸发生数日、数周和数月内暴露在高水平辐射环境中的几十万“事故清理人”。

要是从事故造成的当场死亡人数来说，切尔诺贝利核事故根本算不上灭顶之灾。相反，广岛和长崎的核轰炸造成近 20 万人当场成为受害者，其中 10 余万人遇难。切尔诺贝利核爆炸使 2 人当场殒命，又有 29 人在接下来的三个月中因急性辐射病而离世。共有 237 人从事发地运至莫斯科的特殊医院接受治疗，其中 134 人具有急性辐射病体征。据报道，共有 50 人死于急性辐射病，另有 4000 人会在未来死于核辐射相关病症。切尔诺贝利事故的最终死亡人数虽然很难估算，但实际结果可能远高于此。目前估算的死亡人数为 4000 人（联合国在 2005 年得出的结论）至 9 万人（国际绿色和平组织做出的测算）。[15]

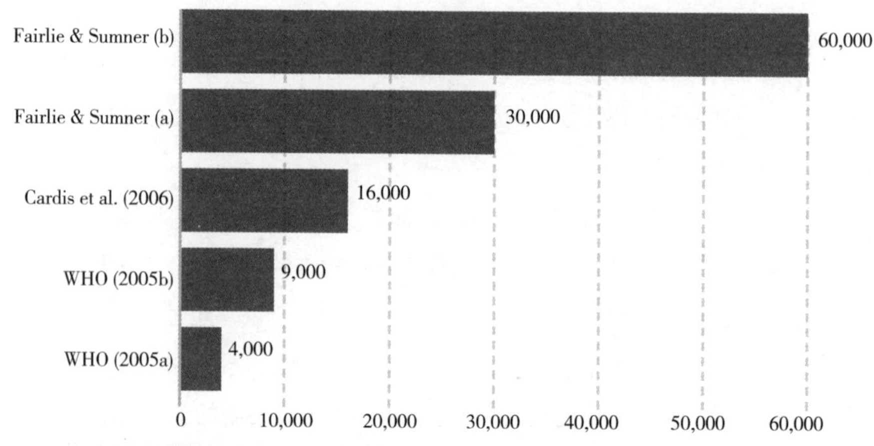

切尔诺贝利核事故预计死亡人数（© Our World In Data）
其中 WHO（2005a）的数据不包括距离核设施较远的人群因低辐照可能造成的死亡，其他几组数据都直接包括核设施内的直接死亡人数、邻近地区因高辐照而死亡的人数，以及低辐照导致的长期死亡人数。
数据来源：Deaths from Chernobyl (Estimates)-WHO (2005), Fairlie & Sumner (2006), Cardis et al. (2006)

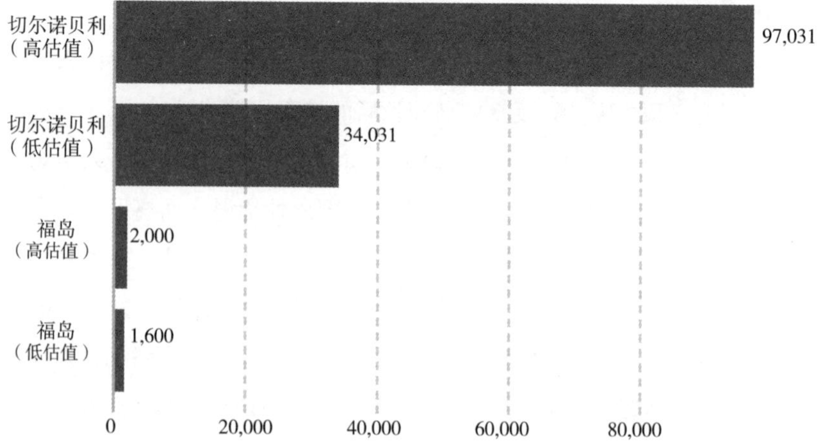

切尔诺贝利和福岛核事故造成的死亡人数（© Our World In Data）
统计范围包括：核设施内的直接死亡人数、邻近地区因高辐照而死亡的人数、疏散压力导致的死亡人数、潜在低辐照导致的大陆 / 全球死亡人数。这些估值反映了一个较长时间段内的预计死亡人数。
数据来源：国际原子能机构、世界卫生组织和绿色和平组织

乌克兰人出生时的预期寿命（© Lady3mlnm）

数据来源：世界银行，2022 年 8 月 16 日

在乌克兰，儿童癌症患者在核灾发生后的 5 年内增长了 90%；事故发生后的 20 年内，俄罗斯、乌克兰和白俄罗斯共有约 5000 个甲状腺癌症病例，患者在事故发生时尚未年满 18 岁。世界卫生组织估算约有 5000 例癌症死亡案例与切尔诺贝利事故相关，但该数字经常遭到独立学者的质疑。2005 年，乌克兰有 1.9 万户家庭因失去养家糊口的顶梁柱而收到政府津贴，这些顶梁柱的去世均被认为与切尔诺贝利事故相关。其他后果包括核灾后出生人群的基因受损。科学家尤其关注微卫星不稳定现象，该现象会影响基因的复制与修复，在那些曾暴露于核辐射环境中的男性的后代身上已发现了上述现象。在核测试中吸收辐射的士兵后代身上也发现了类似变化。[16]

大地之殇如此沉重，三个东部斯拉夫国家都被迫采取应对之策。他们给出的方案大致相同，先划出亟须重新安置居民或亟须援助的污染最严重区域，随后，对受灾最重的人群进行分类，这样他们就有资格得到经济补偿或优先使用医疗设施。共有 700 万人因切尔诺贝利事件的影响而得到某种形式的补偿。受制于政治和经济现状，各国能够得到资助或经济补偿的人数各不相同。

俄罗斯丰富的石油和天然气为国家度过灾后危机提供了一定帮助，资源贫乏的乌克兰和白俄罗斯难以企及。于是，后两国在 20 世纪 90 年代初开征了切尔诺贝利专项税。在白俄罗斯，非农领域所得工资收入的 18% 将用于纳税。整体说来，白俄罗斯政府还是采用苏联限制核灾调查的传统方式来应对严峻挑战。白俄罗斯是后苏联时代的国家中受灾最重的国家，但是反核运动在这里从未像在乌克兰一样声势浩大。白俄罗斯人民阵线的影响力也无法和乌克兰

“鲁赫”组织相提并论。重要的是，白俄罗斯议会和政府既无政治意愿，又无政治资源承认全部受灾范围并有效地开展善后工作。白俄罗斯于1993年出台法律，治理对人类居住构成威胁的受污染土壤。即使白俄罗斯社会福利法所涵盖的领土面积和人口比别国少得多，政府也仅仅划拨了由立法委员授权的与切尔诺贝利相关项目经费的60%。[17]

在西方援助方面，乌克兰受到了最大关注，也得到了最多资源，这主要归因于切尔诺贝利核电站和受损的四号反应堆就在乌克兰。在切尔诺贝利核电站关闭后，乌克兰向西方寻求的首要帮助就是修建新的掩体，用以遮蔽在爆炸发生后的数月中匆匆建造的用以覆盖四号核反应堆的石棺。乌克兰政府于1992年宣布就建造新掩体进行国际竞标。1997年6月，G7集团成员国承诺向工程提供3亿美元的贷款，而工程总费用估计将高达7.6亿美元。欧洲复兴开发银行成立了切尔诺贝利掩体专项基金，用于筹措剩余款项，这又是一项重大挑战。

新掩体起初计划在2005年之前完工。可是直到2007年，法国诺瓦尔卡财团旗下的万喜建筑工程公司和布依格建筑集团才拿下建筑合同，一个重达2.5万吨、高110米、长165米、跨度257米的滑动钢制拱形掩体将覆盖在石棺之上。这座可使用上百年的拱形掩体的建设工作始于2010年，原定2005年竣工的计划被推迟到2012年，随后一推再推，先后被推延至2013年、2015年，最终于2017年完工。新安全罩工程的成本预估为15亿欧元，实际总成本超过20亿欧元。[18]

苏联解体后，人们用了九年时间才关闭了切尔诺贝利核电站，

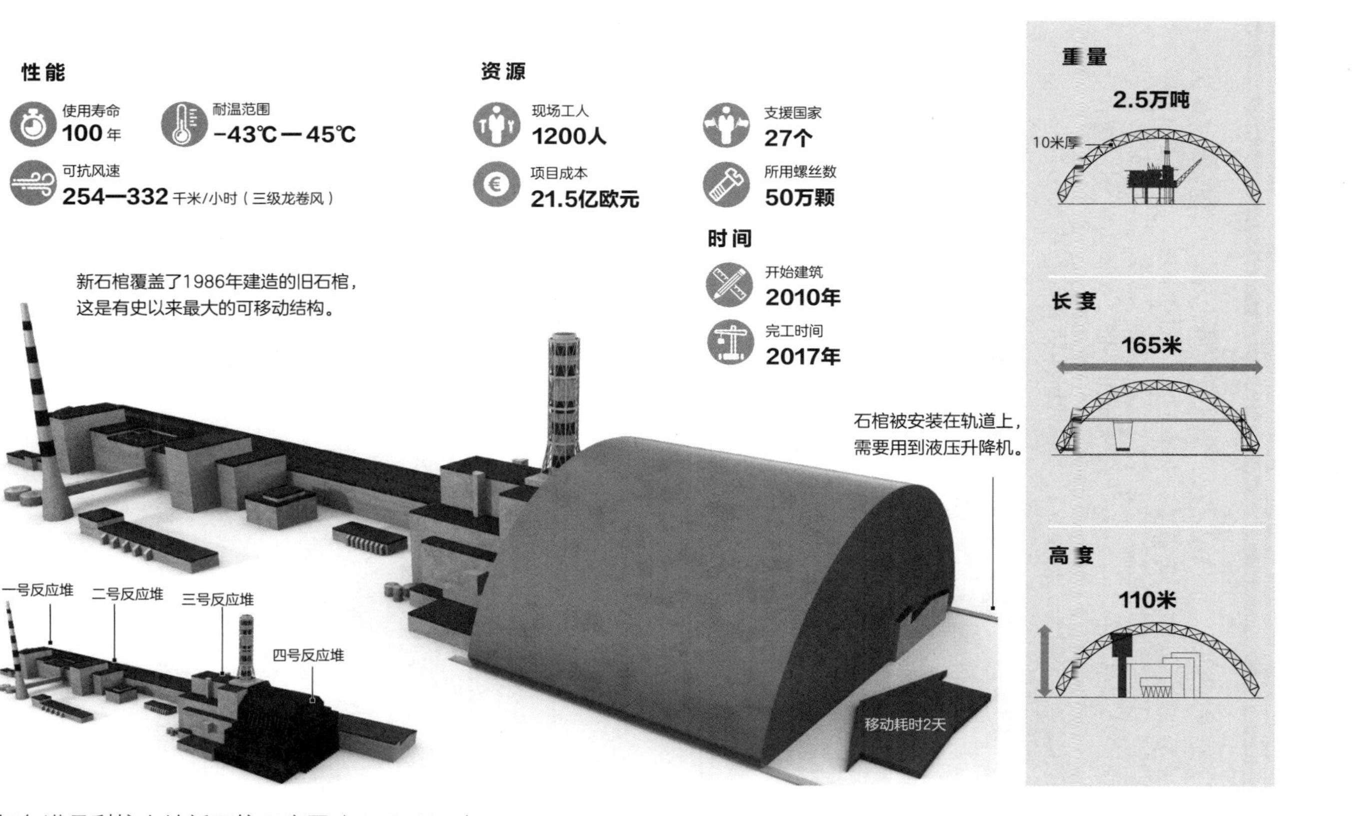

切尔诺贝利核电站新石棺示意图（© Theklan）

用了整整四分之一个世纪才在受损核反应堆上建好新的掩体。在这场角逐中，国际社会追求安全至上的目标达到了。后切尔诺贝利这幕大戏的两名主角——乌克兰政府和提供资金的西方机构，前者就像家中承诺只要给自己更多的零花钱就不再冒险行事的少年，后者就像他的家长。有的学者把这种行为叫作环境敲诈。[19]

切尔诺贝利核电站的关闭和新掩体的建造不可仅被视为穷国施加于富国的“核勒索”。这是某一国家追求经济发展与世界安全的冲突，也是核能在政治和经济领域的衰落，更是苏联解体后各个共和国扑朔迷离的前途给世界安全构成的威胁。

2014 年的俄乌之间的冲突将战火烧至距埃涅尔戈达尔 322 公里处，拥有六座核反应堆的欧洲最大核电站——扎波罗热核电站就坐落于此。战争中断了乌克兰从俄罗斯得到核燃料再将乏燃料返还给俄罗斯的循环链。2016 年，乌克兰开始建造自己的乏燃料设施，宣布 40% 的燃料将从美国西屋电气采购的计划，以此减少对俄罗斯燃料的依赖。战争加上中断的传统核供应链虽然给步履维艰的乌克兰经济带来了新的挑战，但是切尔诺贝利大地上的核工业还是迈出了摆脱苏联束缚的重要一步。[20]

任何内部动员和外部援助都难以消弭核灾造成的深远后果。尽管核辐射对健康的影响尚存争议，毋庸置疑的是全社会在接下来的几十年都将承受精神创伤。据报道，每六个乌克兰成年人中就有一人健康状况不佳，比例远高于邻国，受核灾影响的民众更难就业，工作时长较其他乌克兰人更短。还有环境问题，虽然四号核反应堆上的新掩体已经建成，但是核电站周边地区至少在两万年内都不适宜人类居住。[21]

2016年4月，世界纪念核灾难发生30周年之际，人们觉得似乎可以松口气了。事故释放的最有害的核素铯-137的半衰期约为30年。持续时间最长的“活性”铯同位素可以经暴露和吸收影响人体健康。其他在核灾中释放的致命同位素早已过了半衰期：碘-131是八天，铯-134是两年。铯-137是三个致命同位素中最后一个。测试显示切尔诺贝利附近的铯-137的衰退并不如预计的那样迅速，学者预测该同位素至少在180年内仍会危害环境。这是一半的铯通过侵蚀和迁移从受灾的土地上消失所需的时间。其他放射性同位素或许会永远存在于这片土地上：钚-239的半衰期长达2.4万年，它的踪迹远达瑞典。[22]

尾　声

现在，欧洲旅行社开始提供从布鲁塞尔、阿姆斯特丹或是柏林出发前往切尔诺贝利的旅游套餐，只需要不到500欧元。当游客参观核反应堆时，他们得到的承诺是此行安全、舒适且令人激动。1986年4月26日的四号核反应堆爆炸事件标志着一个时代的终结，另一个时代的开启。普里皮亚季和整个隔离区就像一个时间胶囊，完整保留了当时的面貌。

2015年，乌克兰议会投票通过了将本国街道和广场上的列宁和苏联时代其他领导人的雕像移除的议题，一夜之间，禁区俨然成了苏联时代的保留地。乌克兰总统在切尔诺贝利事件30周年纪念之际亲自前往灾区时，列宁纪念碑依旧矗立在城市的中央，当局还特意遮掩了通往切尔诺贝利路上一处写有列宁口号的标语，该标语被涂成了乌克兰国家的象征色——蓝色和黄色。而在1986年，当整个切尔诺贝利核电站还叫作列宁核电站时，标语的背景色是红色。[1]

前往禁区的游客还能看见覆盖在四号核反应堆石棺外的高科技掩体，时至今日，这座掩体俨然成了一座纪念碑，象征着苏联时代。同时，它时时警醒着那些将谋求军事和经济发展放在维护环境和健康安全之上的社会。1986年的四五月间，消防员、科学家、工程师、工人和警察发现自己置身于一场名叫切尔诺贝利的大灾难中，他们奋不顾身，竭尽全力扑灭了核火。有人为此献出了生命，更多的人则付出了健康的代价，牺牲了个人利益。他们的创举让世人惊叹。为了冷冻四号机组下层的土壤，他们仅凭自己的一双手挖出了一条地道。为了防止被污染的水流入普里皮亚季河，再依次流入第聂伯河、黑海、地中海和大西洋，他们加高了堤坝。

他们的劳动让不可能变成了可能——四号核反应堆休眠了。即使在今天，我们仍不知道究竟是苏联人采取的哪项策略，究竟是哪个技术方案起到了作用。是不是有些措施反而会让情况变得更糟呢？喷发的核火平息了，即使是科学家和工程师也搞不懂个中原因，正如他们刚开始完全无法解释核反应堆为何会爆炸。虽然爆炸的原因最终还是找到了，但是我们依然像 1986 年一样远未真正控制核反应堆。意料之外的事时有发生，新的核灾难还在上演，例如，2011 年 3 月，日本福岛核电站因海啸发生事故，与切尔诺贝利核电站不同的是，这次不是一座核反应堆而是三座核反应堆发生堆芯部分熔化，而且释放出的辐射直接排入了太平洋。[2]

人类世界日益庞大，但越发不安全。1986 年，全球人口近 50 亿，现已超过 70 亿，预计到了 2050 年将达到 100 亿。每隔 12—14 年，地球上的居民就会增加 10 亿。人口的增长将挤压物质世界，资源和能源都将减少。随着欧洲人口减少，北美人口温和上涨，亚洲和非洲人口预计将大幅上涨，非洲人口到 21 世纪中叶将翻番，达到 20 亿以上。可以说，地球人口增长将主要发生在那些疲于应对饥饿、补充能源的国家。

面对与日俱增的人口、经济和生态危机，核能似乎提供了一条捷径。情况确实如此吗？西方以外的世界是现在新建核电站的主力，而西方国家核反应堆的建设和操作相对更有安全保障。俄罗斯现有九座在建的核反应堆，印度六座，阿联酋四座，巴基斯坦两座，美国五座。今后核能的主阵地是非洲，局势动荡的埃及开始兴建两座核反应堆，这在埃及的历史上是第一次。我们能确定这些核反应堆都性能良好吗？能确定操作员都严格遵守操作章程吗？这些国家的政府会不会以牺牲本国和世界人民的健康为代价获得更多的资金和能源，以谋求军事和经济的快速发展呢？ 1986 年的苏联，情况正是如此。

切尔诺贝利事故的直接导火索是涡轮机测试出错，但深层原因则是苏联政治体制及核工业的一些弊端。苏联核工业的军事背景便是弊端之一。核电站的核反应堆堆型采用了制造核弹的技术。此外，虽然石墨反应堆在某些物理条件下并不稳定，但政府还是宣称它很安全。苏联军工业的领导人一直积极地鼓励使用石墨反应堆，但在事故发生后他们却拒绝对此负责。另一项弊端是核电站员工违反了操作章程和安全守则，他们过于相信核能的安全性，并且抱着无知无畏的“有志者事竟成”的态度。也正是这种态度促使苏联孤注一掷地要和西方世界在经济和军事领域一较高下，苏联体制限制了信息的传播，致使数百万本国和外国民众的健康处于危险中，从而导致了许多人辐射中毒，这一切原本或可避免。

时至今日，发生下一场核灾难的风险仍在上升，因为有些领导者为了克服能源与人口危机，实现其地缘政治目标，促进经济快速发展，可能会对维护生态安全做出难以兑现的允诺。当下世界关注的焦点在于防止核武器扩散，但倘若发展中国家的初衷是“和平利用原子能”，却管理不当的话，结果同样会构成巨大的安全威胁。切尔诺贝利事件告诉我们，应该对核电站的建设和利用，以及核技术的研发加强国际管控，例如，比尔·盖茨的泰拉能源公司采用的技术，可以制造出更便宜、更安全、更环保的核反应堆。人们清楚地知道，要想借此获得经济回报至少需要好几年，甚至几十年，不过世界要想度过当下的能源危机与解决持续的人口膨胀问题，上述领域的研发与创新是必不可少的。[3]

今日的世界还会发生切尔诺贝利式的核灾难吗？随着灾难逐渐消退，那些乐观派发出了最响亮的声音——绝无这种可能。核电站的安全措施确实改进了，以前苏联时代采用的石墨反应堆已经停止工作，新建核反应堆的安全水平，正是 1986 年的核工程师梦寐以求的。然而，在切尔诺贝利事件过去四分之一个世纪的时候，还是发生了福岛核事故。2011 年，福岛第一核电站发生的事故反映了核电站的另一种脆弱性。像切尔诺贝利核灾难和福岛核灾难一样，未来的核事故或许原因各异，可能是人员管理上的疏忽、反应堆的设计缺陷，或是一场大地震。对核电站进行恐怖袭击的风险也在上升，比利时政府就曾于 2016 年 3 月调查过一起类似的事件。

切尔诺贝利核电站的关停和受损核反应堆上覆盖的新石棺为核工业史上一起最严重的悲剧画上了句号，但我们必须从中吸取有益的教训。最关键的一条就是：消除孤立主义带来的威胁至关重要，保持发展核项目的国家之间紧密的国际合作至关重要。在民粹主义和反全球化的追随者日渐增多的当今世界，在越来越依赖核技术进行能源生产的当今世界，这条教训尤其重要。

一个切尔诺贝利，一个禁地已给世界留下了深深的伤痕，人类再也经不起下一个。1986 年 4 月 26 日，切尔诺贝利发生的一切值得全人类引以为戒。

致　谢

首先，我要感谢在我创作过程中给予我帮助最多的人，我的妻子奥莱娜和作品经纪人吉尔·尼利姆，他们从一开始就对我的写作计划十分信任。位于基辅的乌克兰历史研究院的根纳季·博里亚克和乌克兰公共组织中央国家档案馆的欧尔哈·巴詹协助我成功获取了相关的党政资料。安德里·科胡特和玛利亚·潘诺娃同样帮助我获得了与核灾难有关的克格勃资料。俄莱斯特·赫利纽奇既是位于芝加哥的乌克兰现代艺术博物馆的总经理，也是从业多年的核工程师，他把人生的大部分时光都献给了核工业，他使我了解到行业的概况。哈佛大学乌克兰研究院 2016 年至 2017 年博士后奥尔加·贝特尔森阅读了该书的全部文稿，并提出了很好的改进建议。米罗斯拉夫·尤尔凯维奇一如既往地、出色地帮我进行了文字校对。哈佛大学乌克兰研究院从财力上给予我资助，哈佛大学戴维斯俄罗斯欧亚研究中心帮助我完成了该项目，历史系的科里·保尔森和乌克兰研究院的斯科特尽其所能帮助我获得项目基金。

我很高兴能与劳拉·赫尔默特及其杰出的基础书籍出版社（Basic Books）团队再次共事，其中包括布莱恩·德斯特伯格、罗杰·莱博锐和阿利亚·马苏德。此外，我要向培生图书出版集团的科林·特雷西和凯西·斯塔克福斯致谢。他们很好地完成了本书的编辑工作，并在出版全程给予指导。无须多言，我个人将对书中任何错误负责，当然我希望不是太多。

译后记

因缘际会，我于 2014 年在美国弗吉尼亚大学访学期间完成了《大国的崩溃：苏联解体的台前幕后》一书的翻译，又于 2018 年着手翻译浦洛基教授的另一部作品《切尔诺贝利：一部悲剧史》，该作品于 2018 年 11 月获得了英国顶尖的非虚构文学奖贝利·吉福德奖。作为哈佛大学乌克兰研究中心主任，浦洛基教授依旧将视野投向了自己内心最关切也最了然的地方——乌克兰。

该书用 28 万字的笔力，全景式再现了切尔诺贝利事件的背景、起因、过程、善后及其对人类社会和自然世界造成的长远而深刻的影响。全书涉及人物 400 余人，上至国家领导人，下至平民百姓，那些被卷入核灾难的面孔被一一描绘，那些响亮或微弱的声音被一一记录。

见字如面，几十万字的交道打下来，我已深谙浦洛基教授的表达风格。叙述平实，文风清冷是他一贯的作风。相比文学家而言，历史学家通常是隐藏情感的高手，大厦将倾也罢，烈火烹油也好，在历史学家的笔下不过是时间长河中偶然或必然激起的几朵浪花。然而，即使在波澜不惊的描述下，在细枝末节的堆叠下，在时空交错的羁绊中，每一位用心的读者依然能感受到冰山下炙热的情感。浦洛基教授没有诉诸大量修辞去描摹事物，而是挥舞着一支素笔，以最简洁的线条、最具透视效果的画风，试图直接临摹出事件的本貌。

作为译者，在处理译文时，力求遵循准确、简洁、顺畅、有感染力的原则。这是一本既遵循历史逻辑脉络，又带有纪实文学色彩的历史专著，读者希望从中读到什么？惊惧、惶恐、麻木、侥幸，抑或是觉醒？我觉得都不全是，成功的文字从来只有一个特征——感动，就是让你的心弦在某个时刻与作者一起微微地颤动。我深深以为，人类历史上的一切艺术形式，音乐、戏曲、绘画、表演、文学，光怪陆离也好，寂寞笙箫也罢，纷繁芜杂的表象下，打动人心才是恒常，而感动一个灵魂的只能是另一个已被感动的灵魂。作为译者，我显然是被感动了。尤其是在翻译和校对本书第六章、第七章、第十章和第十四章的过程中，从消防员到潜水员，许多无从搜索的平凡人，在懵懂无知中卷入核灾难，在义无反顾中改变历史，在履职尽责中成就了牺牲与伟大。面对灾难，人类再一次被英雄主义救赎。

除了感动，有时我还在想，人类为什么需要文字？需要落在纸上的文字？除了交流情感、传播思想，可能最重要的原因就是人类的记性实在太差。记得有位作家曾说过，时间是一剂良方，所有曾经刻骨铭心的伤痛最后都成了心上一道模糊不清的疤痕。这也许是人类心灵层面进行自我修复的机制，这种机制有助于整个人类社会快速摆脱伤痛，整理行装再出发。然而，历史学家是天生逆向狂奔的使者，所有你想要忘记的，他偏要让你记住。在人类跋涉前行的漫漫征途中，倘若没有这落在纸上的文字，我们过往的一切不过是寂寂长夜，晦暗无泽。

回到本书中，如果说切尔诺贝利事故是乌克兰人民心上一道深深的伤痕，那么，我们记住这道伤疤，恰恰是为了未来能更安全地利用核能。实现这一目标，需要全人类的通力合作。正如中国所提倡的“人类命运共同体”理念，在面对气候变化、战争等重大考验时，只有直面危机，携手共进，才能帮助人类取得最终的胜利。我想本书二十余万字，无非是为了守住这寸记忆，警醒世人。当然，作为西方学者，浦洛基教授亦难以避免天然的西方视角，历史越复杂，呈现的角度就越纷繁，所以，读者阅读时应该秉持理性而客观的态度，独立思考，莫尽信，莫惘然。

最后，我要感谢广东人民出版社编辑所给予的充分信任与支持，感谢本书另一位译者崔瑞女士的辛勤付出，感谢中国核电工程有限公司陈昊阳先生所给予的专业解答，更要感谢每一位抽出宝贵时间，轻启书扉的读者。

愿我们的努力不负您心中的那寸光明。

宋虹　写于北京

2020 年 1 月

人名翻译对照

（按姓氏中文首字母排序）

A

阿巴吉，阿尔缅（Abagian，Armen）
阿达莫维奇，阿列斯（Adamovich，Ales）
阿尔巴托夫，格奥尔基（Arbatov，Georgii）
阿赫罗梅耶夫，谢尔盖（Akhromeev，Sergei）
阿列克谢耶维奇，斯韦特兰娜（Alexievich，Svetlana）
阿基莫夫，亚历山大（Akimov，Aleksandr）
爱德华兹，迈克（Edwards，Mike）
安德烈夫，尤里（Andreev，Yulii）
安德罗波夫，尤里（Andropov，Yurii）
安托什金，尼古拉（Antoshkin，Nikolai）
奥尔洛夫，尤里（Orlov，Yurii）
奥利尼克，鲍里斯（Oliinyk，Borys）

B

巴尼耶，米歇尔（Barnier，Michel）
贝尔多夫，根纳季（Berdov，Hennadii）
彼得里夫娜，纳塔利娅（Petrivna，Natalia）
彼得罗夫，G. N.（Petrov，G. N.）
别利科夫，米哈伊洛（Belikov，Mykhailo）
别洛孔，瓦连京（Belokon，Valentyn）
波卢什金，康斯坦丁（Polushkin，Konstantin）
波塔片科，米哈伊洛（Potebenko，Mykhailo）
博尔金，瓦列里（Boldin，Valerii）
博利亚斯内，奥列克桑德（Boliasny，Oleksandr）

D

F

G

根舍，汉斯－迪特里希（Genscher，Hans-Dietrich）
古巴廖夫，弗拉基米尔（Gubarev，Vladimir）
古斯科娃，安格林娜（Guskova，Angelina）

H

哈里托诺娃，柳德米拉（Kharitonova，Liudmila）
哈米亚诺夫，列昂尼德（Khamianov，Leonid）
哈默，阿曼德（Hammer，Armand）
格拉杜什，伊万（Hladush，Ivan）
赫梅利，格里戈里（Khmel，Hryhorii）
赫梅利，彼得罗（Khmel，Petro）
惠廷顿，卢瑟（Whitington，Luther）
霍杰姆丘克，瓦列里（Khodemchuk，Valerii）

J

基尔申鲍姆，伊戈尔（Kirshenbaum，Igor）
加津，谢尔盖（Gazin，Sergei）
捷利亚特尼科夫，列昂尼德（Teliatnikov，Leonid）

K

卡尔片科，维塔利（Karpenko，Vitalii）
卡冈诺维奇，拉扎尔（Kaganovich，Lazar）
卡卢金，亚历山大（Kalugin，Aleksandr）
卡潘，尼古拉（Karpan，Nikolai）
卡恰洛夫斯基，叶夫根（Kachalovsky，Yevhen）
卡丘拉，鲍里斯（Kachura，Borys）
卡扎奇科夫，伊戈尔（Kazachkov，Igor）
科罗别伊尼科夫，弗拉基米尔（Korobeinikov，Vladimir）
科罗特奇，维塔利（Korotych，Vitalii）
科涅夫，谢尔盖（Koniev，Serhii）
科秋宾斯基，米哈伊洛（Kotsiubynsky，Mykhailo）
科瓦连科，瓦连京娜（Kovalenko，Valentyna）

罗戈日金，鲍里斯（Rogozhkin，Boris）
罗曼年科，阿纳托利（Romanenko，Anatolii）
罗曼琴科，利迪娅（Romanchenko，Lidia）
罗森，莫里斯（Rosen，Morris）

M

马赫诺，涅斯托尔（Makhno，Nestor）
马卡尔，伊万（Makar，Ivan）
马库欣，阿列克谢（Makukhin，Aleksei）
马林，弗拉基米尔（Marin，Vladimir）
马洛穆日，弗拉基米尔（Malomuzh，Volodymyr）
马索尔，维塔利（Masol，Vitalii）
马约列茨，阿纳托利（Maiorets，Anatolii）
梅德韦杰夫，格里戈里（Medvedev，Grigorii）
梅什科夫，亚历山大（Meshkov，Aleksandr）
梅特连科，根纳季（Metlenko，Hennadii）
莫罗佐娃，纳塔利娅（Morozova，Natalia）
穆哈，斯捷潘（Mukha，Stepan）

N

纳博卡，谢尔盖（Naboka，Serhii）
瑙莫夫，弗拉基米尔（Naumov，Vladimir）
涅波罗日尼，彼得罗（Neporozhny，Petro）

P

帕夫雷奇科，德米特罗（Pavlychko，Dmytro）
帕拉日琴科，帕韦尔（Palazhchenko，Pavel）
帕拉申，谢尔盖（Parashin，Sergei）
佩尔科夫斯卡娅，阿内利娅（Perkovskaia，Aneliia）
佩列沃兹琴科，瓦列里（Perevozchenko，Valerii）
普拉维克，弗拉基米尔（Pravyk，Volodymyr）
普里谢帕，弗拉基米尔（Pryshchepa，Volodymyr）

Q

R

S

舒舒诺娃，叶连娜（Shushunova，Elena）
斯克利亚罗夫，维塔利（Skliarov，Vitalii）
斯拉夫斯基，叶菲姆（Slavsky，Yefim）
斯卢茨基，鲍里斯（Slutsky，Boris）
斯马金，维克托（Smagin，Viktor）
斯皮克斯，拉里（Speakes，Larry）
斯坦尼斯拉夫斯卡娅，L.（Stanislavskaia，L.）
斯托科捷利娜，奥莉加·伊万尼夫娜（Stokotelna，Olha Ivanivna）
斯韦尔斯秋克，叶夫根（Sverstiuk，Yevhen）
寺崎，保罗（Terasaki，Paul）
索科洛夫，叶夫根尼（Sokolov，Yevgenii）
索洛维耶夫，R. L.（Soloviev，R. L. ）

T

特卡琴科，奥列克桑德（Tkachenko，Oleksandr）
特雷胡布，尤里（Trehub，Yurii）
特韦尔斯基，梅纳赫姆·纳胡姆（Tversky，Menachem Nachum）
托夫，巴尔·舍姆（Tov，Baal Shem）
托马斯，李（Thomas，Lee）
托普图诺夫，列昂尼德（Toptunov，Leonid）

W

韦利霍夫，叶夫根尼（Velikhov，Yevgenii）
沃罗比约夫，谢拉菲姆（Vorobev，Serafim）
沃罗比约夫，叶夫根尼（Vorobev，Yevgenii）
乌斯科夫，阿尔卡季（Uskov，Arkadii）

X

西拉耶夫，伊万（Silaev，Ivan）
西蒙诺夫，康斯坦丁（Simonov，Konstantin）
西特尼科夫，阿纳托利（Sitnikov，Anatolii）
希什金，弗拉基米尔（Shishkin，Vladimir）

Y

Z

注 释

序 幕

1. "25 Years After Chernobyl, How Sweden Found Out," Radio Sweden—News in English, April 22, 2011, http://sverigesradio.se/sida/artikel.aspx?programid=2054&artikel=4468603; Serge Schmemann, "SovietAnnounces Nuclear Accident at Electric Plant," *New York Times*, April 29, 1986, A1.

第一章 权力的游戏

1. "XXVII s'ezd KPSS," YouTube, 1986, published May 1, 2015, https://www.youtube.com/watch?v=DFtuqNiY4PA.
2. Mikhail Posokhin, *Kremlevskii dvorets s″ezdov* (Moscow, 1965); Aleksandr Mozhaev, "Vtoraia svezhest'," *Arkhnadzor*, March 2, 2007, www.archnadzor.ru/2007/03/02/vtoraya-svezhest.
3. William Taubman, *Khrushchev: The Man and His Era* (New York, 2004), 507–528; Mark Harrison, "Soviet Economic Growth Since 1928: The Alternative Statistics of G. I. Khanin," *Europe-Asia Studies* 45, no. 1 (1993): 141–167.
4. Archie Brown, *The Gorbachev Factor* (Oxford, 1997), 24–129; Andrei Grachev, *Gorbachev's Gamble: Soviet Foreign Policy and the End of the Cold War* (Cambridge, 2008), 9–42.
5. Mikhail Gorbachev, *Zhizn'i reformy*, book 1, part 2, chapter 9 (Moscow, 1995); Valerii Boldin, *Krushenie p'edestala: Shtrikhi ko portretu M. S. Gorbacheva* (Moscow, 1995), 158.
6. Irina Lisnichenko, "Zastol'ia partiinoi ėlity," *Brestskii kur'er*, March 2013.
7. Grigori Medvedev, *The Truth About Chernobyl*, foreword by Andrei Sakharov (New York, 1991), 40–42.
8. Oleksandr Boliasnyi, "Pryskorennia tryvalistiu visim rokiv," *Kyïvs'ka pravda*, December 1, 1985; Aleksandr Boliasnyi, "Kogda iskliucheniia chasto povtoriaiutsia, oni stanoviatsia normoi," *Vestnik* 7, no. 214 (March 30, 1999), www.vestnik.com/issues/1999/0330koibolyasn.htm.
9. I. Kulykov and V. Shaniuk, "Vid nashoho novators'koho poshuku," *Kyïvs'ka pravda*, March 4, 1986; I. Kulykov, T. Lakhturova, and V. Strekal', "Plany partiï—plany narodu," *Kyïvs'ka pravda*, March 8, 1986; V. Losovyi, "Hrani kharakteru," *Prapor peremohy*, February 25, 1986; Oleksandr Boliasnyi, "Tsia budenna romantyka," *Kyïvs'ka pravda*, February 26, 1986.
10. *XXVII S″ezd Kommunisticheskoi partii Sovetskogo Soiuza, 25 fevralia—6 marta 1986: Stenograficheskii otchet* (Moscow, 1986), vol. 1, 3.
11. Viktor Loshak, "S″ezd burnykh aplodismentov," *Ogonek*, no. 7, February 2, 2016.
12. *XXVII S″ezd Kommunisticheskoi partii Sovetskogo Soiuza*, vol. 1, 23–121.
13. Ibid., 130–168.
14. "Na vershinakh nauki i vlasti: K stoletiiu Anatoliia Petrovicha Aleksandrova," *Priroda*, no. 2 (February 2003): 5–24.
15. *XXVII S″ezd Kommunisticheskoi partii Sovetskogo Soiuza*, vol. 1, 169–174.
16. V. P. Nasonov, "Slavskii Efim Pavlovich," Ministry sovetskoi epokhi, www.minister.su/article/1226.html; "Slavskii, E. P. Proshchanie s sablei," YouTube, published April 21, 2009, https://www.youtube.com/watch?v =KURb0EWtWLk&feature=related.
17. "Byvshii zamdirektora ChAĖS: My stali delat' takie AES iz-za Arkadiia Raikina," *Interfax*, April 23, 2016.
18. Igor Osipchuk, "Legendarnyi akademik Aleksandrov v iunosti byl belogvardeitsem," *Fakty*, February 4, 2014; Galina Akkerman, "Gorbachev: Chernobyl' sdelal menia drugim chelovekom," *Novaia gazeta*, March 2, 2006.
19. B. A Semenov, "Nuclear Power in the Soviet Union," *IAEA Bulletin* 25, no. 2 (1983): 47–59.
20. *XXVII S″ezd Kommunisticheskoi partii Sovetskogo Soiuza*, vol. 2, 29, 54, 139.
21. Ibid., 94–98.
22. Ibid., vol. 1, 141–142.

23. Boliasnyi, "Kogda iskliucheniia chasto povtoriaiutsia, oni stanoviatsia normoi"; O. Boliasnyi, "Dilovytist', realizm," *Kyïvs'ka pravda*, February 28, 1986.

第二章　通向切尔诺贝利之路

1. I. Kulykov, T. Lakhturova, and V. Strekal', "Plany partiï—plany narodu," *Kyïvs'ka pravda*, March 8, 1986.
2. Mariia Vasil', "Byvshii director ChAĖS Viktor Briukhanov: 'Esli by nasli dlia menia rasstrel'nuiu stat'iu, to, dumaiu, menia rasstreliali by,'" *Fakty*, October 18, 2000.
3. Svetlana Samodelova, "Lichnaia katastrofa direktora Chernobylia," *Moskovskii komsomolets*, April 21, 2011; Vladimir Shunevich, "Byvshii direktor ChAĖS Viktor Briukhanov: 'Kogda posle vzryva reaktora moia mama uznala,'" *Fakty*, December 1, 2010.
4. Shunevich, "Byvshii direktor ChAĖS Viktor Briukhanov"; Grigori Medvedev, The Truth About Chernobyl, foreword by Andrei Sakharov (New York, 1991), 41–42; Oleksandr Boliasnyi, "Pryskorennia tryvalistiu visim rokiv," *Kyïvs'ka pravda*, December 1, 1985.
5. *Letopis' po Ipat'evskomu spisku: Polnoe sobranie russkikh letopisei*, vol. 2 (Moscow, 1998), cols. 676–677; Marina Heilmeyer, *Ancient Herbs* (Los Angeles, 2007), 15–18; Colin W. Wright, ed., *Artemisia* (London, 2002); Revelation 8:10–11; Lou Cannon, *President Reagan: The Role of a Lifetime* (New York, 1991), 860.
6. *Listy Aleksandra i Rozalii Lubomirskich* (Cracow, 1900); Alla Iaroshinskaia, *Chernobyl': Bol'shaia lozh'* (Moscow, 2011), Prologue.
7. *Słownik Geograficzny* (Warsaw, 1880), vol. 1, 752–754; L. Pokhilevich, *Skazaniia o naselennykh mestnostiakh Kievskoi gubernii* (Kyiv, 1864), 144–151; "Chernobyl'," *Ėlektronnaia evreiskaia ėntsiklopediia*, 1999, www.eleven.co.il/article/14672.
8. *Natsional'na knyha pam'iati zhertv Holodomoru: Kyïvs'ka oblast'* (Kyiv, 2008), 17, 1125–1131; "Knyha pam'iati zhertv Holodomoru," in *Chernobyl' i chernobyliane*, http://chernobylpeople.ucoz.ua/publ/istorija_chernobylja_i_rajona/golodomor/kniga_pamjati_zhertv_golodomora/31-1-0-97; *MAPA: Digital Atlas of Ukraine*, http://gis.huri.harvard.edu/images/flexviewers/huri_gis.
9. "Istoriia, Velikaia Otechestvennaia voina, Vospominaniia," in *Chernobyl' i chernobyliane*; "Okkupatsiia goroda Chernobyl'," Chernobyl', Pripiat', Chernobyl'skaia AES i zona otchuzhdeniia, http://chornobyl.in.ua/chernobil-war.html.
10. Petr Leshchenko, *Iz boia v boi* (Moscow, 1972). Cf. "Istoriia, Velikaia Otechestvennaia voina: Boi za Chernobyl'," in *Chernobyl' i chernobyliane*; "Okkupatsiia goroda Chernobyl'."
11. Vladimir Boreiko, *Istoriia okhrany prirody Ukrainy, X vek—1980*, 2nd ed. (Kyiv, 2001), chapter 9.
12. "Vybir maidanchyka," *Chornobyl's'ka AES*, http://chnpp.gov.ua/uk/history-of-the-chnpp/chnppconstruction/9-2010-09-08-09-57-419; Boreiko, *Istoriia okhrany prirody Ukrainy*, chapter 9; Alla Iaroshinskaia, *Chernobyl': 20 let spustia. Prestuplenie bez nakazaniia* (Moscow, 2006), 238; Petro Shelest, *Spravzhnii sud istoriï shche poperedu: Spohady, shchodennyky, dokumenty*, comp. V. K. Baran, ed. Iurii Shapoval (Kyiv, 2003), 465–466; *Chernobyl'skaia atomnaia ėlektrostantsiia: Kul'turnoe i zhilishchnobytovoe stroitel'stvo. General'nyi plan poselka* (Moscow, 1971), 10.
13. Grigorii Medvedev, *Chernobyl'skaia tetrad': Dokumental'naia povest'* (Kyiv, 1990), 28.
14. K. Myshliaiev, "Pervyi beton na Chernobyl'skoi atomnoi," *Pravda Ukrainy*, August 16, 1972; "Proektuvannia ta budivnytstvo," *Chornobyl's'ka AES*, http://chnpp.gov.ua/uk/history-of-the-chnpp/chnppconstruction/11-2010-09-08-10-40-3911.
15. Viktor Briukhanov, "Enerhovelet pratsiuie na komunizm," *Radians'ka Ukraïna*, December 30, 1986.
16. Anatolii Diatlov, *Chernobyl': Kak ėto bylo* (Moscow, 2003), chapter 4, http://lib.ru/MEMUARY/CHERNOBYL/dyatlow.txtl.
17. V. Lisovyi, "Hrani kharakteru," *Prapor peremohy*, February 25, 1986; "V gorodskom komitete Kompartii Ukrainy," *Tribuna ėnergetika*, January 31, 1986.
18. Vladimir Dvorzhetskii, *Pripiat'—ėtalon sovetskogo gradostroitel'stva* (Kyiv, 1985).
19. *Chernobyl'skaia atomnaia ėlektrostantsiia*, 13.
20. Ivan Shchegolev, "Ėtalonnyi sovetskii gorod: Vospominaniia pripiatchanina," *Ekologiia*, April 24, 2009, https://ria.ru/eco/20090424/169157074.html; Artur Shigapov, Chernobyl', Pripiat', dalee nigde (Moscow, 2010), http: //royallib.com/read/shigapov_artur/chernobil_pripyat_dalee_nigde.html#20480.
21. "Interv'iu s Viktorom Briukhanovym, byvshim direktorom ChAĖS," *ChAĖS: Zona otchuzhdeniia*, http://chernobil.info/?p=5898.
22. Artur Shigapov, *Chernobyl', Pripiat', dalee nigde*; "Interv'iu s Viktorom Briukhanovym; Aleksandr

Boliasnyi, "Kogda iskliucheniia chasto povtoriaiutsia, oni stanoviatsia normoi," *Vestnik* 7, no. 214 (March 30, 1999), www.vestnik.com/issues/1999/0330koibolyasn.htm.

23. Vladimir Shunevich, "Byvshii direktor Cgernobyl'skoi atomnoi elektrostantsii Viktor Briukhanov: 'Noch'iu, proezzhaia mimo chetvertogo bloka uvidel, chto stroeniia nad reaktorom netu,'" Fakty, April 28, 2006, http: //fakty.ua/45760-byvshij-direktor-chernobylskoj-atomnoj-elektrostancii-viktor-bryuhanov-quotnochyu-proezzhaya-mimo-chetvertogo-bloka-uvidel-chto-verhnego-stroeniya-nad-reaktorom-netu-quot.
24. I. Kulykov, T. Lakhturova, and V. Strekal', "Plany partiï—plany narodu," *Kyïvs'ka pravda*, March 8, 1986.

第三章 核电站的诞生

1. "Obrashchenie kollektiva stroitelei i ėkspluatatsionnikov Chernobyl'skoi AĖS," *Tribuna ėnergetika*, March 21, 1986.
2. Vladimir Vosloshko, "Gorod, pogibshii v 16 let," *Soiuz Cgernobyl'*, January 24, 2002, www.souzchernobyl.org/?section=3&id=148.
3. E. Malinovskaia, "Est' 140 milliardov," *Tribuna ėnergetika*, January 17, 1986; Proizvodstvennyi otdel, "Pochemu ne vypolnen plan 1985 goda po AĖS," ibid.; M. V. Tarnizhevsky, "Energy Consumption in the Residential and Public Services Sector," *Energy* 12, nos. 10–11 (October–November 1987): 1009–1012.
4. "Kizima Vasilii Trofimovich," Geroi strany, www.warheroes.ru/hero/hero.asp?Hero_id=16214; *MAPA: Digital Atlas of Ukraine*, http://harvard-cga.maps.arcgis.com/apps/webappviewer/index.html?id=d9d046abd7cd40a287 ef3222b7665cf3; Vosloshko, "Gorod, pogibshii v 16 let."
5. Artur Shigapov, *Chernobyl', Pripiat', dalee nigde.*
6. Iurii Shcherbak, *Chernobyl': Dokumental'noe povestvovanie* (Moscow, 1991), 31.
7. Boliasnyi, "Kogda iskliucheniia chasto povtoriaiutsia, oni stanoviatsia normoi," *Vestnik* 7, no. 214 (March 30, 1999), www.vestnik.com/issues/1999/0330 koibolyasn.htm; Anatolii Tsybul's'kyi, "Kyïvs'ka pravda: Za 60 krokiv vid reaktora," Facebook page of newspaper *Kyivs'ka Pravda*, April 26, 2016, https://www.facebook.com/KiivskaPravda/posts/1257118560979876.
8. Tsybul's'kyi, "Kyïvs'ka pravda"; Natalia Filipchuk, "Vy stroite stantsiiu na prokliatom meste," Golos *Ukrainy*, September 26, 2007.
9. Filipchuk, "Vy stroite stantsiiu na prokliatom meste."
10. Minutes of meeting called by the deputy chairman of the Council of Ministers, V. E. Dymshits, April 1, 1980, Tsentral'nyi derzhavnyi arkhiv hromads'kykh ob'iednan' (TsDAHO), fond 1, op. 32, no. 2124, fols. 51–54; memo from Oleksii Tytarenko to Volodymyr Shcherbytsky, May 21, 1980, ibid., fols. 46–47.
11. Boliasnyi, "Kogda iskliucheniia chasto povtoriaiutsia."
12. L. Stanislavskaia, "Ne chastnoe delo: Distsiplina i kachestvo postavok," *Tribuna ėnergetika*, March 21,1986.
13. "V gorodskom komitete Kompartii Ukrainy," *Tribuna ėnergetika*, January 31, 1986; Anatolii Diatlov, *Chernobyl': Kak ėto bylo* (Moscow, 2003), chapter 4.
14. Diatlov, *Chernobyl': Kak ėto bylo*, chapter 4.
15. Boris Komarov, "Kto ne boitsia atomnykh ėlektrostantsii," *Strana i mir* (Munich), no. 6 (1986): 50–59.
16. N. A. Dollezhal and Iu. I. Koriakin, "Iadernaia ėnergetika: Dostizheniia i problemy," *Kommunist* 14 (1979): 19–28.
17. A. Aleksandrov, "Nauchno-tekhnicheskii progress i atomnaia ėnergetika," *Problemy mira i sotsializma*, 6 (1979): 15–20.
18. Grigorii Medvedev, *Chernobyl'skaia tetrad': Dokumental'naia povest'* (Kyiv, 1990), 41.
19. "Spetsial'ne povidomlennia Upravlinnia Komitetu Derzhavnoi Bezpeky pry Radi Ministriv Ukrains'koi RSR [KDB URSR] po mistu Kyievu ta Kyivs'kii oblasti," August 17, 1976, *Z arkhiviv VChK—GPU-NKVD-KGB*, special issue, "Chornobyl's'ka trahediia v dokumentakh ta materialakh," vol. 16 (Kyiv, 2001), no. 2, 27–30.
20. Vladimir Voronov, "V predchustvii Chernobylia," *Sovershenno sekretno*, January 4, 2015.
21. Viktor Dmitriev, "Avariia 1982 g, na 1-m bloke ChAĖS," Prichiny Chernobyl'skoi avarii izvestny, November 30, 2013, http://accidont.ru/Accid82.html; "Povidomlennia Upravlinnia KDB URSR po mistu Kyievu," September 10, 1982, *Z arkhiviv*, no. 9, 44; "Povidomlennia Upravlinnia Komitetu Derzhavnoi Bezpeky URSR po mistu Kyievu," September 13, 1982, *Z arkhiviv*, no. 9, 45–46.

22. Maiia Rudenko, "Nuzhna li reabilitatsiia byvshemu direktoru ChAĖS?" *Vzgliad*, April 29, 2010.
23. "Spetsial'ne povidomlennia 6-ho viddilu Upravlinnia KDB URSR po mistu Kyievu," February 26, 1986, *Z arkhiviv*, no. 20, 64.
24. "Vsesoiuznoe soveshchanie," *Tribuna ėnergetika*, March 28, 1986.
25. David Marples, *Chernobyl and Nuclear Power in the USSR* (Edmonton, 1986), 117.
26. Medvedev, *Chernobyl'skaia tetrad'*, 15.
27. Ibid., 31; Grigori Medvedev, *The Truth About Chernobyl* (New York, 1991), 45–46; Nikolai Karpan, *Chernobyl': Mest' mirnogo atoma* (Moscow, 2006), 444.
28. Liubov Kovalevs'ka, "Ne pryvatna sprava," *Literaturna Ukraïna*, March 27, 1986.
29. Evgenii Ternei, "Zhivaia legenda mertvogo goroda," *Zerkalo nedeli*, April 28, 1995.

第四章 星期五之夜

1. "Vystuplenie tovarishcha Gorbacheva M. S. IX s"ezd Sotsialisticheskoi edinoi partii Germanii," Pravda, April 19, 1986; "V Politbiuro TsK KPSS," *Pravda*, April 25, 1986.
2. A. Esaulov, "Prazdnik truda," *Tribuna ėnergetika*, April 25, 1986; A. Petrusenko, "S polnoi otdachei," *Tribuna ėnergetika*, April 25, 1986; "Na uroven' masshtabnykh zadach: Ne plenume Pripiatskogo gorkoma Kompartii Ukrainy," *Tribuna ėnergetika*, April 18, 1986.
3. I. Nedel'skii, "Nerest ryby," *Tribuna ėnergetika*, April 25, 1986.
4. "U lisnykiv raionu," *Prapor peremohy*, April 26, 1986; "Khid sadinnia kartopli: Zvedennia," *Prapor peremohy*, April 26, 1986.
5. Iu. Vermenko and V. Kulyba, "Novi sorty kartopli dlia Kyïvs'koï oblasti," *Prapor peremohy*, April 26, 1986.
6. Svetlana Samodelova, "Lichnaia katastrofa direktora Chernobylia," *Moskovskii komsomolets*, April 21, 2011.
7. Stepan Mukha, chairman of the KGB of the Ukrainian SSR, to the Central Committee of the Communist Party of Ukraine, "Informatsionnoe soobshchenie," April 8, 1986, Archives of the Security Service of Ukraine (Archive SBU hereafter), fond 16, op. 1, no. 1113, 9.
8. "Na uroven' masshtabnykh zadach: Na plenume Pripiatskogo gorkoma Kompartii Ukrainy," *Tribuna ėnergetika*, April 18, 1986; Nikolai Karpan, *Chernobyl': Mest' mirnogo atoma* (Moscow, 2006), 423–424.
9. R. I. Davletbaev, "Posledniaia smena," *in Chernobyl' desiat let spustia: Neizbezhnost' ili sluchainost'?* (Moscow, 1995), 367–368.
10. Vitalii Borets, "Kak gotovilsia vzryv Chernobylia," *Post Chornobyl' 4*, no. 28 (February 2006), www.postchernobyl.kiev.ua/vitalij-borec.
11. "Akt komissii po fizicheskomu pusku o zavershenii fizicheskogo puska reaktora RBMK-1000 IV bloka Chernobyl'skoi AĖS, 17 December 1983," Prichiny Chernobyl'skoi avarii izvestny, http://accidont.ru/phys_start.html; Viktor Dmitriev, "Kontsevoi effekt," Prichiny Chernobyl'skoi avarii izvestny, November 30, 2013, http://accidont.ru/PS_effect.html.
12. Borets, "Kak gotovilsia vzryv Chernobylia."
13. Grigori Medvedev, *Iadernyi zagar* (Moscow, 2002), 206; Ernest J. Sternglass, *Secret Fallouts: Low Level Radiation from Hiroshima to Three Mile Island* (New York, 1981), 120.
14. "Spetsial'ne povidomlennia 6-ho viddilu Upravlinnia Komitetu Derzhavnoi Bezpeky URSR po Kyievu," October 1984, *Z arkhiviv*, no. 17, 58–60.
15. Borets, "Kak gotovilsia vzryv Chernobylia."
16. Karpan, *Chernobyl': Mest' mirnogo atoma*, 326, 440.
17. "Pravoflanhovi p'iatyrichky," *Kyïvs'ka pravda*, December 29, 1985.
18. Igor' Kazachkov, in Iurii Shcherbak, Chernobyl': *Dokumental'noe povestvovanie* (Moscow, 1991), 366.
19. Ibid., 34–35.
20. "Spetsial'ne povidomlennia 6-ho viddilu Upravlinnia KDB URSR po Kyievu," February 4, 1986, *Z arkhiviv*, no. 19, 62–63.
21. Iurii Trehub, in Shcherbak, *Chernobyl'*, 38.
22. Ibid., 36–38; Karpan, *Chernobyl': Mest' mirnogo atoma*, 444.

第五章 核爆阴云

1. Anatolii Diatlov, *Chernobyl': Kak ėto bylo* (Moscow, 2003), chapter 4.

2. Vitalii Borets, "Kak gotovilsia vzryv Chernobylia," *Post Chornobyl'* 4, no. 28 (February 2006), www.postchernobyl.kiev.ua/vitalij-borec; Nikolai Karpan, *Chernobyl': Mest' mirnogo atoma* (Moscow, 2006), 440.
3. Recollections of V. V. Grishchenko, B. A. Orlov, and V. A. Kriat, in Diatlov, *Chernobyl': Kak ėto bylo*, appendix 8: "Kakim on parnem byl. Vospominaniia o A. S. Diatlove."
4. Iurii Trehub, in Iurii Shcherbak, *Chernobyl': Dokumental'noe povestvovanie* (Moscow, 1991), 38; Razim Davletbaev, in Grigori Medvedev, *Iadernyi zagar* (Moscow, 2002), [illegible]
5. Trehub, in Shcherbak, *Chernobyl'*, 38; Karpan, *Chernobyl': Mest' mirnogo atoma*, 330, 354.
6. Liubov Akimova, in Grigori Medvedev, *The Truth About Chernobyl* (New York, 1991), 148–149; "Toptunov, Leonid Fedorovich, 18.06.1960–14.05.1986," Slavutyts'ka zahal'no-osvitnia shkola, http://coolschool1.at.ua/index/kniga_pamjati_quot_zhivy_poka_pomnim_quot_posvjashhaetsja_tem_kto_pogib vchernobylskom_pekle_toptunov_l/0-417; Trehub, in Shcherbak, *Chernobyl'*, 39.
7. Trehub, in Shcherbak, *Chernobyl'*, 38–39.
8. R. I. Davletbaev, "Posledniaia smena," in *Chernobyl' desiat let spustia: Neizbezhnost' ili sluchainost'?* (Moscow, 1995), 381–382.
9. Trehub, in Shcherbak, *Chernobyl'*, 40–41; Karpan, *Chernobyl': Mest' mirnogo atoma*, 326–335, 350.
10. Diatlov, *Chernobyl': Kak ėto bylo*, chapter 4; Karpan, *Chernobyl': Mest' mirnogo atoma*, 477, 478, 479.
11. Medvedev, *The Truth About Chernobyl*, 67–76; Karpan, *Chernobyl': Mest' mirnogo atoma*, 476.
12. Davletbaev, "Posledniaia smena," 370; Karpan, *Chernobyl': Mest' mirnogo atoma*, 336.
13. Karpan, *Chernobyl': Mest' mirnogo atoma*, 482; Diatlov, *Chernobyl': Kak ėto bylo*, chapter 4.
14. Robert B. Cullen, Thomas M. DeFrank, and Steven Strasser, "Anatomy of Catastrophe: The Soviets Lift Lid on the Chernobyl Syndrome," *Newsweek*, September 1, 1986, 26–28; "Sequence of Events: Chernobyl Accident, Appendix," World Nuclear Association, November 2009, www.world-nuclear.org/informationlibrary/safety-and-security/safety-of-plants/appendices/chernobyl-accident-appendix-1-sequence-ofevents. aspx; "Xenon Poisoning," HyperPhysics, Department of Physics and Astronomy, Georgia State University, http://hyperphysics.phy-astr.gsu.edu/hbase/nucene/xenon.html.
15. Davletbaev, "Posledniaia smena," 371; Trehub, in Shcherbak, *Chernobyl'*, 41–42.
16. Medvedev, *The Truth About Chernobyl*, 85–88.

第六章 烈焰滔天

1. "V Politbiuro TsK KPSS," *Pravda*, April 25, 1986, 1; *Izvestiia*, April 25, 1986, 1.
2. "Programma na nedeliu," TV Program in *Izvestiia*, April 19, 1986.
3. Halyna Kovtun, *Ia pysatymu tobi shchodnia: Povist' u lystakh* (Kyiv, 1989), 42.
4. Leonid Teliatnikov and Leonid Shavrei, in Iurii Shcherbak, *Chernobyl': Dokumental'noe povestvovanie* (Moscow, 1991), 49–50; Kovtun, *Ia pysatymu tobi shchodnia*, 52–54.
5. "Pozharnyi-Chernobylets Shavrei: My prosto vypolniali svoi dolg," *RIA Novosti Ukraina*, April 26, 2016, http://rian.com.ua/interview/20160426/1009035845.html.
6. Ivan Shavrei, in Vladimir Gubarev, *Zarevo nad Pripiat'iu* (Moscow, 1987), 5; Andrei Chernenko, *Vladimir Pravik* (Moscow, 1988), 87; Shcherbak, *Chernobyl'*, 53.
7. Shavrei, in Shcherbak, *Chernobyl'*, 53–55.
8. Volodymyr Pryshchepa, in Gubarev, *Zarevo nad Pripiat'iu*, 5–6; Shavrei, in Shcherbak, *Chernobyl'*, 54.
9. Shavrei, in Shcherbak, *Chernobyl'*, 54; Grigori Medvedev, *The Truth About Chernobyl*, foreword by Andrei Sakharov (New York, 1991), 87.
10. Liudmyla Ihnatenko, in Svetlana Alexievich, *Voices from Chernobyl: The Oral History of a Nuclear Disaster* (New York, 2006), 5.
11. Hryhorii Khmel, in Shcherbak, *Chernobyl'*, 57–58.
12. Teliatnikov, in Shcherbak, *Chernobyl'*, 51.
13. Teliatnikov and Shavrei in Shcherbak, *Chernobyl'*, 50, 54; Kovtun, *Ia pysatymu tobi*, 52–54.
14. Teliatnikov, in Gubarev, *Zarevo nad Pripiat'iu*, 6–9; Kovtun, *Ia pysatymu tobi*, 62.
15. Stanislav Tokarev, "Byl' o pozharnykh Chernobylia," *Smena*, no. 1423 (September 1986); Valentyn Belokon, in Shcherbak, *Chernobyl'*, 62–63.
16. Belokon, in Shcherbak, *Chernobyl'*, 62–63.
17. Ibid., 63–64.
18. Gubarev, *Zarevo nad Pripiat'iu*, 7–9.

19. Anna Laba, "Pozharnyi-Chernobylets Shavrei: My prosto vypolniali svoi dolg," *RIA Novosti Ukraina*, April 26, 2016, http://rian.com.ua/interview/20160426/1009035845.html.
20. Tokarev, "Byl' o pozharnykh Chernobylia."
21. Khmel, in Shcherbak, *Chernobyl'*, 59; Tokarev, "Byl' o pozharnykh Chernobylia."
22. Liudmyla Ihnatenko, in Alexievich, *Voices from Chernobyl*, 6–7.
23. Kovtun, *Ia pysatymu tobi shchodnia*, 63–64.

第七章　扑朔迷离

1. Mariia Vasil', "Byvshii direktor ChAĖS Briukhanov: 'Esli by nasli dlia menia rasstrel'nuiu stat'iu, to, dumaiu, menia rasstreliali by,'" Fakty, October 18, 2000; "Interv'iu s Viktorom Briukhanovym," *ChAES: Zona otchuzhdeniia*, http://chernobil.info/?p=5898; Svetlana Samodelova, "Lichnaia katastrofa direktora Chernobylia," *Moskovskii komsomolets*, April 21, 2011; V. Ia. Vozniak and S. N. Troitskii, *Chernobyl': Tak ėto bylo. Vzgliad iznutri* (Moscow, 1993), 163.
2. Sergei Parashin, in Iurii Shcherbak, *Chernobyl': Dokumental'noe povestvovanie* (Moscow, 1991), 76–77.
3. Sergei Babakov, "S pred"iavlennymi mne obvineniiami ne soglasen...," *Zerkalo nedeli*, August 29, 1999; Briukhanov's court testimony, in Nikolai Karpan, *Chernobyl': Mest' mirnogo atoma* (Moscow, 2006), 419–420.
4. Rogozhkin's court testimony, in Karpan, *Chernobyl': Mest' mirnogo atoma*, 461–465; Parashin, in Shcherbak, *Chernobyl'*, 75–76.
5. Anatolii Diatlov, *Chernobyl': Kak ėto bylo* (Moscow, 2003), chapter 5.
6. R. I. Davletbaev, "Posledniaia smena," in *Chernobyl' desiat let spustia: Neizbezhnost' ili sluchainost'?* (Moscow, 1995), 371.
7. Diatlov, *Chernobyl': Kak ėto bylo*, chapter 5; Davletbaev, "Posledniaia smena," 372.
8. Iurii Trehub, in Shcherbak, *Chernobyl'*, 42–43.
9. Trehub, in Shcherbak, *Chernobyl'*, 43–44.
10. Diatlov, *Chernobyl': Kak ėto bylo*, chapter 5; Diatlov's court testimony, in Karpan, *Chernobyl': Mest' mirnogo atoma*, 446–456; A. Iuvchenko's court testimony, in ibid., 479–480; Vozniak and Troitskii, *Chernobyl'*, 179.
11. Parashin, in Shcherbak, *Chernobyl'*, 76; Vozniak and Troitskii, *Chernobyl'*, 165, 179; Briukhanov's court testimony, in Karpan, Chernobyl': *Mest' mirnogo atoma*, 429; Diatlov, *Chernobyl': Kak ėto bylo*, chapter 5.
12. Parashin, in Shcherbak, *Chernobyl'*, 78; Vladimir Chugunov's court testimony, in Karpan, *Chernobyl': Mest' mirnogo atoma*, 427; Viktor Smagin, in Grigori Medvedev, *The Truth About Chernobyl*, foreword by Andrei Sakharov (New York, 1991), 132.
13. Smagin, in Medvedev, *The Truth About Chernobyl*, 132–133.
14. Chugunov's court testimony, in Karpan, *Chernobyl': Mest' mirnogo atoma*, 427; Arkadii Uskov, in Shcherbak, *Chernobyl'*, 69–72; Vozniak and Troitskii, *Chernobyl'*, 181.
15. Smagin, in Medvedev, *The Truth About Chernobyl*, 130–131.
16. Ibid.; Uskov, in Shcherbak, *Chernobyl'*, 73–74; Parashin, in ibid., 77.
17. Vozniak and Troitskii, *Chernobyl'*, 150.
18. Sergei Babakov, "V nachale mne ne poveril dazhe syn," *Zerkalo nedeli*, April 23, 1999.
19. Parashin, in Shcherbak, *Chernobyl'*, 77; Babakov, "V nachale mne ne poveril dazhe syn"; Vozniak and Troitskii, *Chernobyl'*, 157.
20. Zhores Medvedev, *The Legacy of Chernobyl* (New York, 1990), 74–89; Viktor Haynes and Marko Bojcun, *The Chernobyl Disaster* (London, 1988), 32.
21. Babakov, "S pred"iavlennymi mne obvineniiami."
22. Vozniak and Troitskii, *Chernobyl'*, 35; Volodymyr Yavorivsky, Minutes of the Session of the Ukrainian Supreme Soviet, December 11, 1991, http://iportal.rada.gov.ua/meeting/stenogr/show/4642.html.
23. G. N. Petrov, in Medvedev, *The Truth About Chernobyl*, 88–89.
24. Ibid.
25. Liubov Kovalevskaia, in Shcherbak, *Chernobyl'*, 86–87.
26. Leonid Kham'ianov, *Moskva—Chernobyliu* (Moscow, 1988), excerpt in Karpan, *Chernobyl': Mest' mirnogo atoma*, appendix no. 1.
27. V. G. Smagin, in Medvedev, *The Truth About Chernobyl*, 172–173.

第八章 最高委员会

1. Galina Akkerman, "Gorbachev: Chernobyl' sdelal menia drugim chelovekom," *Novaia gazeta*, March 2, 2006; cf. Mikhail Gorbachev, *Memoirs* (New York, 1996), 189.
2. Aleksandr Liashko, *Gruz pamiati: Vospominaniia*, vol. 3, *Na stupeniakh vlasti*, part 2 (Kyiv, 2001), 342–343; Elena Novoselova, "Nikolai Ryzhkov: Razdalsia zvonok pravitel'stvennoi sviazi—na Chernobyle avariia," *Rossiiskaia gazeta*, April 23, 2010.
3. "Srochnoe donesenie pervogo zamestitelia ėnergetiki i ėlektrifikatsii SSSR A. N. Makukhina v TsK KPSS ob avarii na Chernobyl'skoi AĖS," April 26, 1986, in *Chernobyl'*: 26 aprelia 1986–dekabr' 1991. *Dokumenty i materialy* (Minsk, 2006), 27.
4. Grigori Medvedev, *The Truth About Chernobyl*, foreword by Andrei Sakharov (New York, 1991), 128, 151–155; Valerii Legasov, "Ob avarii na Chernobyl'skoi AĖS," tape no. 1, Elektronnaluia biblioteka RoyalLib.Com, http: //royallib.com/read/legasov_valeriy/ob_avarii_na_chernobilskoy_aes.html#0.
5. Mikhail Tsvirko, in Medvedev, *The Truth About Chernobyl*, 152.
6. Gennadii Shasharin, in Medvedev, *The Truth About Chernobyl*, 154–155, 157.
7. Medvedev, *The Truth About Chernobyl*, 157–158.
8. Legasov, "Ob avarii na Chernobyl'skoi AĖS," tape no. 1; Sergei Parashin, in Iurii Shcherbak, *Chernobyl': Dokumental'noe povestvovanie* (Moscow, 1991), 76–77.
9. Vladimir Shishkin, in Medvedev, *The Truth About Chernobyl*, 159–160.
10. Shishkin, in Medvedev, *The Truth About Chernobyl*, 162–165; Boris Prushinsky, in ibid., 165–166.
11. Prushinsky, in Medvedev, *The Truth About Chernobyl*, 165–166.
12. V. I. Andriianov and V. G. Chirskov, *Boris Shcherbina* (Moscow, 2009).
13. Novoselova, "Nikolai Ryzhkov."
14. Legasov, "Ob avarii na Chernobyl'skoi AĖS," tape no. 1.
15. Ibid.
16. Ibid.; Evgenii Ignatenko, in V. Ia Vozniak and S. N. Troitskii, *Chernobyl': Tak ėto bylo. Vzgliad iznutri* (Moscow, 1993), 187.
17. Shasharin, in Medvedev, *The Truth About Chernobyl*, 166–167.
18. "Boris Evdokimovich Shcherbina," in *Chernobyl': Dolg i muzhestvo*, vol. 2 (Moscow, 2001); Colonel V. Filatov, in Medvedev, *The Truth About Chernobyl*, 179–180.
19. Leonid Kham'ianov, *Moskva—Chernobyliu* (Moscow, 1988); Armen Abagian, in Vozniak and Troitskii, *Chernobyl'*, 213.
20. Kham'ianov, *Moskva—Chernobyliu*.
21. Abagian, in Vozniak and Troitskii, *Chernobyl'*, 219–220; Kham'ianov, *Moskva—Chernobyliu*.
22. Legasov, "Ob avarii na Chernobyl'skoi AĖS," tape no. 1; Ivan Pliushch, Minutes of the Session of the Ukrainian Supreme Soviet, December 11, 1991, http: //rada.gov.ua/meeting/stenogr/show/4642.html.
23. Pliushch, Minutes of the Session of the Ukrainian Supreme Soviet, December 11, 1991; Novoselova, "Nikolai Ryzhkov"; A. Perkovskaia, in Shcherbak, *Chernobyl'*, 92.

第九章 离路漫漫

1. Aleksandr Liashko, *Gruz pamiati: Vospominaniia*, vol. 3, *Na stupeniakh vlasti*, part 2 (Kyiv, 2001), 435.
2. *V masshtabe ėpokhi: Sovremenniki ob A. P. Liashko*, comp. V. I. Liashko (Kyiv, 2003).
3. Vasyl' Kucherenko and Vasyl' Durdynets', in *Chornobyl's'ka katastrofa v dokumentakh, faktakh ta doliakh liudei. MVS* (Kyiv, 2006), 83–84, 90; Dmitrii Kiianskii, "Pust' nash muzei budet edinstvennym i poslednim," *Zerkalo nedeli*, April 29, 2000.
4. Vladimir Shishkin, in Grigori Medvedev, *The Truth About Chernobyl*, foreword by Andrei Sakharov (New York, 1991), 162–163; *Chornobyl's'ka katastrofa v dokumentakh*, 91–93.
5. Durdynets', in *Chornobyl's'ka katastrofa v dokumentakh*, 83; Sergei Babakov, "V nachale mne ne poveril dazhe syn," *Zerkalo nedeli*, April 23, 1999; Oleksandr Liashko, quoted in report to the Ukrainian parliament by Volodymyr Yavorivsky, Minutes of the Session of the Ukrainian Supreme Soviet, December 11, 1991.
6. Lina Kushnir, "Valentyna Shevchenko: 'Provesty demonstratsiiu 1-ho travnia 1986-ho nakazaly z Moskvy,'" *Ukraïns'ka pravda*, April 25, 2011; Valentyna Shevchenko, quoted in report to the Ukrainian parliament by Volodymyr Yavorivsky, Minutes of the Session of the Ukrainian Supreme Soviet, December 11, 1991; Ivan Hladush to the Central Committee of the Communist Party of Ukraine, April 27, 1986, TsDAHO, fond 1, op. 25, no. 2996.

7. Liashko, *Gruz pamiati*, vol. 1, part 2, 347.
8. Ibid., 348; Oleksandr Liashko, quoted in report to the Ukrainian parliament by Volodymyr Yavorivsky, Minutes of the Session of the Ukrainian Supreme Soviet, December 11, 1991.
9. Liashko, quoted in report to the Ukrainian parliament by Volodymyr Yavorivsky, Minutes of the Session of the Ukrainian Supreme Soviet, December 11, 1991; "Povidomlennia Upravlinnia Kopmitetu derzhavnoi bezpeky URSR po Kyievu," April 26, 1986, in *Z arkhiviv*, no. 21, 65–66; "Povidomlennia KDB URSR to KDB SRSR," April 26, 1986, in ibid., no. 22.
10. Liashko, quoted in report to the Ukrainian parliament by Volodymyr Yavorivsky, Minutes of the Session of the Ukrainian Supreme Soviet, December 11, 1991; Volodymyr Lytvyn, *Politychna arena Ukraïny: Diiovi osoby ta vykonavtsi* (Kyiv, 1994), 178; *Chornobyl"s'ka katastrofa v dokumentakh*, 205; Memo: Ukrainian Ministry of Transport to the Central Committee in Kyiv, April 28, 1986, TsDAHO, Kyiv, fond 1, op. 25, no. 2996.
11. Shishkin, in Medvedev, *The Truth About Chernobyl*, 162–163; Liashko, *Gruz pamiati*, vol. 3, part 2, 352–355; Liashko, quoted in report to the Ukrainian parliament by Volodymyr Yavorivsky, Minutes of the Session of the Ukrainian Supreme Soviet, December 11, 1991.
12. Kovtun, *Ia pysatymu tobi shchodnia*, 64.
13. Leonid Shavrei, in Iurii Shcherbak, *Chernobyl': Dokumental'noe povestvovanie* (Moscow, 1991), 55–56.
14. Shavrei, in Shcherbak, *Chernobyl'*, 56.
15. Liudmyla Ihnatenko, in Svetlana Alexievich, *Voices from Chernobyl: The Oral History of a Nuclear Disaster* (New York, 2006), 6–7.
16. Viktor Smagin, in Medvedev, *The Truth About Chernobyl*, 169–173.
17. V. Ia. Vozniak and S. N. Troitskii, *Chernobyl': Tak ėto bylo. Vzgliad iznutri* (Moscow, 1993), 207–208; Kate Brown, *Plutopia: Nuclear Families, Atomic Cities and the Great Soviet and American Plutonium Disasters* (New York, 2013), 172–176.
18. David L. Chandler, "Explained: Rad, Rem, Sieverts, Becquerels: A Guide to Terminology About Radiation Exposure," *MIT News*, March 28, 2011, http://news.mit.edu/2011/explained-radioactivity-0328.
19. "Acute Radiation Syndrome: A Fact Sheet for Clinicians," Centers for Disease Control and Prevention, https://emergency.cdc.gov/radiation/arsphysician factsheet.asp.
20. *Posledstviia oblucheniia dlia zdorov'ia cheloveka v rezul'tate Chernobyl'skoi avarii* (New York, 2012), 12.
21. Smagin, in Medvedev, *The Truth About Chernobyl*, 173.
22. Aleksandr Esaulov, in Shcherbak, *Chernobyl'*, 82–83.
23. Liudmyla Ihnatenko, in Alexievich, *Voices from Chernobyl*, 8–9.
24. Esaulov, in Shcherbak, *Chernobyl'*, 83–84; Vozniak and Troitskii, *Chernobyl'*, 207–208.
25. Shcherbak, *Chernobyl'*, 109–110.
26. Nadezhda Mel'nichenko, "Pripiat' 1986: Ėvakuatsiia. Vospominaniia ochevidtsa," *Taimer*, April 26, 2013.
27. Liudmila Kharitonova and Volodymyr Voloshko, in Medvedev, *The Truth About Chernobyl*, 138, 141, 149.
28. Valerii Legasov, "Ob avarii na Chernobylskoi AES," tape no. 1, Elektronnaluia biblioteka RoyalLib.Com, http://royallib.com/read/legasov_valeriy/ob_avarii_na_chernobilskoy_aes.html#0; *Chornobyl's'ka katastrofa v dokumentakh*, 204–209.
29. Esaulov, in Shcherbak, *Chernobyl'*, 84–86.
30. "Sniato 26 aprelia 1986 g. v gorode Pripiat'," YouTube, April 26, 1986, published April 14, 2011, www.youtube.com/watch?v=XxGObvkLTg0; "Pripiat: Ėvakuatsiia, April 27, 1986," YouTube, April 27, 1986, published April 25, 2011, www.youtube.com/watch?v=xAxCWNNyCpA.
31. Aneliia Perkovskaia, in Shcherbak, *Chernobyl'*, 90; Babakov, "V nachale mne ne poveril dazhe syn"; *Chornobyl's'ka katastrofa v dokumentakh*, 207.
32. "Sniato 26 aprelia 1986 g. v gorode Pripiat'," YouTube.
33. Liubov Kovalevskaia, in Shcherbak, Chernobyl', 90; Liubov Kovalevskaia, "Preodolenie," in *Chernobyl': Dni ispytanii i pobed, Kniga svidetel'stv* (Kyiv, 1988), 77; "Sniato 26 aprelia 1986 g. v gorode Pripiat'," YouTube.
34. Elena Novoselova, "Nikolai Ryzhkov: Razdalsia zvonok pravitel'stvennoi sviazi—na Chernobyle avariia," *Rossiiskaia gazeta*, April 25, 2016.
35. Ivan Hladush to the Central Committee of the Communist Party of Ukraine, April 28, 1986, TsDAHO, Kyiv, fond 1, op. 25, no. 2996; Andrei Illei, "V trudnyi chas," *in Chernobyl': Dni ispytanii i pobed*, 121.
36. "Informatsiine povidomlennia KDB URSR do TsK KPU," April 28, 1986, *Z arkhiviv*, no. 23, 69–70.

第十章 征服反应堆

1. Gennady Shasharin, in Grigori Medvedev, *The Truth About Chernobyl*, foreword by Andrei Sakharov (New York, 1991), 192–193.
2. Valerii Legasov, "Ob avarii na Chernobyl'skoi AĖS," tape no. 1, Elektronnaluia biblioteka RoyalLib.Com, http://royallib.com/read/legasov_valeriy /ob_avarii_na_chernobilskoy_aes.html#0.
3. Aleksandr Liashko, *Gruz pamiati; Vospominaniia*, vol. 3, *Na stupeniakh vlasti*, part 2 (Kyiv, 2001), 354; A. Perkovskaia and Iu. Dobrenko, in Iurii Shcherbak, *Chernobyl': Dokumental'noe povestvovanie* (Moscow, 1991), 88–89; Anatoly Zayats, in Medvedev, *The Truth About Chernobyl*, 193; Valentyna Kovalenko, in V. Ia. Vozniak and S. N. Troitskii, *Chernobyl': Tak ėto bylo. Vzgliad iznutri* (Moscow, 1993), 235.
4. Liashko, *Gruz pamiati*, vol. 3, part 2, 356; Colonel Filatov and M. S. Tsvirko, in Medvedev, *The Truth About Chernobyl*, 194–195; Zhores Medvedev, *The Legacy of Chernobyl* (New York, 1990), 56; N. P. Baranovskaia, *Ispytanie Chernobylem* (Kyiv, 2016), 35.
5. Anastasiia Voskresenskaia, "Vertoletchik—likvidator Chernobyl'skoi avarii: 'My vstali v karusel' smerti,'" *Zashchishchat' Rosiiu*, April 26, 2016, https://defendingrussia.ru/a/vertoletchiklikvidator_avarii_na_chernobylskoj_aes-5793.
6. Medvedev, *The Truth About Chernobyl*, 194.
7. Legasov, "Ob avarii na Chernobyl'skoi AĖS," tape no. 1; Shasharin, in Medvedev, *The Truth About Chernobyl*, 201–202.
8. Legasov, "Ob avarii na Chernobyl'skoi AĖS," tape no. 1.
9. V. M. Fedulenko, "Koe-chto ne zabylos'," *Vklad kurchatovtsev v likvidatsiiu avarii na Chernobyl'skoi AĖS*, ed. V. A. Sidorenko (Moscow, 2012), 74–83.
10. Ibid.; Shasharin in Medvedev, *The Truth About Chernobyl*, 201–202.
11. "Iz rabochei zapisi zasedaniia Politbiuro TsK KPSS, April 28, 1986," in R. G. Pikhoia, *Sovetskii Soiuz: Istoriia vlasti, 1945–1991* (Novosibirsk, 2000), 429–431.
12. Medvedev, *The Truth About Chernobyl*, 194; Baranovskaia, *Ispytanie Chernobylem*, 35–36.
13. Shcherbak, *Chernobyl'*, 154.
14. Baranovskaia, *Ispytanie Chernobylem*, 31–32.
15. Report by Captain A. P. Stelmakh, deputy chief of the Prypiat police department, in *Chornobyl's'ka katastrofa v dokumentakh, faktakh ta doliakh liudei. MVS* (Kyiv, 2006), 425–426.
16. Fedulenko, "Koe-chto ne zabylos'."
17. Leonid Kham'ianov, *Moskva—Chernobyliu* (Moscow, 1988); *Chornobyl's'ka katastrofa v dokumentakh*, 277.
18. Fedulenko, "Koe-chto ne zabylos'."
19. Tatiana Marchulaite, in Vozniak and Troitskii, *Chernobyl*, 205; Aleksandr Esaulov, in Shcherbak, *Chernobyl'*, 233.
20. Kham'ianov, *Moskva—Chernobyliu; Chornobyl's'ka katastrofa v dokumentakh*, 277.
21. Lina Kushnir, "Valentyna Shevchenko: 'Provesty demonstratsiiu 1-ho travnia 1986-ho nakazaly z Moskvy,'" *Ukraïns'ka pravda*, April 25, 2011.
22. Liubov Kovalevskaia, in Shcherbak, *Chernobyl'*, 104.
23. Kushnir, "Valentyna Shevchenko."

第十一章 死寂

1. Zhores A. Medvedev, *Nuclear Disaster in the Urals* (New York, 1980); Kate Brown, *Plutopia: Nuclear Families, Atomic Cities and the Great Soviet and American Plutonium Disasters* (New York, 2013), 231–246; V. A. Kostyuchenko and L. Yu. Krestinina, "Long-Term Irradiation Effects in the Population Evacuated from the East-Urals Radioactive Trace Area," *Science of the Total Environment* 142, nos. 1–2 (March 1994): 119–125.
2. *Chernobyl"skaia atomnaia ėlektrostantsiia: Kul'turnoe i zhilishchno-bytovoe stroitel'stvo. General'nyi plan poselka* (Moscow, 1971), 11.
3. "25 Years After Chernobyl, How Sweden Found Out," Radio Sweden—News in English, April 22, 2011, http://sverigesradio.se/sida/artikel.aspx?programid=2054&artikel=4468603; Serge Schmemann, "Soviet Announces Nuclear Accident at Electric Plant," *New York Times*, April 29, 1986, A1.
4. "First Coverage of Chernobyl Disaster on Soviet TV, April 1986," YouTube, published April 29, 2011, https://www.youtube.com/watch?v =4PytcgdPuTI; Stephen Mulev, "The Chernobyl Nightmare

Revisited," BBC News, April 18, 2006, http://news.bbc.co.uk/2/hi/europe/4918742.stm.
5. "Iz rabochei zapisi zasedaniia Politbiuro TsK KPSS, April 28, 1986," in R. G. Pikhoia, *Sovetskii Soiuz: Istoriia vlasti, 1945–1991* (Novosibirsk, 2000), 429–431.
6. Mikhail Gorbachev, *Memoirs* (New York, 1996), 189; Elena Novoselova, "Nikolai Ryzhkov: Razdalsia zvonok pravitel'stvennoi sviazi—na Chernobyle avariia," *Rossiiskaia gazeta*, April 25, 2016.
7. Wayne King and Warren Weaver Jr., "Briefing: Airline Business as Usual," *New York Times*, April 21, 1986; William J. Eaton, "PanAm and Aeroflot Resume Direct US-Soviet Air Service," *Los Angeles Times*, April 30, 1986.
8. "Festive Flight to Moscow Resumes US-Soviet Air Service," *New York Times*, April 30, 1986.
9. Schmemann, "Soviet Announces Nuclear Accident at Electric Plant."
10. "Statement by Principal Deputy Press Secretary Speakes on the Soviet Nuclear Reactor Accident at Chernobyl," May 3, 1986, Ronald Reagan Presidential Library and Museum, Public Papers of the President, www.reagan.utexas.edu/archives/speeches/1986/50386a.htm; "Implications of the Chernobyl Disaster," CIA Memo, April 29, 1986, www.foia.cia.gov/sites/default/files/document_conversions/17/19860429.pdf.
11. "Implications of the Chernobyl Disaster," April 29, 1986.
12. "Nuclear Disaster: A Spreading Cloud and an Aid Appeal; U.S. Offers to Help Soviet in Dealing with Accident," *New York Times*, April 30, 1986; Alex Brummer, "Reagan Offers U.S. Help," *Guardian*, April 25, 2005, www.theguardian.com/world/2005/apr/25/nuclear.uk.
13. "Statement by Principal Deputy Press Secretary Speakes on the Soviet Nuclear Reactor Accident at Chernobyl," May 1, 1986, Ronald Reagan Presidential Library and Museum, Public Papers of the President, www.reagan.utexas.edu/archives/speeches/1986/50186b.htm.
14. Luther Whitington, "Chernobyl Reactor Still Burning," United Press International, April 29, 1986, www.upi.com/Archives/1986/04/29/Chernobyl-reactor-still-burning/9981572611428; "Chernobyl Nuclear Power Plant Disaster Creates Radiation Scare," ABC News, April 30, 1986, http://abcnews.go.com/Archives/video/chernobyl-disaster-nuclear-reactor-fallout-1986-9844065.
15. Vladimir Fronin, "To vzlet, to posadka," in *Chernobyl': Dni ispytanii i pobed, Kniga svidetel'stv* (Kyiv, 1988), 125–129.
16. Schmemann, "Soviet Announces Nuclear Accident at Electric Plant"; Christopher Jarmas, "Nuclear War: How the United States and the Soviet Union Fought over Information in Chernobyl's Aftermath," *Vestnik*, August 31, 2015, www.sras.org/information_chernobyl_us_ussr.
17. "Ot Soveta ministrov SSSR," *Pravda*, April 30, 1986.
18. Stepan Mukha, head of the Ukrainian KGB, to the Central Committee in Kyiv, April 28, 1986, Archive SBU, fond 16, op. 1, no. 1113; Oles Honchar, *Shchodennyky (1984–1995)* (Kyiv, 2004), 90.
19. Stepan Mukha, head of the Ukrainian KGB, to Volodymyr Shcherbytsky, first secretary of the Central Committee of the Communist Party of Ukraine, April 29, 1986, Archive SBU, fond 16, op. 1, no. 1113.
20. Stepan Mukha, head of the Ukrainian KGB, to the Central Committee in Kyiv, April 28, 1986, Archive SBU, fond 16, op. 1, no. 1113.
21. Lina Kushnir, "Valentyna Shevchenko: 'Provesty demonstratsiiu 1-ho travnia 1986-ho nakazaly z Moskvy,'" *Ukraïns'ka pravda*, April 25, 2011.
22. KGB memo to the Central Committee of the Communist Party of Ukraine, April 28, 1986, TsDAHO, fond 1, op. 32, no. 2337; *Chornobyl's'ka katastrofa v dokumentakh, faktakh ta doliakh liudei. MVS* (Kyiv, 2006), 258; Aleksandr Kitral', "Gorbachev—Shcherbitskomu: Ne provedesh parad, sgnoiu!," *Komsomol'skaia pravda v Ukraine*, April 26, 2011; Novoselova, "Nikolai Ryzhkov."
23. "Ot Soveta ministrov SSSR," *Pravda*, May 1, 1986.
24. Alla Iaroshinskaia, *Chernobyl': Bol'shaia lozh'* (Moscow, 2011), 313.
25. Volodymyr Viatrovych, "'Cho eto oznachaet?' Abo borot'ba SRSR iz radiatsiieiu," in idem, *Istoriia z hryfom sekretno* (Kharkiv, 2014), 450–456. Cf. L. O. Dobrovol's'kyi, "Zakhody z likvidatsiï naslidkiv avariï na Chornobyl's'kii AES: Khronika podii," *Zhurnal z problem medytsyny pratsi*, no. 1 (2011): 7.
26. Kitral', "Gorbachev—Shcherbitskomu"; Elena Sheremeta, "Rada Shcherbitskaia: Posle Chernobylia Gorbachev skazal Vladimiru Vasil'evichu," *Fakty*, February 17, 2006.
27. Irina Lisnichenko, "Aleksandr Liashko: 'Kogda Iavorivskii chital svoi doklad, ia stoial u groba docheri,'" *Fakty*, April 27, 2001.
28. See photos in Kushnir, "Valentyna Shevchenko."
29. Natalia Petrivna, in Kseniia Khalturina, "Pervomai: Ot pervoi stachki 'za rabotu' do besplatnogo truda," *TopKyiv*, May 1, 2016, https://topkyiv.com/news/pervomaj-ot-pervoj-stachki-za-rabotu-do-

besplatnogo-trudachto- otmechaem-segodnya.

30. Natalia Petrivna, in Kseniia Khalturina, “Pervomai: Ot pervoi stachki”; Natalia Morozova, quoted in report to the Ukrainian parliament by Volodymyr Yavorivsky, Minutes of the Session of the Ukrainian Supreme Soviet, December 11, 1991, http://rada.gov.ua/meeting/stenogr/show/4642.html.
31. Honchar, *Shchodennyky*, 91; Heorhii Ral', quoted in report to the Ukrainian parliament by Volodymyr Yavorivsky, Minutes of the Session of the Ukrainian Supreme Soviet, December 11, 1991; Stepan Mukha, head of the Ukrainian KGB, to the Ukrainian Central Committee, Informatsionnoe soobshchenie, April 30, 1986, Archive SBU, fond 16, op. 1, no. 1113.
32. Galina Akkerman, “Gorbachev: Chernobyl' sdelal menia drugim chelovekom,” Novaia gazeta, March 2, 2006.

第十二章　禁地

1. Evgenii Pasishnichenko, “My na RAFe s migalkami,” *Rabochaia gazeta*, April 26, 2012.
2. Evgenii Chernykh, “Egor Ligachev: ‘Stranno konechno, chto Gorbachev ne s"ezdil v Chernobyl','” *Komsomol'skaia pravda*, April 28, 2011; Aleksandr Liashko, *Gruz pamiati: Vospominaniia*, vol. 3, *Na stupeniakh vlasti*, part 2 (Kyiv, 2001), 358; Valerii Legasov, “Ob avarii na Chernobyl'skoi AĖS,” tape no. 1, Elektronnaluia biblioteka RoyalLib.Com, http://royallib.com/read/legasov_valeriy/ob_avarii_na_chernobilskoy_aes.html#0.
3. Liashko, *Gruz pamiati*, vol. 3, part 2, 358; Elena Novoselova, “Nikolai Ryzhkov: Razdalsia zvonok pravitel'stvennoi sviazi—na Chernobyle avariia,” *Rossiiskaia gazeta*, April 25, 2016.
4. Sergei Babakov, “S pred"iavlennymi mne obvineniiami ne soglasen…,” *Zerkalo nedeli*, August 29, 1999; Mariia Vasil', “Byvshii direktor ChAĖS Briukhanov: ‘Esli by nasli dlia menia rasstrel'nuiu stat'iu, to, dumaiu, menia rasstreliali by,'” *Fakty*, October 18, 2000; Liashko, *Gruz pamiati*, vol. 3, part 2, 359.
5. Interview with Borys Kachura, in *Rozpad radians'koho Soiuzu: Usna istoriia nezalezhnoï Ukraïny*, http://oralhistory.org.ua/interview-ua/360.
6. Novoselova, “Nikolai Ryzhkov”; O. H. Rohozhyn, “Naslidky chornobyl's'koï katastrofy dlia zony vidchuzhennia ta sil Polissia,” Informatsiinyi tsentr Polissia 2.0, November 2009, www.polissya.eu/2009/11/naslidki-chornobilskoi-katastrofi-zona.html.
7. Liashko, *Gruz pamiati*, vol. 3, part 2, 360.
8. Legasov, “Ob avarii na Chernobyl'skoi AĖES,” tape no. 1.
9. Vasyl' Syn'ko, “Chornobyl's'kyi rubets',” *Sil's'ki visti*, April 26, 2013.
10. Elena Sheremeta, “Vitalii Masol: My tikhonechko gotovilis' k ėvakuatsii Kieva,” *Fakty*, April 26, 2006; Syn'ko, “Chornobyl's'kyi rubets'.”
11. Yurii Petrov, “Za parolem ‘blyskavka’: Spohady uchasnykiv likvidatsiï naslidkiv avariï na Chornobyl's'kii AES,” in *Z arkhiviv* 16 (2001): 372–380; Pasishnichenko, “My na RAFe s migalkami.”
12. KGB Memo to the Ukrainian Central Committee, April 28, 1986, TsDAHO, fond 1, op. 32, no. 2337; “Ot Soveta ministrov SSSR,” *Pravda*, May 1, 1986; Anatolii Romanenko, Minister of Health of Ukraine, to the Ukrainian Central Committee, May 3 and 4, 1986, TsDAHO, fond 1, op. 25, no. 2996, fols. 11–12 and 17–18; “Materialy zasedanii operativnoi gruppy TsK Kompartii Ukrainy,” May 3, 1986, TsDAHO, fond 1, op. 17, no. 385.
13. “Materialy zasedanii operativnoi gruppy TsK Kompartii Ukrainy,” May 3, 1986, TsDAHO, fond 1, op. 17, no. 385; Maksym Drach, in Iurii Shcherbak, *Chernobyl': Dokumental'noe povestvovanie* (Moscow, 1991), 144–149.
14. *Prapor peremohy*, April 29, May 1, May 3, 1986.
15. “Materialy zasedanii operativnoi gruppy TsK Kompartii Ukrainy,” no. 1, May 3, and no. 2, May 4, 1986, TsDAHO, fond 1, op. 17, no. 385.
16. “Materialy zasedanii operativnoi gruppy TsK Kompartii Ukrainy,” May 4, 1986, TsDAHO, fond 1, op. 17, no. 385.
17. Zhores Medvedev, *The Legacy of Chernobyl* (New York, 1990), 57–59.
18. Syn'ko, “Chornobyl's'kyi rubets'.”
19. Ibid.
20. Ibid.
21. Fr. Leonid, in Shcherbak, *Chernobyl'*, 97–100.
22. Syn'ko, “Chornobyl's'kyi rubets'.”
23. Medvedev, *The Legacy of Chernobyl*, 59.

24. "Povidomlennia operhrup KDB SRSR ta KDB URSR," May 1, 1986, in Z *arkhiviv* 16, no. 24, 71–72; "Dovidka 6-ho upravlinnia KDB URSR," May 4, 1986, in Z *arkhiviv* 16, no. 25, 73–74; Syn'ko, "Chornobyl's'kyi rubets'."

第十三章　穿透地下

1. Anatolii Cherniaev, "Gorbachev's Foreign Policy: The Concept," in *Turning Points in Ending the Cold War*, ed. Kiron G. Skinner (Stanford, CA, 2007), 128–129.
2. Alla Iaroshinskaia, *Chernobyl': Bol'shaia lozh'* (Moscow, 2011), 288.
3. Grigori Medvedev, *The Truth About Chernobyl*, foreword by Andrei Sakharov (New York, 1991), 203–204.
4. *The China Syndrome* (1979), DVD, Sony Pictures Home Entertainment, 2004.
5. Valerii Legasov, "Ob avarii na Chernobyl'skoi AĖS," tape no. 3, Elektronnaluia biblioteka RoyalLib. Com, http://royallib.com/read/legasov_valeriy/ob_avarii_na_chernobilskoy_aes.html#0; Protocol of meeting of the Politburo of the Central Committee of the Communist Party of Ukraine, May 8, 1986.
6. Legasov, "Ob avarii na Chernobyl'skoi AĖS," tape no. 3.
7. Zhores Medvedev, *The Legacy of Chernobyl* (New York, 1990), 58–59; Legasov, "Ob avarii na Chernobyl'skoi AĖS," tape no. 3.
8. Medvedev, *The Truth About Chernobyl*, 203.
9. Svetlana Samodelova, "Belye piatna Chernobylia," *Moskovskii komsomolets*, April 25, 2011; Stephen McGinty, "Lead Coffins and a Nation's Thanks for the Chernobyl Suicide Squad," *The Scotsman*, March 16, 2011; Legasov, "Ob avarii na Chernobyl'skoi AĖS," tape no. 3.
10. "Velikhov Evgenii Pavlovich," Geroi strany, www.warheroes.ru/hero *hero.asp?Hero_id=10689; "Legasov, Valerii Alekseevich," Geroi strany, www.warheroes.ruhero/hero.asp?*Hero_id=6709; Legasov, "Ob avarii na Chernobyl'skoi AĖS," tape no. 3; Medvedev, *The Truth About Chernobyl*, 223–224.
11. "Evgenii Velikhov o sebe v programme Liniia Zhizni," *Rossiia 1*, http: //tvkultura.ru/person/show/person_id/110366; Vladimir Naumov, "Interv'iu s Akademikom Evgeniem Velikhovym," *Vestnik*, October 23, 2001.
12. Iulii Andreev, "Neschast'e akademika Legasova," Lebed, Nezavisimyi al'manakh, October 2, 2005.
13. Medvedev, *The Legacy of Chernobyl*, 57–59.
14. Iurii Shcherbak, *Chernobyl': Dokumental'noe povestvovanie* (Moscow, 1991), 157.
15. Elena Sheremeta, "Vitalii Masol: My tikhonechko gotovilis' k ėvakuatsii Kieva," *Fakty*, April 26, 2006.
16. Interview with Borys Kachura, in *Rozpad Radians'koho Soiuzu: Usna istoriia nezalezhnoï Ukraïny*, http://oralhistory.org.ua/interview-ua/360.
17. "Dopovidna 6-ho upravlinnia KDB URSR," May 5, 1986, Z *arkhiviv*, no. 27, 76.
18. Valentyn Zgursky, mayor of Kyiv, to Volodymyr Shcherbytsky, first secretary of the Central Committee of the Communist Party of Ukraine, May 1986, TsDAHO, fond 1, op. 32, no. 2337, fol. 5; "Materialy zasedanii operativnoi gruppy TsK Kompartii Ukrainy," May 8, 1986, TsDAHO, fond 1, op. 17, no. 385, fol. 90.
19. Interview with Kachura, *Rozpad Radians'koho Soiuzu.*
20. Grigorii Kolpakov, "On bystro razbiralsia v ėtikh radiatsionnykh veshchakh," *Gazeta.ru*, January 23, 2014; Lina Kushnir, "Valentyna Shevchenko: 'Provesty demonstratsiiu 1-ho travnia 1986-ho nakazaly z Moskvy,'" *Ukraïns'ka pravda*, April 25, 2011; Aleksandr Liashko, *Gruz pamiati: Vospominaniia*, vol. 3, Na stupeniakh vlasti, part 2 (Kyiv, 2001), 372–375.
21. Medvedev, *The Legacy of Chernobyl*, 61.
22. Interview with Kachura, *Rozpad Radians'koho Soiuzu*; Kushnir, "Valentyna Shevchenko"; "Materialy zasedanii operativnoi gruppy TsK Kompartii Ukrainy," May 6, 1986, TsDAHO, fond 1, op. 17, no. 385, fol. 68.
23. Sheremeta, "Vitalii Masol"; Legasov, "Ob avarii na Chernobyl'skoi AĖS," tape no. 3.
24. Medvedev, *The Legacy of Chernobyl*, 61–62.

第十四章　辐射之殇

1. Grigori Medvedev, *The Truth About Chernobyl*, foreword by Andrei Sakharov (New York, 1991), 223–224.
2. V. Gubarev and M. Odinets, "Gorod, more i reaktor," Pravda, May 8, 1986; interview with Borys Kachura,

in *Rozpad Radians'koho Soiuzu: Usna istoriia nezalezhnoï Ukraïny*, http://oralhistory.org.ua/interview-ua/360.

3. Gubarev and Odinets, "Gorod, more i reaktor."
4. A. P. Grabovskii, *Atomnyi avral* (Moscow, 2001), 129; A. Iu. Mitiunin, "Atomnyi shtrafbat: Natsional'nye osobennosti likvidatsii radiatsionnykh avarii v SSSR i Rossii," *Chernobyl', Pripiat', Chernobyl'skaia AĖs i zona otchuzhdeniia*, http://chornobyl.in.ua/atomniy-shtrafbat.html.
5. Mitiunin, "Atomnyi shtrafbat."
6. "Postanovlenie TsK KPSS i Soveta ministrov SSSR," May 29, 1986, no. 634-18, in Sbornik *informatsionno-normativnykh dokumentov po voprosam preodoleniia v Rossiiskoi Federatsii posledstvii Chernobyl'skoi katastrofy* (Moscow, 1993), parts 1, 2 (1986–1992), 21.
7. Valerii Legasov, "Ob avarii na Chernobyl'skoi AĖS," tape no. 3, Elektronnaluia biblioteka RoyalLib.Com, http://royallib.com/read/legasov_valeriy/ob_avarii_na_chernobilskoy_aes.html#0; N. D. Tarakanov, *Chernobyl'skie zapiski, ili razdum'ia o nravstvennosti* (Moscow, 1989), 136–172; Mitiunin, "Atomnyi shtrafbat."
8. Vitalii Skliarov, *Zavtra byl Chernobyl'* (Moscow, 1993), 169.
9. Sheremeta, "Vitalii Masol: My tikhonechko gotovilis' k ėvakuatsii Kieva"; Legasov, "Ob avarii na Chernobyl'skoi AĖS," tape no. 3; "Materialy zasedanii operativnoi gruppy TsK Kompartii Ukrainy," May 10, 1986, TsDAHO, fond 1, op. 17, no. 385, fol. 95.
10. Legasov, "Ob avarii na Chernobyl'skoi AĖS," tape no. 3.
11. Dmitrii Levin, "Chernobyl' glazami ochevidtsev spustia pochti chetvert' veka posleavarii," in *ChAĖS: Zona otchuzhdeniia*, http://chernobil.info/?p=5113;"CHAĖS: Likvidatsiia avarii," *in Chernobyl', Pripiat', Chernobyl'skaia AĖS*, http://chornobyl.in.ua/licvidacia-avarii.html.
12. Khem Salhanyk, in Iurii Shcherbak, *Chernobyl': Dokumental'noe povestvovanie* (Moscow, 1991), 202.
13. Liudmyla Ihnatenko, in Svetlana Alexievich, *Voices from Chernobyl: The Oral History of a Nuclear Disaster* (New York, 2006), 8–9.
14. Ibid., 10–12.
15. Arkadii Uskov, in Shcherbak, *Chernobyl'*, 129–132.
16. Ihnatenko, in Alexievich, *Voices from Chernobyl*, 13–21.
17. V. K. Ivanov, A. I. Gorski, M. A. Maksioutov, A. F. Tsyb, and G. N. Souchkevitch, "Mortality Among the Chernobyl Emergency Workers: Estimation of Radiation Risks (Preliminary Analysis)," Health Physics 81, no. 5 (November 2001): 514–521; M. Rahu, K. Rahu, A. Auvinen, M. Tekkel, A. Stengrevics, T. Hakulinen, J. D. Boice, and P. D. Inskip, "Cancer Risk Among Chernobyl Cleanup Workers in Estonia and Latvia, 1986–1998," *International Journal of Cancer* 119 (2006): 162–168.

第十五章　口诛笔伐

1. "Vystuplenie M. S. Gorbacheva po sovetskomu televideniiu," *Pravda*, May 15, 1986.
2. Luther Whitington, "Chernobyl Reactor Still Burning," United Press International, April 29, 1986, www.upi.com/Archives/1986/04/29/Chernobyl-reactor-still-burning/9981572611428; W. Scott Ingram, *The Chernobyl Nuclear Disaster* (New York, 2005), 56–59.
3. Ronald Reagan, "Radio Address to the Nation on the President's Trip to Indonesia and Japan," May 4, 1986, www.reagan.utexas.edu/archives/speeches/1986/50486c.htm.
4. Jack Nelson, "Reagan Criticizes Disaster Secrecy," *Los Angeles Times*, May 4, 1986; David Reynolds, *Summits: Six Meetings That Shaped the Twentieth Century* (New York, 2007), 383–385.
5. "Statement on the Implications of the Chernobyl Nuclear Accident," May 5, 1986, 12 Summit, Ministry of Foreign Affairs of Japan, www.mofa.go.jp/policy/economy/summit/2000/past_summit/12/e12_d.html.
6. Stepan Mukha to Volodymyr Shcherbytsky, "Dokladnaia zapiska 'Ob operativnoi obstanovke v respublike v sviazi s avariei na Chernobyl'skoi AĖS," May 16, 1986, Archive SBU, fond 16, op. 1, no. 1113.
7. Nicholas Daniloff, *Of Spies and Spokesmen: My Life as a Cold War Correspondent* (Columbia, MO, 2008), 347–348; Volodymyr Kravets, minister of foreign affairs of Ukraine, to the Central Committee of the Communist Party of Ukraine, May 1, 1986, TsDAHO, fond 1, op. 25, no. 2996, fol. 14.
8. Daniloff, *Of Spies and Spokesmen*, 347–348; Stepan Mukha to the Central Committee of the Ukrainian Communist Party, May 11, 1986, Archive SBU, fond 16, op. 1, no. 1113; Stepan Mukha to the Central Committee of the Ukrainian Communist Party, May 12, 1986, ibid.; Stepan Mukha to Volodymyr

Shcherbytsky, "Dokladnaia zapiska 'Ob operativnoi obstanovke v respublike v sviazi s avariei na Chernobyl'skoi AĖS," May 16, 1986, ibid.

9. Daniloff, *Of Spies and Spokesmen*, 343–344; Stepan Mukha to Volodymyr Shcherbytsky, "Spetsial'noe soobshchenie ob obstanovke sredi inostrantsev v sviazi z avariei na Chernobyl'skoi AĖS," April 30, 1986, Archive SBU, fond 16, op. 1, no. 1113.
10. Stepan Mukha to the Central Committee of the Ukrainian Communist Party, May 5, 1986, Archive SBU, fond 16, op. 1, no. 1113; Stepan Mukha to Volodymyr Shcherbytsky, "Dokladnaia zapiska 'Ob operativnoi obstanovke v respublike v sviazi s avariei na Chernobyl'skoi AĖS,'" May 16, 1986, ibid.
11. Valerii Legasov, "Ob avarii na Chernobyl'skoi AĖS," tape no. 3, Elektronnaluia biblioteka RoyalLib.Com, http://royallib.com/read/legasov_valeriy/ob_avarii_na_chernobilskoy_aes.html#0.
12. Anna Christensen, "The Area Around the Chernobyl Nuclear Plant Was Not Evacuated Until 36 Hours After a Fiery Explosion," United Press International, May 6, 1986, www.upi.com/Archives/1986/05/06/Thearea-around-the-Chernobyl-nuclear-power-plant-was/1746515736000; Daniloff, Of Spies and Spokesmen, 344–345; Zhores Medvedev, *The Legacy of Chernobyl* (New York, 1990), 67–68.
13. "Soobshchenie TASS," *Pravda*, May 6, 1986; "News Summary," *New York Times*, May 6, 1986.
14. "Materialy zasedanii operativnoi gruppy TsK Kompartii Ukrainy," May 5 and 8, 1986, TsDAHO, fond 1, op. 17, no. 385; Philip Taubman, "Residents of Kiev Warned to Guard Against Radiation," *New York Times*, May 9, 1986.
15. Taubman, "Residents of Kiev Warned to Guard Against Radiation"; Aleksandr Liashko, *Gruz pamiati: Vospominaniia*, vol. 3, *Na stupeniakh vlasti*, part 2 (Kyiv, 2001), 357; Daniloff, *Of Spies and Spokesmen*, 343.
16. Robert G. Darst, *Smokestack Diplomacy: Cooperation and Conflict in East-West Environmental Politics* (Cambridge, MA, 2001), 149–152.
17. Evgenii Velikhov, "Ia na sanochkakh poedu v 35 god," in *Vklad kurchatovstev v likvidatsiiu posledstvii avarii na Chernobyl'skoi AĖS* (Moscow, 2012), 71–72; Alexander Nazaryan, "The Russian Massive Radar Site in the Chernobyl Exclusion Zone," *Newsweek*, April 18, 2014.
18. Walter Mayr, "Chernobyl's Aftermath: The Pompeii of the Nuclear Age. Part 3: A Dramatic Increase in Birth Defects," *Spiegel International*, April 17, 2006; "Press-konferentsiia v Moskve," *Pravda*, May 11, 1986; "Soviets Gaining Control at Chernobyl, Panel Says," *Los Angeles Times*, May 11, 1986; B. Dubrovin, "Blagorodnye tseli," Pravda, May 27, 1986; Medvedev, *The Legacy of Chernobyl*, 68.
19. Georgii Arbatov, "Bumerang," *Pravda*, May 9, 1986.
20. "Vystuplenie M. S. Gorbacheva po sovetskomu televideniiu," *Pravda*, May 15, 1986.
21. Pavel Palazchenko, *My Years with Gorbachev and Shevardnadze* (University Park, PA, 1997), 49.
22. John Murray, *The Russian Press from Brezhnev to Yeltsin: Behind the Paper Curtain* (Cheltenham, UK, 1994); Evgenii Velikhov, "Ia na sanochkakh poedu v 35 god," 71–72.
23. "Gorbachev Willing to Continue Talks," *Observer-Reporter*, May 16, 1986.
24. "Doctors Predict Chernobyl Death Toll Will Climb," *Observer-Reporter*, May 16, 1986; "Doctor Foresees More Chernobyl Deaths," *Standard Daily*, May 16, 1986.
25. "Bone Marrow Specialist Returns to Moscow," *Los Angeles Times*, May 25, 1986; William J. Eaton, "Gale Says Toll at Chernobyl Increases to 23," *Los Angeles Times*, May 30, 1986; David Marples, *The Social Impact of the Chernobyl Disaster* (Edmonton, 1988), 34–35; Anne C. Roark, "Chernobyl 'Hero': Dr. Gale—Medical Maverick," *Los Angeles Times*, May 5, 1988.
26. Jack Nelson, "Reagan Criticizes Disaster Secrecy: Soviets 'Owe World an Explanation' for Chernobyl Blast, President Says," *Los Angeles Times*, May 4, 1986.
27. Christopher Jarmas, "Nuclear War: How the United States and the Soviet Union Fought over Information in Chernobyl's Aftermath," *Vestnik*, August 31, 2015, www.sras.org/information_chernobyl_us_ussr.
28. Ibid.; Philippe J. Sands, ed., *Chernobyl: Law and Communication. Transboundary Nuclear Air Pollution* (Cambridge, 1988), xxxvii.

第十六章　石棺

1. "Ukrytie dlia reaktora," Intenet muzei "U Chernobyl'skoi cherty," http: //museum.kraschern.ru/razdelymuzeya/uchastie-krasnoyartsev/ukrytie-dlya-reaktora.php.
2. "Ukrytie dlia reaktora"; V. Gubarev, "Sovremennye piramidy: Ukrytie dlia zemlian," *Literaturnaia gazeta*,

December 12, 2001; Iulii Safonov, "Sistema Slavskogo," *Zerkalo nedeli*, April 19, 1996.

3. Iulii Safonov, "Chernobyl': Desiatyi god tragedii," *Zerkalo nedeli*, November 24, 1995.
4. "Povidomlennia OH KDB URSR ta KDB SRSR u misti Chornobyli," July 4, 1986, *Z arkhiviv*, no. 51, 118–119.
5. "Materialy zasedanii operativnoi gruppy TsK Kompartii Ukrainy," July 5, 1986, TsDAHO, fond 1, op. 17, no. 386, fol. 110; N. P. Baranovskaia, *Ispytanie Chernobylem* (Kyiv, 2016), 40; Safonov, "Sistema Slavskogo", "Povidomlennia OH KDB URSR ta KDB SRSR u misti Chornobyli," July 25, 1986, *Z arkhiviv*, no. 55, 124–125.
6. Zhores Medvedev, *The Legacy of Chernobyl* (New York, 1990), 178.
7. Valerii Legasov, "Ob avarii na Chernobyl'skoi AĖS," tape no. 1, Elektronnaluia biblioteka RoyalLib. Com, http://royallib.com/read/legasov_valeriy/ob_avarii_na_chernobilskoy_aes.html#0; Valentyn Fedulenko, "22 goda Chernobyl'skoi katastrofe," *Pripyat.com*, http://pripyat.com/articles/22-godachernobylskoi-katastrofe-memuary-uchastnika-i-mnenie-eksperta-chast-1.html.
8. Fedulenko, "22 goda Chernobyl'skoi katastrofe"; Valentin Zhil'tsov, in Iurii Shcherbak, *Chernobyl': Dokumental'noe povestvovanie* (Moscow, 1991), 181–186.
9. "Iz rabochei zapisi zasedaniia Politbiuro TsK KPSS, April 28, 1986," in R. G. Pikhoia, *Sovetskii Soiuz: Istoriia vlasti, 1945–1991* (Novosibirsk, 2000), 434.
10. Sergei Babakov, "S pred"iavlennymi mne obvineniiami ne soglasen…," *Zerkalo nedeli*, August 29, 1999; Vladimir Shunevich, "Byvshii director ChAĖS Viktor Briukhanov: 'Kogda posle vzryva reaktora moia mama uznala,'" *Fakty*, December 1, 2010.
11. Aleksandr Iakovlev, *Sumerki* (Moscow, 2003), 388.
12. Galina Akkerman, "Gorbachev: Chernobyl' sdelal menia drugim chelovekom," *Novaia gazeta*, March 2, 2006; "Chernobyl' do vostrebovaniia," *Rossiiskaia gazeta*, April 25, 2016.
13. Minutes of the Politburo Meeting of July 3, 1986, Fond Gorbacheva, www.gorby.ru/userfiles/protokoly_politbyuro.pdf.
14. Minutes of the Politburo meeting of July 3, 1986, Fond Gorbacheva; Alla Iaroshinskaia, *Chernobyl': 20 let spustia. Prestuplenie bez nakazaniia* (Moscow, 2006), 444–452.
15. Iaroshinskaia, *Chernobyl': 20 let spustia*, 444–452; Minutes of the Politburo meeting of July 3, 1986, Fond Gorbacheva; Nikolai Karpan, *Chernobyl': Mest' mirnogo atoma* (Moscow, 2006), 393–396.
16. "Tainy Chernobyl'skoi katastrofy," *Ukraina kriminal'naia*, April 27, 2015, http://cripo.com.ua/? sect_id=2&aid=192439.
17. Minutes of the Politburo meeting of July 3, 1986, Fond Gorbacheva.
18. Minutes of the Politburo meeting of July 3, 1986, Fond Gorbacheva.
19. Walter Patterson, "Chernobyl: The Official Story," *Bulletin of the Atomic Scientists* 42, no. 9 (November 1986): 34–36; Stuart Diamond, "Experts in Vienna Outline New Plan for A-Plant Safety," *New York Times*, August 30, 1986.
20. "Informatsiia ob avarii na Chernobyl'skoi AĖS i ee posledstviiakh, podgotovlennaia dlia MAGATE," Institut atomnoi energii imeni I. V. Kurchatova, http://magate-1.narod.ru/4.html.
21. "Tainy Chernobyl'skoi katastrofy," *Ukraina kriminal'naia*, April 27, 2015.
22. Politburo meeting, October 2, 1986; Minutes of the Politburo meeting of July 3, 1986, Fond Gorbacheva.
23. Minutes of the Politburo meeting of July 3, 1986, Fond Gorbacheva.
24. "Ukrytie dlia reaktora," Internet muzei "U Chernobyl'skoi cherty"; Gubarev, "Sovremennye piramidy."
25. Artem Troitskii, *Ėnergetika strany i liudi iz vlasti: Vospominaniia, khronika, razmyshleniia* (Moscow, 2013), 155; Safonov, "Sistema Slavskogo."
26. Taras Shevchenko, "A Cherry Orchard by the House," translated by Boris Dralyuk and Roman Koropeckyj, *Ukrainian Literature* 4 (2004), http://sites.utoronto.ca/elul/Ukr_Lit.
27. "Slavskii, E. P. Proshchanie s sablei," documentary film, YouTube, published September 17, 2013, www.youtube.com/watch?v=bFGxtpRshHI; Vitalii Skliarov, *Zavtra byl Chernobyl'* (Moscow, 1993), 6–11.

第十七章 罪与罚

1. Iulii Andreev, "Neschast'e akademika Legasova," *Lebed, Nezavisimyi al'manakh*, October 2, 2005; Mariia Vasil', "Familiiu akademika Legasova," *Fakty*, April 28, 2001.
2. Andreev, "Neschast'e akademika Legasova."

3. V. Legasov, V. Demin, and Ia. Shevelev, "Nuzhno li znat' meru v obespechenii bezopasnosti?" *Ėnergiia i ėkologiia* 4 (1984): 9–17.
4. Vasil', "Familiiu akademika Legasova."
5. Valerii Legasov, "Iz segodnia v zavtra: Mysli vslukh," *Chernobyl' i bezopasnost'* (St. Petersburg, 1998), 146; Vasil', "Familiiu akademika Legasova."
6. Valerii Legasov, "Ob avarii na Chernobyl'skoi AĖS," tape no. 1, Elektronnaluia biblioteka RoyalLib. Com, http://royallib.com/read/legasov_valeriy/ob_avarii_na_chernobilskoy_aes.html#0; Andreev, "Neschast'e akademika Legasova."
7. James Reason, *Managing the Risks of Organizational Accidents* (London, 1997), 15.
8. Vasil', "Familiiu akademika Legasova."
9. Elena Shmaraeva, "Radioaktivnyi protsess: 30 let nazad obviniaemykh po delu avarii na Chernobyl'skoi AĖS sudili priamo v zone otchuzhdeniia," Mediazona, *Deutsche Welle*, April 26, 2016, https://zona. media/article/2016/26/04 /chernobyl.
10. Nikolai Karpan, *Chernobyl': Mest' mirnogo atoma* (Moscow, 2006), 416–418.
11. V. Ia. Vozniak, *Ot Tiumeni do Chernobylia (zapiski Chernobyl'skogo ministra)* (Moscow, 2016), 130; Sergei Babakov, "S pred"iavlennymi mne obvineniiami ne soglasen…," *Zerkalo nedeli*, August 29, 1999.
12. Svetlana Samodelova, "Lichnaia katastrofa direktora Chernobylia," *Moskovskii komsomolets*, April 21, 2011.
13. Samodelova, "Lichnaia katastrofa direktora Chernobylia."
14. Shmaraeva, "Radioaktivnyi protsess."
15. Babakov, "S pred"iavlennymi mne obvineniiami ne soglasen"; Anatolii Diatlov, *Chernobyl': Kak ėto bylo* (Moscow, 2003), chapter 9.
16. Karpan, *Chernobyl': Mest' mirnogo atoma*, 419; Shmaraeva, "Radioaktivnyi protsess"; "Interv'iu s Viktorom Briukhanovym," *ChAĖS: Zona otchuzhdeniia*, http://chernobil.info/?p=5898; Vladimir Shunevich, "Viktor Briukhanov: Iz partii menia iskliuchili priamo na zasedanii Politbiuro TsK KPSS," Fakty, July 7, 2012.
17. Karpan, *Chernobyl': Mest' mirnogo atoma*, 433.
18. Ibid., 444–457; Diatlov, *Chernobyl': Kak ėto bylo*, chapter 9.
19. Diatlov, *Chernobyl': Kak ėto bylo*, chapter 10; "Interv'iu s Viktorom Briukhanovym"; *Biulleten' Verkhovnogo suda SSSR* (Moscow, 1987), 20; Karpan, *Chernobyl': Mest' mirnogo atoma*, 499–508.
20. Babakov, "S pred"iavlennymi mne obvineniiami ne soglasen"; Vladimir Shunevich, "Byvshii direktor ChAĖS Viktor Briukhanov: 'Kogda posle vzryva reaktora moia mama uznala,'" Fakty, December 1, 2010; Mariia Vasil', "Byvshii direktor ChAĖS Viktor Briukhanov: 'Esli by nasli dlia menia rasstrel'nuiu stat'iu, to, dumaiu, menia rasstreliali by,'" *Fakty*, October 18, 2000.
21. Legasov, "Iz segodnia—v zavtra," *Pravda*, October 5, 1987.
22. Vasil', "Familiiu akademika Legasova."

第十八章　文人的阻挡

1. Yurii Mushketyk, first secretary of the Ukrainian Writers' Union, to the Central Committee of the Communist Party of Ukraine, January 20, 1988, TsDAHO, fond 1, op. 32, no. 2455, fols. 3–4.
2. Stepan Mukha, head of the Ukrainian KGB, to Volodymyr Shcherbytsky, first secretary of the Central Committee of the Communist Party of Ukraine, "Ob operativnoi obstanovke v sviazi s avariei na Chernobyl'skoi AĖS," June 2, 1986, 4, 5. Archive SBU, fond 16, op. 1, no. 1113.
3. Stepan Mukha, head of the Ukrainian KGB, to Volodymyr Shcherbytsky, first secretary of the Central Committee of the Communist Party of Ukraine, "O prebyvanii korrespondentov SShA," November 20, 1986, 1, 3, Archive SBU, fond 16, op. 1, no. 1114; Mike Edwards, photographs by Steve Raymer, "Ukraine," *National Geographic 171*, no. 5 (May 1987): 595–631; Mike Edwards, photographs by Steve Raymer, "Chernobyl—One Year After," *National Geographic* 171, no. 5 (May 1987): 632–653.
4. "Ales' Adamovich predskazal strashnye posledstviia Chernobylia i spas Belarus' ot iadernykh boegolovok," *TUT.BY*, April 26, 2007, http://news.tut.by/society/86832.html.
5. Oles' Honchar, *Sobor* (Kyiv, 1968), 14–15; Roman Solchanyk, "Introduction," in *Ukraine: From Chernobyl to Sovereignty* (New York, 1992), xiii.
6. Honchar, *Shchodennyky (1984–1995)* (Kyiv, 2004), 99, 107; M. P. Vozna, "Ekolohichni motyvy v 'Shchodennykakh' Olesia Honchara," *Tekhnolohiï i tekhnika drukarstva*, no. 3 (2006): 136–145.

7. *Mystetstvo Ukraïny: Bibliohrafichnyi dovidnyk*, ed. A. V. Kudryts'kyi (Kyiv, 1997), 357; Oleksandr Levada, *Zdrastui Prypiat'* (Kyiv, 1974), 69.
8. Levada, *Zdrastui Prypiat'*, 56.
9. Ivan Drach, *Korin' i krona* (Kyiv, 1976), 27–31.
10. Ivan Drach, "Chornobyl's'ka madonna," *Vitchyzna*, no. 1 (1988): 46–62; Larissa M. L. Zaleska-Onyshkevych, "Echoes of Glasnost; Chornobyl in Soviet Ukrainian Literature," in *Echoes of Glasnost in Soviet Ukraine*, ed. Romana Bahry (North York, Ontario, 1989), 151–170.
11. Volodymyr Lytvyn, *Politychna arena Ukraïny: Diiovi osoby ta vykonavtsi* (Kyiv, 1994), 110–111; Ivan Drach, *Polityka: Statti, dopovidi, vystupy, interv'iu* (Kyiv, 1997), 334.
12. Borys Oliinyk's address, in *Vsesoiuznaia konferentsiia Kommunisticheskoi partii Sovetskogo Soiuza, 28 iiunia–1 iiulia 1988 g. Stenograficheskii otchet v dvukh tomakh* (Moscow, 1988), vol. 2, 31.
13. Stepan Mukha, head of the Ukrainian KGB, to the Ukrainian Central Committee, "Informatsionnoe soobshchenie za 17 iiulia 1986 g.," p. 3, Archive SBU, fond 16, op. 1, no. 1114; Nikolai Galushko, head of the Ukrainian KGB, to the Ukrainian Central Committee, "Informatsionnoe soobshchenie za 29 iiunia 1987 g.," p. 2, Archive SBU, fond 16, op. 1, no. 1117.
14. Iurii Shcherbak, *Chernobyl: A Documentary Story*, foreword by David R. Marples (Edmonton, 1989); *Lytvyn, Politychna arena Ukraïny*, 182.
15. Stepan Mukha, head of the Ukrainian KGB, to Volodymyr Shcherbytsky, first secretary of the Central Committee of the Communist Party of Ukraine, "Informatsionnoe soobshchenie," April 16, 1987; "Obrashchenie v TsK KPSS, Prezidium Verkhovnoho Soveta SSR, Ministerstvo atomnoi ėnergetiki SSSR i gazetu 'Pravda,'" Archive SBU, fond 16, op. 1, no. 1116.
16. N. Galushko, I. Gladush, and P. Osipenko to Volodymyr Shcherbytsky, "O gotoviashcheisia aktivistami t.n. 'ukrainskogo kul'turologicheskoho kluba' antiobshchestvennoi aktsii," April 25, 1988, Archive SBU, fond 16, op. 1, no. 1119; Oles Shevchenko's statement at the December 11, 1991, session of the Supreme Soviet of Ukraine, www.rada.gov.ua/zakon/skl1/BUL14/111291_46.htm.
17. David R. Marples, *Ukraine Under Perestroika: Ecology, Economics and the Workers' Revolt* (New York, 1991), 137–141.
18. Nikolai Galushko, head of the Ukrainian KGB, to the Ukrainian Central Committee, "O sostoiavshemsia v g. Kieve mitinge po problemam ėkologii," November 14, 1988, Archive SBU, fond 16, op. 1, no. 1120.
19. Marples, *Ukraine Under Perestroika*, 141–142; V. V. Ovsiienko, "Makar, Ivan Ivanovych," in *Dysydents'kyi rukh Ukraïny: Virtual'nyi muzei*, http://archive.khpg.org/index.php?id=1184058826; Ihor Mel'nyk, "Pershyi mitynh u L'vovi: Spohady ochevydtsia," *Zbruch*, June 13, 2013.
20. Nikolai Galushko, head of the Ukrainian KGB, to Volodymyr Shcherbytsky, first secretary of the Ukrainian Central Committee, "O sozdanii initsiativnoi gruppy v podderzhku perestroiki v Soiuze pisatelei Ukrainy," November, 24, 1988, Archive SBU, fond 16, op. 1, no. 1120; Drach, *Polityka*, 334.
21. Volodymyr Shcherbytsky to the Central Committee in Moscow, January 7, 1989, TsDAHO, fond 1, op. 32, no. 2671, fols. 1–3.

第十九章 逆流汹涌

1. "Vspominaia Chernobyl'skuiu katastrofu," *NewsInPhoto*, March 19, 2011, http://newsinphoto.ru/texnologii/vspominaya-chernobylskuyu-katastrofu.
2. Nikolai Galushko, head of the Ukrainian KGB, to Volodymyr Shcherbytsky, first secretary of the Ukrainian Central Committee, "O nekotorykh problemakh likvidatsii posledstvii avarii na Chernobyl'skoi AĖS," December 6, 1988, Archive SBU, fond 16, op. 1, no. 1120.
3. Archie Brown, *The Gorbachev Factor* (Oxford, 1997); Chris Miller, *The Struggle to Save the Soviet Economy: Mikhail Gorbachev and the Collapse of the USSR* (Chapel Hill, NC, 2016).
4. Vakhtang Kipiani and Vladimir Fedorin, "Shcherbitskii skazal—kakoi durak pridumal slovo 'perestroika'?" *Ukraïns'ka pravda*, September 11, 2011.
5. Nikolai Galushko, head of the Ukrainian KGB, to Volodymyr Shcherbytsky, first secretary of the Ukrainian Central Committee, "Ob otklikakh na vstrechu general'nogo sekretaria TsK KPSS s gruppoi pisatelei," February 27, 1989, Archive SBU, fond 16, op. 1, no. 1122; Oleksii Haran', *Vid stvorennia Rukhu do bahatopartiinosti* (Kyiv, 1992).
6. "Prohrama narodnoho Rukhu Ukraïny za perebudovu," *Literaturna Ukraïna*, no. 7 (February 16, 1989); "Program of the Popular Movement for Restructuring of Ukraine," in *Toward an Intellectual History of*

Ukraine: An Anthology of Ukrainian Thought from 1710 to 1995, eds. Ralph Lindheim and George S. N. Luckyj (Toronto, 1996), 353–354.
7. Paul Josephson, Nicolai Dronin, Ruben Mnatsakanian, Aleh Cherp, Dmitry Efremenko, and Vladislav Larin, *The Environmental History of Russia* (Cambridge, 2013), 274–284.
8. David R. Marples, *Ukraine Under Perestroika: Ecology, Economics and the Workers' Revolt* (New York, 1991), 155.
9. Alla Iaroshinskaia, *Bosikom po bitomu steklu: Vospominaniia, dnevniki, dokumenty*, vol. 1 (Zhytomyr, 2010); Vakhtang Kipiani, "Yaroshyns'ka, shcho ty robysh u Narodyts'komu raioni?" *Ukraïns'ka pravda*, April 29, 2006.
10. Alla Iaroshinskaia, *Chernobyl': Bol'shaia lozh'* (Moscow, 2011), 1–40. Cf. Alla A. Yaroshinskaya, *Chernobyl: Crime Without Punishment* (New Brunswick, NJ, 2011), 1–23.
11. Vitalii Karpenko's statement at the December 11, 1991, session of the Ukrainian parliament, www.rada.gov.ua/zakon/skl1/BUL14/111291_46.htm; Volodymyr Yavorivsky's report to the Ukrainian parliament, December 11, 1991, in ibid.; Yaroshinskaya, *Chernobyl: Crime Without Punishment*, 46–47.
12. Yaroshinskaya, *Chernobyl: Crime Without Punishment*, 25.
13. Ales' Adamovich, "Chestnoe slovo, bol'she ne vzorvetsia, ili mnenie nespetstialista—otzyvy spetsialistov," *Novyi mir*, no. 9 (1988): 164–179; "Ales' Adamovich predskazal strashnye posledstviia Chernobylia i spas Belarus' ot iadernykh boegolovok," *TUT.BY*, April 26, 2007, http://news.tut.by/society/86832.html.
14. Marples, *Ukraine Under Perestroika*, 50–52.
15. Yaroshinskaya, *Chernobyl: Crime Without Punishment*, 32–45; Yaroshinskaia, *Bosikom po bitomu steklu*, vol. 2, 7–55; Nikolai Galushko, head of the Ukrainian KGB, to Volodymyr Shcherbytsky, first secretary of the Ukrainian Central Committee, "Ob obstanovke v Narodicheskom raione Zhitomirskoi oblasti," June 16, 1990, Archive SBU, fond 16, op. 1, no. 1123.
16. David Marples, *Belarus: From Soviet Rule to Nuclear Catastrophe* (London, 1996), 121–122.
17. Jane I. Dawson, *Eco-Nationalism: Anti-Nuclear Activism and National Identity in Russia, Lithuania, and Ukraine* (Durham, NC, 1996), 59–60.
18. Volodymyr Lytvyn, *Politychna arena Ukraïny: Diiovi osoby ta vykonavtsi* (Kyiv, 1994), 201–208.
19. Nikolai Galushko, head of the Ukrainian KGB, to Volodymyr Ivashko, first secretary of the Ukrainian Central Committee, "O protsessakh, sviazannykh so stroitel'stvom i ėkspluatatsiei AĖS v respublike," April 29, 1990, Archive SBU, fond 16, op. 1, no. 1125; Nikolai Galushko, head of the Ukrainian KGB, to Vitalii Masol, head of the Council of Ministers of Ukraine, "O neblagopoluchnoi obstanovke skladyvaiushcheisia vokrug Khmel'nitskoi AĖS," May 11, 1990, in ibid., no. 1126.
20. H. I. Honcharuk, *Narodnyi rukh Ukraïny: Istoriia* (Odesa, 1997); D. Efremenko, "Eco-nationalism and the Crisis of Soviet Empire (1986–1991)," *Irish Slavonic Studies* 24 (2012): 17–20.

第二十章　独立的原子

1. "1991 rik: Pershi dni usvidomlennia. Fotoreportazh," *UkrInform*, August 23, 2013, www.ukrinform.ua/rubric-other_news/1536034-1991_rik_pershi_dni_usvidomlennya_fotoreportag_1856500.html.
2. Serhii Plokhy, *The Last Empire: The Final Days of the Soviet Union* (New York, 2014), 73–151.
3. "Verkhovna rada Ukraïny, Stenohrama plenarnoho zasidannia," August 24, 1991, http://iportal.rada.gov.ua/meeting/stenogr/show/4595.html.
4. "Chomu akt proholoshennia nezalezhnosti Ukraïny zachytav komunist," *Hromads'ke radio*, August 25, 2016, https://hromadskeradio.org/programs/kyiv-donbas/chomu-akt-progoloshennya-nezalezhnosti-ukrayinyzachytav-komunist; author's interview with Leonid Kravchuk, November 21, 2016, Harvard University.
5. Volodymyr Iavorivs'kyi, *Mariia z polynom u kintsi stolittia* (Kyiv, 1988) (Journal publication, 1987); Oles' Honchar, *Lysty* (Kyiv, 2008), 301.
6. Nikolai Galushko, head of the Ukrainian KGB, to Volodymyr Yavorivsky, head of the Chernobyl Commission of the Ukrainian parliament, "O nekotorykh problemakh likvidatsii posledstvii avarii na Chernobyl'skoi AĖS," May 23, 1991, 5, Archive SBU, fond 16, op. 1, no. 1129; Volodymyr Iavorivs'kyi, "Usi my zhertvy i vynuvattsi katastrofy," *Oikumena*, no. 2 (1991); Volodymyr Iavorivs'kyi, "Pravda Chornobylia: kolo pershe," *Oikumena*, no. 5 (1991); Volodymyr Iavorivs'kyi, "Khto zapalyv zoriu Polyn?" *Nauka i suspil'stvo*, no. 9 (1991).
7. "Briukhanov—menia privezli k mestu predpolagaemogo stroitel'stva," *Pripiat.com*, http://pripyat.com/

people-and-fates/bryukhanov-menya-privezli-k-mestu-predpolagaemogo-stroitelstva-lespole-i-snegu-po-.

8. Vladimir Shunevich, “Viktor Briukhanov: Iz partii menia iskliuchili priamo na zasedanii Politbiuro TsK KPSS,” *Fakty*, July 7, 2012; Anatolii Diatlov, *Chernobyl’: Kak ėto bylo* (Moscow, 2003), chapter 5.
9. *INSAG-7: Chernobyl’skaia avariia. Dopolnenie k INSAG-1. Doklad mezhdunarodnoi konsul’tativnoi gruppy po iadernoi bezopasnosti* (Vienna, 1993).
10. N. P. Baranovskaia, *Ispytanie Chernobylem* (Kyiv, 2016), 221–222; Aleksandr Liashko, *Gruz pamiati: Vospominaniia, vol. 3, Na stupeniakh vlasti,* part 2 (Kyiv, 2001), 436, 439–440.
11. “Soglashenie o sozdanii Sodruzhestva nezavisimykh gosudarstv,” in *Rspad SSSR: Dokumenty i fakty (1986–1992)*, vol. 1, ed. Sergei Shakhrai (Moscow, 2009), 1028–1031; Plokhy, *The Last Empire*, 295–387.
12. “Verkhovna rada Ukraïny, Stenohrama plenarnoho zasidannia,” December 11, 1991, http://static.rada.gov.ua/zakon/skl1/BUL14/111291_46.htm.
13. Liashko, *Gruz pamiati*, vol. 3, part 2, 442–454.
14. “Ugolovnoe delo protiv rukovoditelei Ukrainy: Chernobyl’skaia avariia. Chast’ 4,” *Khroniki i kommentarii*; April 21, 2011, https://operkor.wordpress.com/2011/04/21; Alla Iaroshinskaia, *Chernobyl’ 20 let spustia. Prestuplenie bez nakazaniia* (Moscow, 2006), 464–492; Natalia Baranovs’ka, “Arkhivni dzherela vyvchennia Chornobyl’s’koï katastrofy,” *Arkhivy Ukrainy*, nos. 1–6 (2006): 170–184.
15. Pekka Sutella, “The Underachiever: The Ukrainian Economy Since 1991,” Carnegie Endowment for International Peace, March 9, 2012, http://carnegieendowment.org/2012/03/09/underachiever-ukraine-seconomy-since-1991#.
16. Volodymyr Iavorivs’kyi, “Same z kniahyni Ol’hy ia b pochynav istoriiu Ukraïny,” *Vechirnii Kyiv*, May 2, 2016; Baranovskaia, *Ispytanie Chernobylem*, 185–192; Adriana Petryna, “Chernobyl’s Survivors: Paralyzed by Fatalism or Overlooked by Science?” *Bulletin of the Atomic Scientists* (2011); Adriana Petryna, *Life Exposed: Biological Citizens After Chernobyl* (Princeton, NJ, 2002), 4, 23–25.
17. V. P. Udovychenko, “Ukraina—svit—Chornobyl: Problemy i perspektyvy,” in *Naukovi ta tekhnichni aspekty mizhnarodnoho spivrobitnytstva v Chornobyli*, vol. 3 (Kyiv, 2001), 664–665.

第二十一章 寻求庇护

1. Yuri Shcherbak, *The Strategic Role of Ukraine: Diplomatic Addresses and Lectures* (Cambridge, MA, 1998); Serhii Plokhy, *The Last Empire: The Final Days of the Soviet Union* (New York, 2014), 175–179.
2. Bohdan Harasymiw, *Post-Communist Ukraine* (Edmonton, 2002), Taras Kuzio, *Ukraine: State and Nation Building* (London, 1998); Kataryna Wolczuk, *The Molding of Ukraine: The Constitutional Politics of State Formation* (Budapest, 2001); Serhii Plokhy, *The Gates of Europe: A History of Ukraine* (New York, 2015), 323–336.
3. Iurii Kostenko, *Istoriia iadernoho rozzbroiennia Ukraïny* (Kyiv, 2015), 369–399; Steven Greenhouse, “Ukraine Votes to Become a Nuclear-Free Country,” *New York Times*, November 17, 1994; Khristina Lew, “Ukraine’s President Arrives for State Visit in the U.S.: U.S. Promises Additional $200 Million in Assistance,” *Ukrainian Weekly*, November 27, 1994, 1; “For the Record: President Clinton’s Remarks Welcoming President Kuchma,” in ibid., 3; “Ukraine, Nuclear Weapons and Security Assurances at a Glance,” Arms Control Association, https://www.armscontrol.org/factsheets/Ukraine-Nuclear-Weapons.
4. “Budapest Memorandum on Security Assurances,” Council on Foreign Relations, December 5, 1994, www.cfr.org/nonproliferation-arms-control-and-disarmament/budapest-memorandums-security-assurances-1994/p32484; “Ukrainian Parliament Appeals to the Budapest Memorandum Signatories,” *Interfax Ukraine*, February 28, 2014, http://en.interfax.com.ua/news/general/193360.html; Editorial Board, “Condemnation Isn’t Enough for Russian Actions in Crimea,” *Washington Post*, February 28, 2014; Thomas D. Grant, “The Budapest Memorandum and Beyond: Have the Western Parties Breached a Legal Obligation?” *European Journal of International Law*, February 18, 2015, www.ejiltalk.org/the-budapest-memorandum-and-beyond-have-thewestern-parties-breached-a-legal-obligation.
5. “Joint Summit Statement by President Clinton and President of Ukraine Leonid D. Kuchma,” White House, Office of the Press Secretary, November 22, 1994, http://fas.org/spp/starwars/offdocs/j941122.htm.
6. Robert G. Darst, *Smokestack Diplomacy: Cooperation and Conflict in East-West Environmental Politics* (Cambridge, MA, 2001), 164–167.

7. Ibid., 177; "Ukraine: Chernobyl Plant Could Be Closed Down," Associated Press, April 13, 1995, www.aparchive.com/metadata/youtube/f4d94438a 4ca1ea9d078a2472ea6612e; Marta Kolomayets, "Ukraine to Shut Down Chornobyl by 2000," *Ukrainian Weekly*, April 16, 1995, 1, 4.
8. Adriana Petryna, *Life Exposed: Biological Citizens After Chernobyl* (Princeton, NJ, 2002), 92–93.
9. "Halifax G-7 Summit Communiqué," June 16, 1995, www.g8.utoronto.ca/summit/1995halifax/communique/index.html; "Chernobyl Closure Agreed, But Who Foots the Bill?" *Moscow Times*, April 15, 1995; "Talks Open on Pulling Plug on Plant," Reuters, November 2, 1955.
10. "Memorandum of Understanding Between the Governments of the G-7 Countries and the Commission of the European Communities and the Government of Ukraine on the Closure of the Chernobyl Nuclear Plant," University of South Carolina Research Computing Facility, http://www-bcf.usc.edu/~meshkati/G7.html.
11. Darst, *Smokestack Diplomacy*, 179–180.
12. Svetlana Samodelova, "Lichnaia katastrofa direktora Chernobylia," *Moskovskii komsomolets*, April 21, 2011.
13. Darst, *Smokestack Diplomacy*, 181–183; "Nuclear Power in Ukraine," World Nuclear Association, October 2016, www.world-nuclear.org/information-library/country-profiles/countries-t-z/ukraine.aspx; "EBRD Approves K2R4 Loan—Campaign Continues," *Nuclear Monitor* 540 (December 15, 2000), www.wiseinternational.org/nuclear-monitor/540/ebrd-approves-k2r4-loan-campaign-continues.
14. "Chernobyl'skaia AĖS: Desiat' let posle chasa 'Ch,'" Gorod.cn.ua, December 20, 2010, www.gorod.cn.ua/news/gorod-i-region/22424-chernobylskaja-aes-desjat-let-posle-chasa-ch.html.
15. David Marples, "Nuclear Power Development in Ukraine: Déjà Vu?" *New Eastern Europe*, November 14, 2016, www.neweasterneurope.eu *articles-and-commentary*2186-nuclear-power-development-in-ukrainedeja-vu.
16. Paul Josephson, Nicolai Dronin, Ruben Mnatsakanian, Aleh Cherp, Dmitry Efremenko, and Vladislav Larin, *An Environmental History of Russia* (Cambridge, 2013), 267; "Health Effects of the Chernobyl Accident: An Overview," World Health Organization, April 2006, www.who.int/ionizing_radiation *chernobyl*backgrounder/en; Adriana Petryna, "Chernobyl's Survivors: Paralyzed by Fatalism or Overlooked by Science?" *Bulletin of the Atomic Scientists* (2011); Keith Baverstock and Dillwyn Williams, "The Chernobyl Accident 20 Years On: An Assessment of the Health Consequences and the International Response," *Environmental Health Perspectives* 114 (September 2016): 1312–1317; Marples, "Nuclear Power Development in Ukraine: Déjà Vu?"
17. David Marples, *Belarus: From Soviet Rule to Nuclear Catastrophe* (London, 1996), 46–52; Josephson et al., *An Environmental History of Russia*, 263–266.
18. Darst, *Smokestack Diplomacy*, 179; "NOVARKA and Chernobyl Project Management Unit Confirm Cost and Time Schedule for Chernobyl New Safe Confinement," European Bank for Reconstruction and Development, April 8, 2011, http://archive.li/w2pVU; "Chernobyl Confinement Reaches Final Stage, But Funds Need Boost," *World Nuclear News*, March 17, 2015; "Chernobyl Donor Conference Raises Extra $200 Million for New Safe Confinement Project," *Russia Today*, April 30, 2015, https://www.rt.com/news/254329-chernobyl-sarcophagus-project-funding.
19. Darst, *Smokestack Diplomacy*, 135.
20. Marples, "Nuclear Power Development in Ukraine: Déjà Vu?"
21. Hartmut Lehmann and Jonathan Wadsworth, "Chernobyl: The Long-Term Health and Economic Consequences," Centre Piece Summer, 2011, http://cep.lse.ac.uk/pubs/download/cp342.pdf; Marc Lallanilla, "Chernobyl: Facts About the Nuclear Disaster," LiveScience, September 25, 2013.
22. Alexis Madrigal, "Chernobyl Exclusion Zone Radioactive Longer Than Expected," Wired, December 15, 2009, https://www.wired.com/2009/12 *chernobyl-soil; Serhii Plokhy, "Chornobyl: A Tombstone of the Reckless Empire," Harvard Ukrainian Research Institute, April 21, 2016, www.huri.harvard.edu*news/newsfrom-huri/248-chornobyl-tombstone-of-reckless-empire.html.

尾声

1. Alexander J. Motyl, "Decommunizing Ukraine," *Foreign Affairs*, April 28, 2015.
2. David Lochbaum, Edwin Lyman, Susan Q. Stranahan, and the Union of Concerned Scientists, *Fukushima: The Story of a Nuclear Disaster* (New York, 2014).
3. James Conca, "Bill Gates Marking Progress on Next Generation of Nuclear Power—in China," Forbes, October 2, 2015.